U0383665

# 欧洲文化体验

## ——意大利、西班牙、法国行旅笔记

黄承令 著

中国城市出版社

**图书在版编目（CIP）数据**

欧洲文化体验：意大利、西班牙、法国行旅笔记/
黄承令著 . —北京：中国城市出版社，2023.9
ISBN 978-7-5074-3653-2

Ⅰ.①欧… Ⅱ.①黄… Ⅲ.①建筑史—欧洲—文集
Ⅳ.① TU-095

中国国家版本馆 CIP 数据核字（2023）第 214488 号

本书记录的绘图手稿包括意大利、西班牙、法国 3 个国家。这些观察绘制的手稿在媒介材料和风格上并不连贯，比如，在意大利旅行时全部用铅笔绘图，后来觉得速写有点慢；而到西班牙旅行时全部改用签字笔绘图，但当绘制大片阴影时仍需花费许多时间；到法国旅行又改成签字笔与铅笔混合使用，以便达到不同效果。这些观察绘制的手稿并非都是艺术品，而绘图形式的不连贯其实也无妨，重要的是：这 230 余张的绘图，展现了年轻时代的作者对于建筑与异国文化探索与求知的渴望。

全书可供广大建筑师、高等建筑院校、建筑学专业师生员工以及广大建筑艺术爱好者等学习参考。

责任编辑：吴宇江　吴　尘
责任校对：王　烨

**欧洲文化体验**
——意大利、西班牙、法国行旅笔记
黄承令　著
&ast;
中国城市出版社出版、发行（北京海淀三里河路 9 号）
各地新华书店、建筑书店经销
北京点击世代文化传媒有限公司制版
北京富诚彩色印刷有限公司印刷
&ast;
开本：787 毫米 ×1092 毫米　1/16　印张：20　字数：433 千字
2023 年 12 月第一版　2023 年 12 月第一次印刷
定价：**78.00 元**
ISBN 978-7-5074-3653-2
　　（904645）

**版权所有　翻印必究**
如有内容及印装质量问题，请联系本社读者服务中心退换
电话：（010）58337283　QQ：2885381756
（地址：北京海淀三里河路 9 号中国建筑工业出版社 604 室　邮政编码：100037）

我曾经……
在火车卧铺上跨越国界
在高速公路上追赶落日
在飞机座位上迎向晨曦

从阿尔卑斯山到撒哈拉沙漠
从地中海、到大西洋的加勒比海

以无比的热情向前奔跑
企图看尽各地生活文化、风土民情
蓦然回首，才知道浩瀚的世界
我只走了一段渺小的旅程

如今
过度折磨的双膝不听使唤
我只能埋首伏案
看着泛黄的手稿
追忆一些陈年往事

将其中一部分旅行笔记刊印成册
期盼给热爱旅行、体验文化乐趣的人
一点分享

# 前 言 | FOREWORD

　　我在美国伊利诺伊大学（University of Illinois at Urbana-Champaign）建筑研究所读书时，修习了一门《乡土建筑》（Vernacular Architecture）的课程，该课程主要讲授世界各地民居聚落的风土人情与建筑形态，非常有趣。课程最后一部分是由授课教授带领修课学生去墨西哥旅行，参观体验墨西哥的民居聚落。当时我的生活经费很有限，但还是兴奋地报名参加，很不幸授课教授告诉我，这次十天的参观旅行，学校有补助部分经费，但这些补助只针对美国人，而非外国人，所以我不能参加，当时我感到非常失望。在旅行结束后，学生们举办了一场成果发表会，学生轮流演示文稿，诉说体验心得，充满喜悦和欢笑。我虽修习同一门课程，但只能当一个局外人，心中很不是滋味。

　　学校毕业后，我进入芝加哥 SOM 建筑师事务所工作。SOM 在当时是世界上规模最大的建筑师事务所，在美国各地还有数家分公司，芝加哥是总部办公室，当时就有超过 1000人在那里工作。与我同时期进入事务所的年轻人，大多在学生时期因课程计划或个人兴趣，都到过欧洲国家旅行，旅行的时间少则数周，较长的有半年到一年，类似异地教学，或交换学生的计划。这种到欧洲的学习计划对人文艺术类学科的学生特别重要，美国许多大学对文学、艺术、设计、建筑等学科的学生都有远赴欧洲的学习课程。这种经由旅行、体验不同国家生活文化，并以增长个人内涵与见闻的历程，主要源自早期欧洲培养贵族年轻人成为社会中坚的"壮游"（Grand Tour）计划。

　　大约在 16 世纪中叶至 19 世纪，欧洲上流社会的年轻人必须经过一段壮游的旅程才能成为一位真正有见识和教养的成人。17 世纪以后，一些知名的旅游书籍付梓，这些书籍描述作者独特的旅行经历，激发上流社会年轻人更投入壮游的决心。18 世纪中叶，壮游逐渐发展成中欧贵族年轻人所受教育的一部分。这些年轻人必须远离家园，由仆人和导师陪伴，到欧洲各地旅行数个月，甚至一两年，以体验和学习各地的生活、习俗、礼仪、艺术、城市等，同时借此结交当地的贵族与名流。在当时有许多人认为没有经过壮游的历程，好像没有真正完成教育。壮游主要在培养年轻人扩大生活领域、孕育人格特质、增强生活历练、增广见闻和内涵，是一种全面性的"博雅教育"。通常到罗马朝圣是必要行程，然后是威尼斯和佛罗伦萨，这些都是具代表性的历史城市。英国自一开始即将壮游视为学校教育的主要部分之一，他们旅行的范围更广，除了意大利之外，还必须去法国、德国、荷兰、波兰，以及北欧的丹麦、瑞典等国，以便真正达到体验不同的文化和社会。

19 世纪中叶，随着工业革命快速展开，铁路运输蓬勃发展，交通形态逐渐改变，加上封建制度的消失，壮游行动逐渐没落。到了 19 世纪末，已乏人提及壮游一事。20 世纪后半期，随着国际化趋势的发展以及全人教育理念的深入，鼓励年轻学子到国外体验学习再度成为各个大学的课程目标之一，这就是何以我在办公室见过的美国同事大多有到欧洲旅游的经历。在茶余饭后听他们闲谈欧洲旅游的趣事，令我有些羡慕和向往，赴欧洲旅行的计划因此逐渐形成。

最初赴欧洲旅行的目的是去体验建筑，但实际上建筑并非孤立的个体，亦非一座人为构造物，它坐落的土地是一个环环相扣的城镇环境，所以，赏析建筑无法脱离它所在的环境而单独讨论。城市的历史发展决定了一座城市的纹理和脉络，并形成一座城市独有的性格与特质，因此，原本希望看到最现代、最前卫的建筑，但真正体验到的大多是经由城市历史发展所形成的整体风貌和意象，个别建筑反而只是一小部分。我旅行计划中并未刻意安排去看各国的古迹和历史建筑，但因旅游书籍的强力推荐，我所看到的许多建筑、历史街区和城镇都已被指定为世界文化遗产，这是一个意想不到的重大收获。

除了一次花较长时间旅行数国之外，我每次旅行基本上以一个国家为原则，从都市到乡村，从大城到小镇，从名胜古迹到民居聚落，尽量在一次旅程中完成，以便对一个国家可以有较深刻的了解。每一次旅行我都得花费很多时间准备资料和行程，在网络信息尚未发达的年代，我会从不同旅游导览书籍中搜集到一个国家以及各个城市的历史、发展历程、交通、地图、城镇中心位置和知名建筑物等信息，依据这些资料安排旅行路线，确定在旅行期程内可以走完这些景点才出发。

我每次旅行都会携带笔记本，预先将所有旅行资料、行程、路线拼贴在笔记本里。将每天旅游观察的心得都予以记录，其内容除了将观察的感想以文本的形式书写之外，同时还包括许多观察分析所绘制的草图和速写。经过一天的奔波之后，晚上回到旅馆，或在旅馆邻近广场的咖啡座上，趁着记忆犹新，继续完成白天未完成的文本与绘图记录。书写旅游笔记已成为我的一种习惯，多年来均如此。

本书记录的绘图手稿包括意大利、西班牙、法国 3 个国家。这些观察绘制的手稿在媒介材料和风格上并不连贯，比如，在意大利旅行时全部用铅笔绘图，后来觉得速写有点慢；而到西班牙旅行时全部改用签字笔绘图，但当绘制大片阴影时仍需花费许多时间；到法国旅行又改成签字笔与铅笔混合使用，以便达到不同效果。这些观察绘制的手稿并非都是艺术品，而绘图形式的不连贯其实也无妨，重要的是：这230余张的绘图，展现了年轻时代的我对于建筑与异国文化探索与求知的渴望。

　　我在意大利、西班牙、法国旅行期间，还去了一趟英国。英国的城市、建筑、民居、民族性等与欧洲大陆有明显差异，具有独特的文化与性格，因限于篇幅，无法纳入本书。往后数年，欧洲国家我又去了瑞士、捷克、匈牙利、丹麦、德国、希腊等，每个国家都有其独特的城市风貌与文化地景，我也继续书写、绘制我的游行笔记。有关伊斯兰教地区，我去了土耳其、埃及和摩洛哥。这3个国家在伊斯兰宗教的强烈影响下，呈现着截然不同的城市风貌与民族性格，并清楚显示历史脉络与文化发展的差异。我在摩洛哥租了一辆吉普车，还有随从向导，深入撒哈拉沙漠数百公里，在一望无际、波浪起伏的黄沙中找到一间孤立的泥塑小客栈，我和妻子就在满天星斗、万籁有声的夜空中度过一晚，至今仍难以忘怀。另一个令人印象深刻的旅程，是到中美洲的危地马拉，在那里我体验到西班牙殖民城镇和修道院的特质，以及穿梭于雨林中寻找古玛雅文明遗址的惊喜。

　　本书是我多年旅行笔记的一部分，虽然有许多内容已是陈年往事，但各个城市的历史风貌、市街纹理和文化遗产仍然保留着，依旧可以作为读者的参考。期盼此书可以给喜欢体验多元文化并热爱观察城市与建筑的读者们一些想象的激励，同时开始着手规划自己"行万里路"的梦想。

# 目 录 | CONTENTS

# 下篇　法国 FRANCE

# 上篇

## 意大利 ITALY

意大利是罗马帝国所在地，罗马是帝国首都。大约在公元前 6 世纪，罗马邻近村落的拉丁人进入罗马，创建罗马王国，并以罗马人自居。公元前 509 年，古罗马人创建共和政体，国王的权力来自议会，国王在运行公共政策前，必须先获得议会的支持与同意。罗马帝国共和政体维持近 500 年，直至公元前 44 年凯撒（Caesar）称帝为止。凯撒遇刺身亡后，接任的屋大维—奥古斯都（Augustus），以及后续的继承者都作为独裁皇帝集权于一身。罗马帝国独裁政体持续约 500 年后才逐渐衰败。

罗马帝国国力最鼎盛时期主要在实施共和政体时代的后 250 年。从公元前 240 年至公元前 100 年之间，古罗马人先征服意大利其他地区，然后征服北非（埃及、阿尔及利亚、突尼斯等）、古希腊、马其顿（今之土耳其）、西班牙、高卢（Gaul，今之意大利北部、比利时、法国等）。在百余年之间，古罗马从一个地区性小王国成为跨越欧、亚、非三洲的庞大帝国。

公元前 6 年至公元前 2 年之间，在古罗马人掌控的中东地区，有一位犹太人耶稣在伯利恒（今之巴勒斯坦西岸地区的城市）诞生。耶稣在 30 岁时开始宣扬基督教教义，在中东地区居民之中造成了极大的回响，信徒越来越多，引起犹太教祭司和长老的忌妒和恐慌。他们将耶稣交给当时古罗马在犹大省的总督彼拉多，要求将耶稣处死。依古罗马法律，人民有集会、演讲的自由，耶稣并未触犯罗马法律，彼拉多一方面迫于压力，另一方面害怕耶稣的信众过多，不易控制，他决定处死耶稣。他先在众人面前以一盆清水洗双手，然后说："此人的死与我无关。"耶稣遂被钉于十字架而死。耶稣死后，门徒与信徒四散，到处传诵上帝的福音，从中东地区跨越地中海，一直到古罗马。

公元 54—68 年，罗马帝国尼禄皇帝（Nero Claudius Drusus Germanicus）执政期间，恐惧基督徒势力日渐壮大，以残酷的手段大肆迫害、屠杀基督徒，基督教的崇拜仪式在社会上消失，转为地下活动。基督徒历经 200 多年的躲藏、迁徙，在 4 世纪出现重大转机。公元 313 年，罗马皇帝君士坦丁（Flavius Valerius Aurelius Constantinus）宣布宗教信仰自由，禁止迫害基督徒，他不仅自己成为基督徒，还将基督教奉为国教。随后，君士坦丁带着文武百官、各级精英迁都至君士坦丁堡（今之土耳其伊斯坦布尔），即东罗马帝国，西方史学家将此时期称为中世纪（Medieval）的开始。在文武百官离开后，原有罗马帝国（西罗马帝国）的势力开始衰退，并随着蛮族（非基督教信仰的民族）的不断入侵，国力日趋式微，社会制度日趋衰败。

中世纪之初，教会（早期基督教）的确在衰微的帝国中发挥维护社会秩序的功能，它们在宣扬上帝之爱的过程中，以基督信仰稳定社会人心。但随着教会影响力量的增加，权力亦不断扩大，教会成为上帝的代表，同时对社会拥有绝对的权威。中世纪意指基督教成为社会和全民信仰的中心，教会主导的基督教教义成为整个社会的道德基础和行为规范，连贵族、王室亦必须遵守。在当时任何一个被教会拒绝的人，亦无法生存于当时的社会。教会垄断知识、教育、经济、财富、政治达 1000 年之久，因此中世纪亦被称为西方的神权时代。中世纪最后的 200 年，权力过大的教会开始趋于腐败。政治与宗教，王室与教会，不是相互勾结，就是相互斗争，整个社稷变得极不安宁，有些教士口口声声宣扬上帝的公义，私底下却妻妾成群，贪污腐败。12 至 13 世纪数次的十字军东征，以上帝为名，公然到处烧杀掠夺，成为西方文明史上最黑暗的一部分。

中世纪 1000 年至今存留下来的构造物主要为教堂、城堡、王宫、碉堡、市政厅等，这些建筑的样式主要包含 4 个时期的构造和形式，分别为早期基督教（Early Christian）、拜占庭（Byzantine）、仿罗马（Romanesque）与哥特（Gothic）。这些各期存留的建筑物散布在意大利各个大城与小镇，安详静默地坐落于一角，见证着千年来的历史沧桑。

意大利在西方建筑史上一直占有重要的篇幅。意大利不仅保存着许多罗马帝国的构造物和遗址，从中世纪、文艺复兴、巴洛克、古典主义、工业革命，以至于现代主义，各时期都留下许多代表性的建筑物，这些各时期存留的建筑物融入乡街、市镇，使之成为西方活生生的建筑史博物馆。

自 15 世纪文艺复兴时期开始，许多人文主义者到罗马测绘、体验罗马建筑，在遗址上凭吊罗马帝国的秩序与荣光。18 世纪，考古学兴起，法国建筑学者带着年轻学子到罗马朝圣，瞻仰罗马建筑的宏伟。19 世纪末，美国建筑师查尔斯·F. 麦金（Charles F. Mckim）成立罗马的美国学院（American Academy in Rome），其目的是提供奖学金，让优秀的美国年轻建筑学子赴意大利参访游学、体验建筑，一直至今。20 世纪，当代建筑大师，如：勒·柯布西耶（Le Corbusier）、路易斯·康（Louis I.Kahn）等人，亦先后到意大利进行体验之旅。凡此皆说明意大利在西方建筑史上的地位。

15 至 20 世纪，意大利一直为西方建筑人必然朝圣的地方，因此美国许多年轻学子将意大利视为赴欧洲旅行的第一站，然后才前往其他国家。20 世纪 80 年代，中国台湾省到美国留学的建筑学子，每逢假期，都会三五成群去体验美国的城市和建筑。反之，美国建筑学子如有机会，都往欧洲跑，尤其意大利与法国。我在纽约贝聿铭建筑师事务所工作时，前后左右的美国同事几乎每个人都去过意大利，有些人甚至去过两三次。大家在茶余饭后闲聊时，甚至会谈及在佛罗伦萨或罗马某个巷道、小广场的特殊体验，对我这个从未去过欧洲的人而言，具有磁铁般的吸引力，意大利自然成为我到欧洲旅行的首选目标。

意大利知名的古城很多，且各具特色，若想用一次行程走完整个意大利并不容易。我在决定出发前，花费了将近半年时间，搜集意大利的旅游信息，然后计划出旅行的期程、路径、行程与城市。最后决定以 24 天的时间旅行罗马以北的主要城镇，罗马以南的地区只能等下一次有机会再去。

# 第 1 章

# 罗马
# Rome

听了许久的罗马终于到了，心情既兴奋，又紧张。兴奋的是，向往已久的罗马，终于可以亲身体验；紧张的是，人们不断提醒此地不安全，处处有扒手。虽然来之前做了许多旅游的功课，但在罗马居住于何处并无准备，我只知道应该落脚在旧城区内，以便较容易到达各个历史景点。最后找到罗马万神殿（Pantheon）前广场边的小旅店，旅店虽然有些破旧，但价格便宜，周遭环境安全，就这样在此住下来。

罗马至今仍保留许多中世纪时期存留的狭窄巷弄，巷弄宽窄不一，蜿蜒曲折。通常行走不远，巷道就会衔接形式、尺度不同的广场，这些开放空间成为当地居民的活动空间，一种生活场所。走在罗马街道上，很容易碰到古罗马时期的残迹遗构，中世纪斑驳的钟塔与修道院，以及随处可见的文艺复兴与巴洛克时期的建筑与雕像，这些都述说着罗马是一个历史悠久的城市。罗马天际线同样维持着历史风貌的特质。罗马城区内没有任何一幢现代化的高楼大厦，任何时期兴建的建筑物都在五六层楼以下，突出于城市天际的只有教堂的圆顶穹隆和钟塔，以及微微起伏的山丘。这种特质使罗马保有城市独有的性格与开明性。

凯文．林奇（Kevin Linch）在其名著《城市意象》（*The Image of City*）一书中，认为一座具有特色的城市应由五个主要部分组成，这五个部分包含区块（district）、路径（path）、节点（node）、边界（edge）和地标（landmark）。凯文·林奇心中最具特色的城市多以欧洲城市为主，尤其像罗马这类的历史名城。区块意指一座城市由不同特色的分区所组成，不同区块可能由不同族群所居住，或由不同功能所区分；如住宅区、犹太人区、住商混合区、主教堂区等。路径是通行的管道，日常生活的活动在路径上发生。路径与路径的交会点称为节点，它成为人们在此停留、交互、交会、不期而遇的地方，节点亦为诺伯格—舒尔茨（Christian Noberg-Schulz）时常强调"场所精神"（Sense of Place）的地方。边界（edge）意指一座城市通常有一个明确界定的范围，如城墙、河流等，边界使城市范围具有明确性和方位感。地标（landmark）意指城市具有几座高耸的构造物，如教堂、城堡、纪念物等，

**图 1.1** 罗马天际线：维持历史风貌的特质，使罗马具有城市独特的性格和开明性

它们在普遍低矮的民居建筑中成为城市居民熟悉识别的指针，并为居民提供清楚的方位感和认同感。凯文·林奇对于城市意象的分析，清楚说明了罗马以及其他欧洲传统城镇的特质与性格。

从历史建筑的角度看，罗马可以说是拥有最多历史地标建筑的城市，从罗马帝国建筑到现代建筑，每一个时期皆有其代表作，且在史书里占有一席之地。罗马帝国遗址、中世纪巷弄、文艺复兴和巴洛克时期建构的街道和开放空间，形成不同的历史区块和路径，连接不同的历史场景和生活节点，共同营建历史记忆和场所精神，使罗马成为一座世界性的城市。谈及罗马的文献、著作有很多，其中以建筑史学家诺伯格—舒尔茨（Christian Noberg-Schulz，1926—2000 年）的著作《场所精神——关于建筑的现象学》（*Genius Loci：Toward a Phenomenology of Architecture*，1982 年）一书为建筑人所称道。

诺伯格—舒尔茨在《场所精神——关于建筑的现象学》一书中陈述："罗马素以不朽的城市（Eternal City）驰名，这个名称除了意味着悠久的历史之外，另有其他意蕴。'不朽'意味了这座城市永远保有它自己的开明性（identity），罗马不可视为各个时代遗迹的组合。不需任何解释便能发觉罗马建筑不朽的性格和特质，当我们伫立在罗马帝国遗迹或巴洛克构造前，立刻可以感受到罗马不朽的特质在于非常清晰，甚至是一种独一无二自我更新的能力。（Capacity for self-renew）"这种自我更新的能力意指随着时代演进和历史发展，每一个时代留下最好、最具代表性的建筑，次一等的建筑由另一个时代的建筑所取代，经年累

**图 1.2**　罗马建筑：罗马的宏伟壮丽不仅在于诸多个别建筑物的卓越，更在于这些建筑物所显示层层累积的历史，并集成为一座完整的城市

**图 1.3**　罗马大广场：曾经验证罗马帝国强盛的国力与辉煌，如今斑驳残迹、颓败遗构，空旷的场地令人有沧海桑田之感

月使各个时期的建筑与公共空间得以和谐共存。不朽则反映了罗马古典秩序的庄严、平衡、和谐与开明。

诺伯格—舒尔茨认为，罗马城拥有世上独一无二的城市规划。他说："一般人们对罗马的整体印象是一个'伟大首都之城'（the great capital city），同时也是全世界罗马天主教的中心。更具体地说，此意象意味着纪念性（monumentality）和壮丽的景象（grandezza），罗马的确是宏伟壮丽的城市。我们或许会以为当今的罗马城会像古罗马人于帝国时期在各地所建造的城市一样，具有相似的城市风貌，然而事实却并非如此。罗马城只有一个，而且在罗马城以外，世界各地由古罗马人所兴建的城市则是另一套配置。"

古罗马人在各地兴建的城市都有相同的基本配置。城市通常为方形，由一对主轴线——

一条东西向、一条南北向，两条轴线呈 90° 角，并构成城镇的主要动线和活动空间。住宅区以格状系统形成许多街廓，公共建筑和公共设施大致配置于城镇的中心位置。诺伯格—舒尔茨说："这种城市规划的特质成为尔后许多区域建造城镇的参考样本。但是罗马城本身并未遵循任何令人理解的几何形系统，从尚存的古迹和遗址来看，罗马城像是由诸多空间形成的大簇群（a large cluster of spaces），而且建筑群亦由不同形状和尺度的建筑物所组成"。罗马城既无贯穿全城的轴线，亦无方位的格状系统，从配置上可以看到人为场所与自然环境互融、对话的关系。罗马城的每一个大簇群在今日的城市可以称为"区块"（district）。每一个区块大致都有一个大型的公共建筑为内核，其他的建筑物环绕于内核主建筑。区块与区块之间并无明显界线，但方位并不相同，不像罗马城以外在各地兴建的罗马城市有一套明确的方位系统。因此，诺伯格—舒尔茨强调罗马城形成的许多大簇群建筑（区块）基本上是源自罗马周边自然环境的特质与性格。这些地景所形成的自然场所和人为场所环绕在罗马城四周，影响着罗马城的性格，并塑造出独一无二的场所精神。罗马的宏伟壮丽，不仅在于诸多个别建筑物的卓越，更在于这些建筑物所显示的层层累积的历史，并集成（integrity）为一座完整的城市。

诺伯格—舒尔茨并非唯一对罗马赞赏和肯定的人，自文艺复兴人文主义者的探索到17、18 世纪欧洲贵族的壮游，罗马都是一座必访的城市。20 世纪许多杰出的建筑师都曾到过罗马朝圣。长久以来，罗马一直是西方城市史、建筑史之经典体验之地，它承载着西方文明史发展的重要历程。米其林（Michelin）导览指南列出了罗马的 29 个重要景点，每个景点还包括周邻街巷或景观环境。我估计一天最多只能看 2 至 4 个景点，全部走完并不容易，因此较偏远的地方只好舍弃。

图 1.4　罗马大广场：
罗马帝国遗址曾经是
帝国政治、行政、集
会和军事的中心

# 1. 罗马大广场

帕拉丁（Palatine）为罗马的 7 座山丘之一，罗马大广场（Roman Forum-Palatine）位于帕拉丁山丘西侧较平缓地带。罗马大广场并非由一群建筑物所环绕的一座广场，而是罗马帝国遗址。罗马大广场在罗马共和全盛时期是政治、行政、集会和宗教的中心。到了 4 至 5 世纪，也就是中世纪前期这里有些集会堂改为教堂，后来又兴建了几座教堂。原本迫害基督教徒的罗马帝国却转变成基督教的信仰中心。

罗马大广场现状呈现的是一大片废墟遗构，但在这块基地上曾经耸立着 30 余座大型建筑与构造物。这里曾经有各种罗马神殿、民会堂、各式集会堂（Basilica）、元老院、议会、帝国讲坛（Imperial Rostra）、论坛广场、

**图 1.5** 罗马大广场：断垣残壁，衰败荒凉，却难掩昔日帝国的荣光

皇宫、凯旋门以及教堂等。因此，多数游客来到罗马，参访的第一个景点即为罗马大广场。借此，目睹、想象罗马帝国曾经拥有的宏伟和荣光。从断垣残壁、石构遗迹中凭吊历史残痕，以及一个孕育罗马文明的场景。

公元前 8 世纪，罗马大广场这片土地是一大片泥泞的峡谷湿地。每年遭受台伯河（Tiber）洪水泛滥，形成潮泽。这片平坦土地被山丘所环绕，在当时被作为坟场使用。此时，帕拉丁山丘上已有拉丁人（Latin）和沙比内人（Sabines）在此开垦定居，形成村落。

公元前 6 世纪伊特鲁斯坎人（Etruscan，另一说法为拉丁人）进驻此区，经由有效的治水工程，使此湿地成为广场，他们聚集周边村落，逐渐形成王国。此时期议会政治形成，王国版图扩大，原有广场之公共建筑不断扩建。几经政治变迁与国力发展，公元前 3 世纪罗马大广场大致已形成今日之规模。公元前 44 年凯撒扩建广场范围，公元前 27 年屋大维（奥古斯都）继续扩建建筑物，罗马大广场已逐渐饱和。

4 世纪罗马大广场继续兴建大型建筑物。公元 306 年马克逊提亚皇帝（Marcus Aurelius Valerius Maxentius）开始着手兴建宏伟的大会堂，在他过世之后，公元 312 年由君士坦丁（Flavius Valerius Aurelius Constantinus）接续完成。大会堂总面积 6000 平方米（约为今日运动场的规模），中央大殿穹顶高 35 米，穹顶由 8 根巨大石柱所支撑。现有 3 个巨大砖拱组成北房，它原为大会堂的后殿，此后殿中 3 个巨大的砖拱是整座大广场保存较完整的罗马时期构造体。

图1.6 罗马大会堂：建筑面积达 6000 平方米，原大会堂后殿现存 3 个巨大砖拱

在君士坦丁信奉基督教后，有些罗马集会堂、神殿改为教堂，当这些构造物历经多年使用并开始损坏时，教会无能力维修，逐渐被弃置。约 410—537 年，在外族不断入侵掠夺、建筑物不断遭受破坏的情况下，罗马帝国势力逐渐衰败，帝国行政中心的大广场亦逐渐衰落荒凉。6 世纪中叶以后，人口逐渐往广场北边的练兵场（The Campus Martius）迁移，终成荒芜。这个曾经掌控欧、亚、非三大洲的行政中心，一度为历史上最强盛富庶的帝国，却衰败没落得如此之快。原有冠盖云集、风起云涌、熙来攘往的大广场逐渐被泥土填平，成为牛群放牧之地。在许多建筑物的石材被拆解，移至他处使用后，曾经宏伟壮丽、庄严神圣的大会堂、神殿、皇宫等变成废墟遗构，掩埋于荒草、泥土下面 1000 余年。

随着西方考古学热潮的兴起，19 世纪初有人开始在罗马大广场的遗址上开始了调查、探测工作。1898 年以后，历

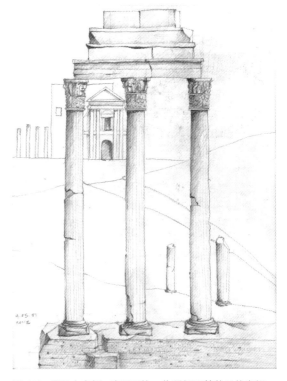

图 1.7 罗马大广场：残留石柱，依稀倾诉着昔日的光辉

经数十年的考古挖掘，罗马大广场的最底层（原有的广场、路面等）终于浮现，许多原有建筑物的基础、柱列、道路系统等亦逐渐出土，罗马帝国首都中心遗址终于重见天日。如今，它成为各地游客到罗马旅游的必访之地，它见证着西方文明史的重要一环，承载着西方历史的陈迹往事。游客们聆听导游指着断柱残墙，细数罗马帝国辉煌的过往。我漫步于斑驳残迹、颓败遗构中，深刻体会到沧海桑田之感。

## 2. 罗马竞技场

在古罗马人征服、殖民的各区域中，较具规模的城镇都设有运动场、竞技场、澡堂、图书馆、剧场等公共设施。这些公共设施说明古罗马人对运动、健康、知识、戏剧的重视，尤其崇尚武勇，强调身强体壮的性格。因此，每座城镇每年都会举办各种竞技、运动比赛，这些竞赛通常会吸引许多民众前来观赏。历经多年的重复，原本单纯的竞赛慢慢无法吸引观众的兴趣，逐渐转变成格斗士（gladiator）的竞技。格斗士多为奴隶，经过训练后，即进入竞技场格斗。通常格斗士进入竞技场厮杀，赢者生存，输者死亡，这种血腥暴力的竞技，深受罗马民众的喜爱。在群众兴奋的叫嚣声中，一个个格斗士倒卧血泊中死去，群众的情绪亦达高潮。

另一种格斗方式是将各殖民地运送过来的猛兽，如老虎、狮子等，与格斗士缠斗，无论是猛兽或格斗士死亡，血液四溅的场景，都使得群众无比亢奋。罗马皇帝为了取悦迎合民众，每年都会举办多场哀鸿遍野的人与人、人与兽的竞技"表演"。竞技表演通常一场接一场，从早晨到傍晚，致使整个竞技场被血水所淹没。因此，有一段时期古罗马人亦被认为是一个嗜血的民族。

罗马竞技场（Coliseum）于公元80年完成，并由当时的皇帝泰塔斯（Titus Flavius Vespasianus）举办了一个为期100天的庆典活动。在100天的表演活动中，总计有5000头野兽以及许多格斗士死于竞技场。另一个表演活动是将成群基督徒，无论男女老少都集中于竞技场，让饥饿数天的野兽撕咬啃食。罗马市民在大饱眼福，以及兴奋、激动的情绪中慢慢恢复正常生活。公元249年，

**图 1.8** 罗马竞技场：曾经是残酷厮杀、血水淹没的地方，如今成为游客必访的景点

图 1.9　罗马竞技场：曾经是帝国文明的主要象征，如今默然伫立，呈现一股长恒的空荡与祥和

为了庆祝罗马建城 1000 年，罗马皇帝下令举办为期 10 天的竞技表演活动。在这段表演竞技期间，计有 2000 名格斗士参与比武竞技，在许多格斗士以及上百头野兽死亡后，表演活动才达高潮。公元 404 年，在罗马皇帝信奉基督教约 80 年后，格斗士的竞技表演才停止。公元 523 年，人与野兽的厮杀被明令禁止，竞技场历经 400 余年的血腥使用后，开始闲置。

　　1000 年后，大约 15 世纪，文艺复兴运动在意大利热烈展开之际，许多新建筑的建造都需要大量石材，竞技场厚重的石材成为当时大家采集的对象。一时间竞技场的石墙一层层被拆解，移至他处。直到 18 世纪，教皇本尼迪克特十四世（Benedict XIV）认为竞技场是一个神圣的地方，因为曾经有无数的基督徒因坚持基督信仰在竞技场上被杀害，这种殉道精神应予以表扬，因此将其封为圣地，并明令禁止采集石块，残破的竞技场因而幸免于难，存留至今。

　　罗马竞技场呈椭圆形，其长向中轴线长 188 米，短向中轴线长 156 米，原外墙高度达 57 米，外立面由 3 层厚重石材的拱廊组成，砖石拱廊为古罗马人兴建大型建筑物常用的构造系统。内部看台区为开放式的竞技场和座位区，座位区呈阶梯状可容纳 45000 个座位和 5000 个站位。目前竞技场楼板已坍塌，显露出地下室厚实复杂的砖石墙构。地下室主要作为格斗士住宿空间、野兽笼、武器室，以及运送人与兽的升降机、坡道等。竞技场现今存留的外墙构体，已剩不到最初兴建时期整体规模的一半，外墙圆拱间的石材雕像亦都消失，但仍可看到整个构造体壮丽宏伟的样貌。这个曾经是罗马帝国最庞大的构造物之一，亦为罗马帝国文明的主要象征，在历经修复后，成为观光客参访的景点。在细雨斜阳下，竞技场默然伫立在繁忙的城市交通中，呈现一股长恒的空荡与祥和。

## 3. 从梵蒂冈到圣天使堡

梵蒂冈（Vatican）位于罗马城之西侧偏北，罗马帝国时期，罗马城以台伯河为界，因此梵蒂冈属于当时罗马城范围以外的地区。帝国早期，这里曾经有一座竞技场，尼禄皇帝在此大量屠杀基督徒，一般相信使徒圣彼得亦死于此。公元 4 世纪，君士坦丁大帝在圣彼得殉教之地兴建纪念圣彼得之教堂（今之圣彼得大教堂所在地），此为梵蒂冈之缘起。公元 846 年，生活在今之叙利亚与阿拉伯之间的游牧民族撒拉逊人（Saracen）入侵罗马，大

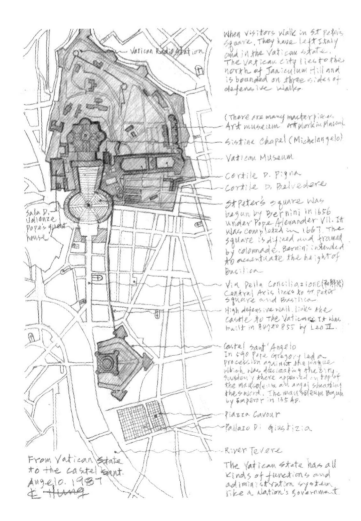

图 1.10 从梵蒂冈到圣天使堡：一个基督教世界的圣地，一个验证基督教教义与精神的地方

肆掠夺与烧杀，圣彼得教堂与圣保罗教堂亦遭破坏。随后梵蒂冈城墙开始兴建，历经 15 世纪到 16 世纪的改建、扩建，形成今日的规模。

从早期基督教（公元 4 世纪）开始，主教（Bishop）即成耶稣基督在凡世间的代理人。罗马主教拥有自己的辖区范围（梵蒂冈），此一辖区最早因使徒圣彼得在此殉教而生。随着中世纪（4 至 14 世纪）教会势力的扩大，教会在领土、财政、信仰、人力上均不断成长，教会为了控制、管理庞大的势力范围，因而在梵蒂冈制定了严密的教会阶级组织。

19 世纪中叶，意大利经过多次战争、和谈、协议，终于成为一个统一的国家，但并未包含梵蒂冈地区。后续期间，意大利政府与梵蒂冈教廷之间的主权争议不断，因为教廷坚持梵蒂冈属于上帝的国度，而非凡人的政治体系。1928 年 2 月 11 日之拉特朗协议（Lateran Treaty）表明，意大利政府正式承认教皇为梵蒂冈政体与领土的统治者。领土范围包含梵蒂冈城以及其所属之教堂和财产，梵蒂冈因而成为独立的政治实体（国家）。梵蒂冈拥有自己的警察、军队、公民、行政司法体系，以及外交官。它发行自己的货币，并具备各种交通工具与传播媒体。

今日各地游客前往参观圣彼得教堂，当脚步踏入圣彼得广场时就已离开意大利的国土而进入梵蒂冈之领土范围。梵蒂冈占地 44 公顷，或许是世界上土地范围最小的"国家"，人口也最少，但它却是全世界罗马天主教的中心，教皇不仅是梵蒂冈圣城的领导者，同时为全世界天主教徒的精神领袖。

梵蒂冈拥有许多世界知名的建筑物和艺术品，主要建筑物包括圣彼得教堂（St.Peter's Basilica）、广场柱廊（Colonnadle）、西斯廷礼拜堂（Sistine Chapel）、博物馆、美术馆以及各种纪念碑与纪念物。艺术品除了附着于建筑物的壁画和雕刻之外，最为人所熟知的包括米开朗琪罗《哀悼基督》雕像，以及西斯廷礼拜堂的天井画；拉斐尔（Santi Raphel）的各式壁画与绘画，如《雅典学院》《佛里诺的圣玛丽亚》等；贝尔尼尼（Gian Lorenzo Bernini）的各种设计品与雕刻，以及许多历任教皇典藏的艺术品，使梵蒂冈成为世界顶级的博物馆。

梵蒂冈对天主教徒而言，是上帝在人世间的一个总部，一个信仰圣地；对爱好艺术者而言，它是集文艺复兴与巴洛克艺术品之大成之地；对爱好建筑者而言，它是自中世纪、文艺复兴至巴洛克时期各期经典建筑之组合。因此，梵蒂冈一直享有其盛名，历久不衰。1984 年，梵蒂冈与圣彼得教堂被联合国教科文组织指定为世界文化遗产，其指定理由为："梵蒂冈城是基督教世界最神圣的地方之一，它证明了西方过去辉煌的历史、文明以及基督教教义与精神的发展历程。梵蒂冈占地 44 公顷，是世界上最大的宗教建筑群。梵蒂冈拥有伯拉孟特、拉斐尔、米开朗琪罗、马代尔纳等大师毕生留下的经典作品"。此指定为世界文化遗产的理由，精确且概括地指出梵蒂冈在宗教、历史、文化、艺术与建筑上的重要性与价值。

## 圣天使堡

圣天使堡（Castel Sant'Angelo）于公元 135 年开始兴建，公元 139 年完成。此一像堡垒般坚固的构造物，最初兴建的理由是作为当时哈德良（Publius Aelius Traianus Hadrianus Augustus）皇帝家族成员的陵寝。139—211 年所有皇帝的骨灰瓮均安厝于此。此陵寝为每边 84 米之正方形，上面加一个圆桶状之建筑物。公元 270 年，奥勒利安皇帝（Lucius Domitius Aurelianus）在城镇周边设置城墙，并将陵寝转化为城堡使用。公元 6 世纪末，瘟疫处处蔓延，许多城镇处于毁灭状态。传说公元 590 年，突然间在城堡顶端出现一个天使影像，手举宝剑，此景象暗示瘟疫即将结束，结果成真。因此，教皇在城堡顶部兴建了一座教堂，圣天使堡亦因此传说而得名。

随后教皇取得圣天使堡的使用权，圣天使堡亦经历多次的增建、改建。847—855 年，教皇利奥四世（Leo Ⅳ）为了防卫，在梵蒂冈与圣天使堡之间

**图 1.11** 圣天使堡：历经多次变更使用，它以自己的风貌存留下来，静静矗立在台伯河边

兴建了高大的城墙。自尼古拉五世（Nicholas V）起，历任教皇在城堡内设有寓所，尼古拉五世教皇于 1447—1455 年在正方形城墙四角兴建防御性塔楼，随后教皇亚历山大六世（Alexander Ⅵ）在外围兴建五角形防卫城墙，并将梵蒂冈至圣天使堡之间的城墙墙顶增建为信道，以备梵蒂冈在遭受侵略时教皇可以自城墙上方的信道安全逃往圣天使堡。

圣天使堡结合了古罗马、中世纪、文艺复兴不同时代的构造系统与建筑形式，形成一座庞大厚实的建筑量体。其使用功能因应不同时期的需求，并经过多次更替，形成今日之空间形态。圣天使堡自公元 139 年完成，它从帝王陵寝至教皇寓所，再转成坚固的军事堡垒，后来成为声名狼藉的监狱，直至今日成为博物馆和文化遗产，就这样度过 1800 余年的岁月。期间经历过朝代更替、战争纷乱并多次增建，最后它以自己的风貌存活下来，静静矗立在台伯河边，其强壮的身影洒在河面上，凝视着千年河水默默流过。如今，圣天使堡成为一座博物馆，因其以城堡建筑为展示主体，里面展示的文物较零星，无法与邻近的圣彼得教堂、梵蒂冈相比，游客很少，显得有些寂寞。

## 圣彼得大教堂

圣彼得大教堂（St. Peter's Basilica）自公元 4 世纪即已存在。公元 5 至 9 世纪，罗马帝国不断被蛮族入侵、掠夺，圣彼得大教堂亦深受其害。在中世纪的 1000 年间，圣彼得大教堂虽然经过多次的改造和装修，但整体建筑的构造仍不稳定。文艺复兴时期，（约 1505年），教皇尤利乌斯二世（Julius Ⅱ）任命多纳托·伯拉孟特（Donato Bramante）开始进行圣彼得大教堂的重建工作。1505—1546 年，历经多位建筑师绘制二十几组设计图，但均未真正施行。1547 年教皇保罗三世正式委托米开朗琪罗（Michelangelo di Lodovico Buonarroti Simoni）接手圣彼得教堂的设计工作。米开朗琪罗沿用原设计的希腊十字平面，在十字中间的上端加一个圆顶，以高大的圆顶穹隆耸入天空。1564 年，米开朗琪罗过世，教堂的墙体与空间已完成，圆顶穹隆的结构支撑正达顶端，随后由另外两位建筑师接手，直至 1593年整座建筑体才完成。

1629 年，意大利已由文艺复兴进入巴洛克时期，乔凡尼·洛伦佐·贝尔尼尼（Gian Lorenzo Bernini）这位巴洛克大师开始介入圣彼得教堂的内部装饰。他以壁画、浮雕、雕像等装饰方式使圣彼得大教堂综合了文艺复兴的几何建筑形式以及巴洛克繁华富丽的景象。从伯拉孟特 1505 年开始构思设计，到贝尔尼尼完成艺术作品，经历了 120 余年，在

图 1.12　圣彼得大教堂：由 10 位建筑师，20 位教皇，历经 120 年才完成的经典作品

这期间更替了 20 位教皇，以及 10 位建筑师精心投入，使圣彼得教堂形成宏伟、精致、繁华的样貌一直至今。

　　1656 年贝尔尼尼开始规划设计圣彼得广场，并于 1667 年完成。圣彼得广场由两组弧线的柱廊所组成，柱廊以对称形式置于教堂中轴线两侧，柱廊成为广场界定的边界，形塑成椭圆形的开放空间。圣彼得广场的完成使得圣彼得教堂在柱廊环绕中更具有焦点，亦更具庄严感和神圣感。

　　圣彼得大教堂和广场是梵蒂冈的象征和地标，每年圣诞节、复活节以及重要天主教庆典，教皇会站在阳台上与信众挥手示意，广场上永远挤满了数万名群众，这些场景通过新闻媒体传播到世界各地的天主教地区。圣彼得大教堂因此是世界上最知名的古迹建筑之一。圣彼得大教堂自我年轻学习西方建筑史时即已听过，且日后多次看到各种报道，却从未亲临其境，加上圣彼得圣名传奇的色彩，更令人向往。据说圣彼得被古罗马人处死之时，曾要求道："耶稣被钉挂在十字架上而死，而我不配，我应该头下脚上，倒挂十字架行刑"。圣彼得这种既悲壮又坦然的殉道精神，在天主教和基督教都具有崇高的地位，因此被封"圣"。圣彼得大教堂亦因此在天主教社会具有无可取代的地位。

　　走进向往已久的圣彼得教堂，崇高宏伟的空间累积了数百年来许多意大利艺术家存留的作品，其每一件作品都精雕细凿，浑然天成。或许因为作品太多、太复杂，令人目不暇接，不易平和专注地体验教堂的属灵空间。

　　在众多艺术作品中，最令人印象深刻的是米开朗琪罗的雕刻作品圣母伤子像（Pieta，或称哀悼基督、母爱等）。圣母伤子像描绘的是圣母玛利亚以坐姿抱着死去的耶稣，脸庞低垂，面容哀凄。此雕像完美的比例、精致的雕刻、母爱的神韵，都使它成为历史上最伟大的雕刻作品之一。更不可思议的是米开朗琪罗完成圣母哀子像时年仅 25 岁。今日，世上 25 岁的年轻人在专业上已有成就，且能写入历史的

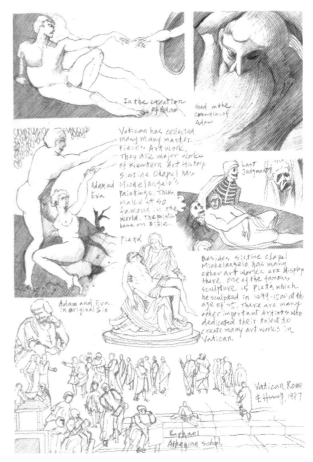

图 1.13　圣彼得大教堂艺术品：米开朗琪罗的穹顶绘画与圣母伤子像，以及拉斐尔的雅典学院

人却少之又少，多数这个年龄的人大概都尚未找到人生奋斗的目标，包括我在内。

为了跟随时代脚步，满足游客的需求，圣彼得大教堂设立了电梯，让游客可以搭乘电梯至屋顶层，在高处可以看到罗马天际线以及周边全景。若要往圆顶穹隆最高处的灯笼平台体验罗马风光，则必须行走 500 级的阶梯才能到穹隆顶端，圆顶穹隆由内外两层石材构筑而成，内层是从教堂内部看到的彩绘、浮雕圆顶，外层是从街道广场看到的石材圆顶造型。内外层之间是由类似木构桁架所组成的构造体，作为内外层圆顶的结构支撑。木构架非常复杂，令人赞叹。500 级的铁楼梯架设于木构架的各种斜撑之间，迂回穿梭才能到达圆顶，在两层圆顶之间爬楼梯实在是一个惊奇的旅程。

以今日知名建筑师将建筑设计当成个人作品的观点，自然不会容许他人在其建筑作品上进行增建、改建，即使因故真的发生，添加的部分与原有的部分也不会一样。因为加建部分的建筑师也试图留下自己的作品，而非模仿先前完成的建筑物，因此前者与后者不易协调一致。圣彼得教堂在 120 年兴建期间，历经 10 位建筑师的设计，却能将各种设计语汇融为一体，实为不易。或许他们的共同点在于对教堂、空间、艺术、构造以及尺度与比例有相同的看法以及较相似的专业素养等，虽然文艺复兴时期与巴洛克时期的美学观点并不相同。

## 西斯廷礼拜堂

西斯廷礼拜堂（Sistine Chapel）于 1481 年完成，其长度约 40.2 米、宽度约 13.4 米、高度约 20.7 米，屋顶为半圆筒形穹顶，建筑形式属文艺复兴建筑。虽然它的建筑体量有一定的规模，但在宏伟的圣彼得教堂的东侧，只能算是一个小厢房。西斯廷礼拜堂在梵蒂冈教廷扮演着极为重要的角色。在行政上，它是枢机主教（Cardinal）固定开会的地方，亦为选举新教皇的场所；在艺术上，它是米开朗琪罗呕心沥血留下的最伟大穹顶壁画的空间，此二原因均使西斯廷礼拜堂在梵蒂冈建筑群中拥有很高的知名度。

1508 年，米开朗琪罗被教皇从佛罗伦萨请回罗马，要求他在西斯廷穹顶绘制耶稣 12 门徒的事迹，随后又让米开朗琪罗依据圣经自行创作。米开朗琪罗以雕刻家自居，绘制宗教壁画并不是他的兴趣，但他仍接受教皇要求，于 1509 年开始绘制穹顶壁画，并于 1512 年完成。22 年后的 1534 年，他再度被教皇召回，绘制圣经最后一章启示录里的"最后的审判"（Last Judgement）。教皇想利用图像化的最后的审判以警示对信仰不虔诚的民众。1541 年穹顶画完成，所有参观者看到最后的审判之场景时，一方面惊叹于绘画的生动与巧妙，另一方面也对地狱题材内容产生恐惧。

西斯廷礼拜堂的穹顶画涵盖圣经自创世纪（Genesis）到启示录（Apocalypse）的几个主要大事件，诸如上帝创造人类、伊甸园的亚当与夏娃、诺亚方舟等。这些以文本叙述的教义经由米开朗琪罗的诠释，转变成有故事性的绘画，使原本传达宗教教义的目的升华至艺术的层次。穹顶画中出现的人物超过 200 余人，每人的衣着、神态因其角色的差异而各不相同，每人亦呈现出不同的个性与表情。即使今日艺术家要仰望顶棚，绘制一张长 40 米、宽 13 米的画作，亦非易事。据说，米开朗琪罗将当时他不喜欢的人，包括某些神父、主教等全部绘入最后审判的地狱中，即使有人认出地狱中受苦的某个人物与自己有点相像，亦绝不敢贸然开口询问在地狱中受刑的人物是谁。西斯廷礼拜堂的穹顶画成为游客到梵蒂冈观光的重点之一，西斯廷礼拜堂亦因米开朗琪罗的杰作声名远播。

# 4. 人民广场与西班牙广场

位于罗马城北边的人民广场（Pizza Del Popolo），其东侧以山丘为界，西侧临台伯河，土地宽约 400 米，因此成为北边进入罗马城的狭窄门户。19 世纪，人民广场周边主要由英国人居住。18 至 19 世纪，法国占领意大利时此区亦成为法国干预意大利公共事务（内政）的地方。

人民广场由两个半圆形的开放空间所组成。两个半圆从中间分开成一个中轴线带状空间，此中轴线笔直地连通南侧科索路（Via Del Corso），并进入城区。其北侧是弗拉米尼亚路（Via Flaminia），由拱门界定（3 世纪完成）离开罗马城。半圆形开放空间周边以喷泉、雕像、花圃作为广场景观，并界定范围。广场轴线在正中央位置有一座方尖碑，它是公元前奥古斯都时期由下埃及运回罗马，1589 年迁移并伫立于此，一直至今。但人民广场并非像北侧拱门、方尖碑等，可追溯到罗马帝国的历史，事实上它是在 18 世纪末、19 世纪初才规划完成的，并形成罗马北边的门户意象。

中轴线在科索路的两侧，有两条斜线道路进入广场，以广场为视觉焦点，这三条道路像是巴洛克城镇的网络系统，将放射状的道路引向交通的节点（node）和地标。广场与三条道路的交会点由两座教堂所界定，这两座教堂亦为巴洛克时期的产物。位于科索路东侧的教堂（S.Maria Di Montesanto）兴建于 1662—1667 年，位于科索路西

**图 1.14** 人民广场：为北边进入罗马城的门户，中轴在线的方尖碑，以及两座教堂，清楚界定进入罗马城的意象

侧的教堂（S.Maria Dei Miracoli）兴建于1671—1675年，这两座教堂兴建年代虽有差异，但建筑形式与装饰语汇皆很相似。这两座教堂以对称形式面对人民广场中轴线，清楚界定进入罗马城的意象。

人民广场是罗马城内最大的广场之一，但因其地处交通要道，台伯河东岸地区的车辆南来北往，均需由人民广场进出，特别是高峰时间交通繁忙，因此有时会丧失城市广场以人为本的目的。人民广场东侧宽广的山丘反而成为闲适自得、充满绿意的休闲空间。山丘上有几处文艺复兴时期留下的别墅、花园、树林，徜徉此区有一种远离城市喧嚣之感，不像是在罗马城内。

科索路是一条商业街，到了黄昏时人潮涌动，此道路也成为行人逛街的好去处。科索路道路两旁多为服饰店，在古典建筑的映衬下，此服饰店精致的现代室内设计与搭配新颖的服装形成一种强烈的对比。据说，早期每逢节日庆典都会在此街道上举行多种竞赛（Corse），科索路（竞赛路）因而得名。

西班牙广场（Spanish Square）位于人民广场南边，直线距离约1200米，悠闲步行约20分钟。17世纪西班牙驻梵蒂冈教廷大使在此兴建官邸，因此被称为西班牙广场。为保护西班牙大使，此区有西班牙军队驻扎，并限制一般人通行。同时，又因土地为法国所有，法国人要求能自由通行该区土地，且因相邻山丘上的圣三山教堂为法国人所兴建，因此建

图1.15　西班牙广场：从场所精神的角度，西班牙广场极具代表性，它永远挤满了人

议将平坦广场做成阶梯，并连接山丘上的教堂。由于法国人的构想包括法国国王路易十四的雕像，因而遭到当时教皇的拒绝。

法国人于 1661 年提出的阶梯构想，到 1723 年有了转机。法国政府放弃设置路易十四雕像，以巴洛克的语汇设计阶梯，以 3 座平台衔接这些宽敞阶梯，最上层以左右两组弧形阶梯连接山丘上的圣三山教堂，此一构想获得当时教皇的首肯。1726 年阶梯完成，西班牙广场不再是平坦的广场，而是由许多巴洛克式阶梯组成的开放空间，因此西班牙广场改称为西班牙阶梯（Spanish Steps），虽然它是由法国人所兴建的。

1953 年，由美国派拉蒙公司发行的电影《罗马假日》（Roman Holiday）中所描述的女主角是欧洲某国的公主，她到欧洲主要城市进行正式访问，故事的背景就发生在罗马。公主从小接受宫廷礼仪教育，长大后又有各种公务行程，很少有属于自己的时间。公主于某晚偷偷离开她所住的大使馆，希望在无随扈和保安人员的跟随下，自由自在地亲身体验真正的罗马。随后她遇上身为报社记者的男主角，该名记者最初是想挖掘一点公主的八卦新闻，但却演变成一场浪漫有趣的罗马体验之旅，其中两人在西班牙广场、特雷维喷泉（Fontana di Trevi）等著名罗马景点的剧情一直为人所乐道。公主享受到平生第一次作为平凡女孩的自由和快乐，同时与记者逐渐坠入爱河。公主清楚两人的关系不会有未来，并在痛苦与理性的挣扎中又回到大使馆，再度过着繁缛礼仪的生活。电影的结局，是公主在离开罗马前召开的记者招待会。有记者问道："公主殿下在此次旅程中最喜欢哪一座城市？"她回答："罗马！当然是罗马！我会用我的一生来珍惜、怀念在这座城市的每一个记忆。"公主的回答主要是暗指与记者邂逅的快乐时光。

"罗马假期"是一部早期的经典电影，它除了男女主角有着精湛的演技与有趣的剧情之外，最重要的还是往后的数十年去罗马旅行成为欧美人士的最爱。西班牙广场、特雷维喷泉等亦成为游客向往的景点。

从场所精神的角度来看，西班牙广场极具代表性，它永远挤满了人，不仅是外来游客的必访之地，而且当地居民亦时常驻足于此，从早到晚都有人在此闲逛休憩，三三两两的年轻人在此聚集闲话家常，它成为社区日常的活动节点，经年累月形成独特的场所精神。

# 5. 万神殿

罗马万神殿（Pantheon）为西方建筑史谈及古罗马建筑的重要案例之一。多数欧洲、亚洲、非洲的罗马建筑都已倾倒残破，人们只能从残迹遗构中去想象和怀念古罗马建筑的宏伟，但万神殿却是少数保存完整的古罗马建筑之一。

公元前 27 年，奥古斯都的女婿——阿格里帕（Marcus Vipsanius Agrippa），一位杰出的城镇规划者与工程师，决定兴建一座神殿献给罗马众神，并将其称为万神殿。117—138 年，哈德里安大帝（Hadrian）在原址重建神殿。公元 4 世纪进入基督教时代，万神殿因与基

Pantheon was originally built in 27BC. It was dedicated to all gods. The chinese translation in Taiwan called "萬神殿". It is quite appropriate. Pataeon was damaged in 80 AD. by fire, and restored after then. It was rebuilt in 117-18 AD by Hadrian. The Pantheon is a building comprising the main circular chamber and a pillared porch. The open space at front facade of pantheon is piazza Dela Minerva. When I arrived Rome, N found Hotel nearby the piazza, So. I can see pantheon almost several days From exterior looking, my first impression didn't feel it is extraordinary as its fame. or well known title. When I go inside it is really amazing. It is hard to believe the construction skill and natural light changed every moment in the day time.

Pantheon, Rome 1987

**图 1.16** 罗马万神殿：圆顶开门直接对天，阳光、雨水、雪花直接洒入室内空间，使万神殿与宇宙苍穹相连

督教教义不符而被关闭。随后的数百年，罗马虽不断遭受异族的侵略与破坏，但万神殿却依然得以幸存，甚至有段时间还被当成教堂使用。

15 世纪（文艺复兴时期），为了复兴、重现古罗马时期的秩序与荣光，许多追随文艺复兴运动的艺术家、人文主义者来到古罗马废墟进行调研、测绘，但大多只能缅怀、凭吊遗址，甚少有完整的建筑可供调查研究。万神殿成为古罗马建筑的代表作品之一，亦成为可模仿古罗马建筑的原型之一。此后的文艺复兴式建筑，尤其是教堂都有一个模仿万神殿的圆顶穹隆。因此，罗马万神殿对文艺复兴建筑的发展具有高度的影响力。

万神殿主要由一个圆形量体与一个长方形柱廊组成，从外观上看起来相当朴实无华。长方形柱廊为进入万神殿的过渡空间，正立面有 8 根石柱形成柱列，支撑着古罗马建筑的山墙。圆形体量和空间以圆顶穹隆做屋顶。圆形穹隆的构造系统由石材构筑的圆形肋拱和水平系梁所组成。石构圆形肋拱从圆桶形承重墙往上延伸，石构肋拱下宽上窄，逐层而上，朝向圆顶的圆心。圆形肋拱之间以水平石构系梁固锁，形成格子梁的形式。水平系梁的直径顺着圆顶逐层退缩，格子梁亦逐层缩小。整个圆顶穹隆给人一种崇高向上的感觉，并使得原本高耸壮丽的空间亦格外宏伟。

穹隆圆顶并非封闭的屋顶，而是在中间有一个直径 9 米的圆形开口，此开口直接对天，阳光、雨水、雪花均直接洒入圆形的室内空间。站在万神殿内部，仰望穹隆，可以看到一年四季、清晨黄昏、阴晴云雾的变化，尤其晴天时可以看到阳光洒入神殿，照亮幽暗的空间。随着阳光角的改变，空间出现光影变化，甚为生动。圆顶开口无法因天气而随意操控，但却因此使万神殿与宇宙苍穹相连。万神殿究竟祭拜哪些神祇并不得而知，实际上这里埋葬了许多当时的名人，如权倾一时的主教、教皇等，连艺术家拉斐尔亦埋葬于此，由此可见其受尊敬的程度。

我为了节省旅行开支，在罗马机场附近找到了一家位于旧城区的廉价旅店（民宿），辗转摸索到这个小旅店后，才发现它就在万神殿前的小广场边。我每日清晨出门，晚上拖着疲倦的身躯回到旅店，都能近在咫尺地目睹这座在此矗立近 2000 年的宏伟建筑物，也算是一种缘分。

## 6. 奎里纳尔山丘与特莱维喷泉

奎里纳尔山丘（Quirinal）是罗马城的七座山丘之一，高度虽只有 61 米，但却是当中最高的一座。奎里纳尔为罗马众神之一，它与战神（Mars）、主神（Jupiter）同为罗马信仰之基础，因此以其命名。自公元 1 世纪开始的 1000 余年，古罗马人曾在奎里纳尔山丘兴建神殿、澡堂、教堂等建筑，至 17 世纪建成教皇皇宫，并一直存留至今，现为意大利总统官邸。

奎里纳尔山丘为长宽各约 700 米的不规则地区，区内除了山丘、皇宫、博物馆、各式广场之外，相邻道路尚有十几座不同时期兴建的教堂。此区教堂密度很高，几乎每个街区都有一座教堂，就像罗马其他区块（district）一样。这座曾经残酷屠杀基督徒数百年的罗马，居然成为世界上教堂最密集的城市。此现象说明，长久以来古罗马人曾经以武力征服世界上许多地区和民族，但最后它却被基督徒虔诚的信仰所征服。

奎里纳尔山丘地带的皇宫、教堂、广场等，主要由巴洛克时期知名的艺术家贝尔尼尼

图 1.17　特莱维喷泉：特莱维广场尺度不大，但却常常挤满了人，游客、路人、居民热闹穿梭其间，形成一种特有的场所精神

（Bernini）与博罗米尼（Borromini）设计。由于此区与古罗马时期设置的水道相邻，水源丰富，因此广场常设有喷泉，喷泉通常还会搭配神话中人物的雕像，且多为巴洛克风格。在此区诸多的喷泉、古迹与历史建筑中，最为人们所熟知的则是特莱维喷泉（Trevi Fountain）。

　　特莱维喷泉是巴洛克晚期的经典代表作之一，亦为游客来到罗马的必访之地。特莱维喷泉位于古罗马引水渠的终点。引水渠建自公元前 19 年，由当时的城市规划师与总工程师阿格里帕设计，这是一条长 24 公里的水渠，自水源区引水入罗马，供居民使用，此水道称为"贞女渠"。据说当时是因一位年轻女孩引导士兵找到了水源而得名。千余年来，水道流经区域成为市民取水之源泉，水道两旁成为密集而活络的住商混合区。1762 年教皇克雷芒八世（Clement Ⅷ）任命萨尔维（Nicola Salvi）设计一座喷泉以美化水渠端点。喷泉位于两条道路交会点，因此成为两条道路之端景。喷泉以波利宫的建筑立面为背景，以巴洛克的装饰语汇，以海洋的意象，结合神话中的海神，他驾驭着马车，使不同角度喷出的泉水，交叉多变，形成一种丰富华丽、水光幻化的景象，一种充满欢愉与希望的奇景。不知从何时开始，特莱维喷泉成为知名的许愿池，许多游客会依照传说，背对喷泉，两手各拿一枚硬币，从肩膀上方将两枚硬币抛入池中，一枚回报罗马，一枚许愿成真。许多青年男女，洋溢欢笑，充满活力，抛币许愿。我衷心祝福他们的期待，心想事成。

　　特莱维喷泉广场尺度不大，像是一个社区的开放空间，但却常常挤满了游客、路人、

**图 1.18　特莱维喷泉:以巴洛克语汇结合海洋意象与神话,呈现一种丰富华丽、水光幻化、充满欢愉与希望的奇景,如今成为知名的许愿池**

居民，熙来攘往，热闹穿梭其间。广场周围的街巷具有源远流长的历史，因供水渠的施作，自古罗马时期即有许多居民在此生活，从中世纪到文艺复兴的 1000 余年，此区人口更为稠密。16 世纪这些狭窄街巷密布着各种雕刻、金工、木工、绘画等工作坊，许多艺术家亦在此定居，使此区成为各种艺匠工作与生活的空间，直至今日仍有一些传统工坊在此运作。后期狭窄街巷经过改造扩宽，但仍不失其昔日风采。今日各地来的游客，踏着石板古道，穿梭于传统工坊和历史名店，看着精工细凿的雕刻、水花缤纷的喷泉，令人思古幽情并充满喜悦。

## 7. 纳沃纳广场

公元 86 年，罗马皇帝图密善（Titus Flavius Domitian）在罗马西边靠近台伯河的地方，建造了一座仿希腊式运动场，这里没有格斗士血腥残酷的比武，而是崇尚身强体魄的竞技运动，如赛跑、摔跤、标枪、铁饼等竞赛。这些竞赛均为古希腊与罗马共和时期的运动项目。此举使当时嗜血如狂的罗马市民多了一个观赏健康竞技的选项。公元 4 世纪，也就是中世纪时期，一切生活规范皆以基督教信仰为主，运动健身不再受重视，图密善运动场逐渐被闲置。原有门廊、看台等构造物的石材被拆解，移至他处使用，5 世纪时便沦为废墟，

**图 1.19** 纳沃纳广场：公元 86 年完成的仿希腊式运动场，如今成为当地居民生活与记忆的场所

**图 1.20** 纳沃纳广场：三座雕像喷泉成为人们日常活动聚集的焦点

直到 15 世纪文艺复兴时期才又恢复生机。

　　15 世纪中后期，教皇西克斯图四世（Sixtus Ⅳ）以类似今日城市更新的方式改造罗马。他将中世纪蜿蜒的小道"截弯取直"（即连接道路端点，将原本弯曲迂回的道路"拉直"），并加以拓宽。许多拥挤破败的住宅被拆除，使罗马到处是新建和重建的教堂。当时罗马总督建议，将位于卡皮托利山脚下及附近的市场迁移至纳沃纳广场（Piazza Navona，原先的图密善运动场空地），教皇西克斯图四世接受此建议，并将此荒废的地区定位为罗马的商业与金融中心。教皇同样以城市更新的方式改造纳沃纳广场及周边老旧建筑，由于该地区与梵蒂冈相距不远，教皇因此将狭窄小道拆除，开辟直通梵蒂冈的宽广道路。纳沃纳广场除了贩售蔬菜、水果、肉类，以及生活日用品之外，尚有各式杂耍、竞技、木偶戏等吸引人潮的新玩意儿，其他服务性的商店亦纷纷设立，纳沃纳广场及其周边地区在短时间内便成为罗马城最热闹的内核区。古老的运动场空地，历经千余年的沉寂沧桑，竟因一位有远见领导者的政策，重新恢复生机。

　　16 世纪初，纳沃纳广场周边地区被开发成枢机主教、各国大使、教廷高级公职人员、银行家、社交名媛等居住的高级住宅区。为了服务上流社会人士，书商、金匠、木匠、雕刻匠、彩绘师、裁缝师等，沿着纳沃纳广场开设工作坊，使此区逐渐繁荣起来。

狭长的广场上设置 3 座雕像喷泉，此 3 座雕像喷泉均匀分布在广场之上，其中最吸引人的，是位于广场正中央的四河喷泉（Fontana dei Quattro Fiumi），由巴洛克雕刻巨匠贝尔尼尼于 1651 年完成。四河喷泉中央有 4 个硕壮的人体雕像，象征着 4 大洲的 4 条河，分别为：多瑙河、普拉特河、恒河与尼罗河。四河喷泉成为狭长广场的主要焦点，亦成为游客摄影的主要场景。

纳沃纳广场位于图密善运动场的原有位置，公元 86 年所完成的曾经可容纳约 3 万人观赏田径比赛的运动场建筑如今已全毁，且无法考证其原有形态，留下的只有运动场的跑道及其环绕的竞技空间。如今，纳沃纳广场被巴洛克时期的建筑所环绕、界定。进入此广场主要通过几条小巷道，主要道路在广场街廓外围，使此广场远离现代城市交通的喧嚣嘈杂。从狭窄巷道进入广场，有一种豁然开朗的喜悦，广场上的咖啡座、街头艺人，以及不定期举办的展演活动与市集，结合游客与每日定时来此休闲的居民，使广场人潮热络，充满愉悦。纳沃纳广场属于当地居民生活与记忆的场所，呈现出一种真实、具体、共有之场所精神。

# 8. 卡拉卡拉浴场

到公共浴场洗澡是古罗马人生活中每日重要的例行活动。对他们而言，到公共浴场不仅是为了洗澡净身，同时是为了运动、健康、休闲、社交、狂欢。因此众浴比私浴有趣得多。古罗马人对洗澡设置了一定的步骤和过程，也会花费很长的时间，但他们始终乐此不疲，甘之如饴，终其一生。

罗马帝国历代皇帝如暴君尼禄、图拉真、戴克里先等，均以兴建大型公共浴场为帝国福利政策，同时强调皇帝对人民的慷慨。公元 212 年，罗马城已有多座大型公共浴场以及数百个中型浴场供市民使用，当时的皇帝卡拉卡拉（Antoninus Caracalla）仍决定兴建一座史上规模最大、设备最全的公共浴场，此举一方面提供市民福利，另一方面则作为他在位的重要政绩。

卡拉卡拉浴场（Bath of Caracalla）占地 11 公顷，整体配置接近正方形，主要浴场建筑设置于基地中轴线上，附属建筑群设置于正方形边界，以对称方式形塑合院庭园。庭园两侧为弧形的体育馆，供市民运动健身之用。主浴场正对的庭园开放空间为剧场座位区，显示庭园开放空间时有表演活动。剧场座位区两侧为图书馆，供市民洗澡过后阅读使用。依调研史料记载，卡拉卡拉浴场建筑巨大量体的外观厚实庄重、朴实简约，但内部空间则相对华丽细致，包括由各种大理石、花岗石材料制作的不同色彩的柱列，以及金饰墙面等。整座浴场可同时供 1600 人使用（另一说法为 3000 人）。

一般民众到浴场之后，通常先到体育馆运动，舒展筋骨，运动过后再进入高温干热的烤房，使汗水更多流出 [ 类似今日之三温暖、桑拿（Sauna）]。烤房过后，进入热水泡澡堂，借由浸泡热水的过程，将身上污垢刮除。热水澡堂为直径 34 米之圆形空间，圆顶为半圆形之穹隆，穹隆顶高 30 米，此泡澡堂可容纳 400 余人同时使用。热水澡堂浸泡完成后，进入温水澡堂，温水澡堂完成后，进入冷水澡堂。整个洗澡过程完成后，便是痛饮狂欢，有些人则选择与朋友在花园散步聊天，或到图书馆看书，直到澡堂关闭。隔天继续同样的过程与活动，日复一日，年复一年。

一般史学家都认为罗马帝国的灭亡，来自帝国内部持续的政治斗争，以及蛮族不断的入侵，这些都是事实。但以往所向披靡的罗马军团到哪里去了呢？因此，有部分史学家认为，帝国公民的集体颓废、道德沦丧、放纵情欲才是主因之一。而这种公民集体颓废的原因居然来自泡澡习惯。

早期罗马共和时期，人民刻苦勤俭，辛勤工作，在水源有限的条件下，平均 6 至 8 天洗澡一次。公元前 1 世纪初，庞大帝国从各地掠夺来了财富与奴隶，继而有能力开始大量兴建公共设施，公共浴场与供水渠为其中重要一环。公共浴场的使用规则明文规定只要是罗马公民，不分性别，不分阶级，所有人均可自由进出浴场，且不限定时间，费用亦很低廉。最早公共浴场采用男女分时间段使用，而为了方便民众，改成男女共浴，淫乱败俗的事因而时常发生。后来虽又改成男女分时间段使用，但他们已习惯每日泡澡五六小时以上，工作生产的效率当然很差。另外一个问题是对政治和公共议题处理态度的转化，以往共和时期议会对公共政策的公开辩论，以及市民对公共议题的参与，转变成在澡堂内的暗盘交易，这些都使国力逐渐衰退。另外，为了使这些浴场运作得宜，需要大量用水，古罗马人在当时的工程技术已非常先进，他们建设 13 条水道从不同水源区引水进入罗马，还设置 1350 座水库和蓄水池。据统计，当时他们每人每天用水量约 1.14 立

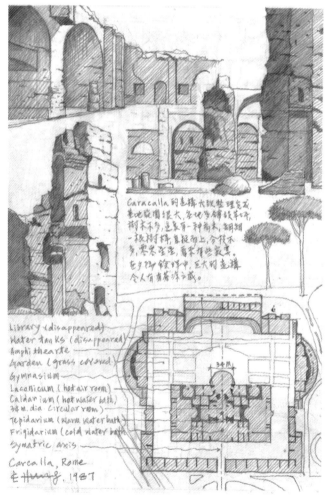

图 1.21 卡拉卡拉浴场：整体平面接近正方形，浴场包括：图书馆、体育馆、剧场等设施。浴场外观朴实简约，但内部空间华丽细致

方米，比现今四五人家庭每日的平均用水量都多，这些开支都由国库负担，因而加速国力衰败。

卡拉卡拉浴场历经 300 余年的使用，直至 537 年哥特人（Goth）入侵、摧毁、切断了提供罗马用水的水渠为止。浴场从闲置、荒废到颓残，在历史长河中并未经历太长时间。卡拉卡拉浴场就在荒烟蔓草中，被遗忘千余年。16、19、20 世纪分别有人进行挖掘、考古，部分原有建筑构造的墙体、墙基、柱体、雕像、马赛克地坪等不断被发现，卡拉卡拉浴场的原貌逐渐被测绘完成。

走进卡拉卡拉浴场的遗址，园区整理得很干净，部分地坪以马赛克拼贴，模仿历史场景，遗构上松脱的砖石亦已固定修复完成。园区范围很大，空地大多铺设草坪，树木不多，使

**图 1.22** 卡拉卡拉浴场：昔日人潮热络、高谈阔论的场景，早已成为历史灰烬。卡拉卡拉浴场在夕阳余晖中，显得特别宁静与苍凉

巨大的遗构更加突显。这里种植了一种乔木，树干直挺而上高达十几米，没有太多分枝，顶部有一个伞状的树冠，有点特别。这种乔木零星散布于高耸的砖石构造中，在游客不多的园区显得有些孤单。站在如茵的绿草中，凝视这些巨大厚实墙体的残迹，依稀可以想象罗马建筑的宏伟。昔日人潮热络、川流不息、袒胸露背、高谈阔论、欢乐愉悦的场景，早已成为历史灰烬。卡拉卡拉浴场巨大的残迹在夕阳余晖中，显得特别宁静与苍凉。

## 9. 阿庇安古道与卡塔坎地下墓穴

阿庇安古道（Old Appian Way）是罗马共和时期最早的计划道路之一，亦为当时最主要的联外道路。此计划道路于公元前 312 年完成时，主要目的是作为军队通往南方作战，以及运送军事物资之战备道。罗马军团曾经由阿庇安古道军队的调度，打过几次胜仗，因

此奠定了当时兴建更多计划道路的决心。阿庇安古道位于罗马大广场（Roman Forum，帝国中心）东南方约 3 公里处，在当时已算是罗马的郊区。

阿庇安古道以泥土、碎石、水泥打底，表层以石板铺设平整，以利人车通行，道路两侧为泥土夯实的路肩与排水沟，使道路排水顺畅。阿庇安古道自罗马帝国中心往东南方出城，再转往南向延伸。由于军事上之策略与效率，它成为罗马帝国设置联外道路的原型。至罗马共和晚期，以罗马为中心，已将多条道路设置、扩展至意大利大部分地区。"条条道路通罗马"即有此意。

由于当时法令禁止逝世者躯体埋葬于城区内，城外阿庇安古道两侧成为坟墓区。公元前 312 年，阿庇安古道开辟完成，古道沿途除了一般墓区之外，尚埋葬了一些当时有权势的人，这些巨大的陵寝通常包含石材柱廊、大石墓碑、雕像、浮雕饰纹等，形成庄严隆重的纪念性建筑。这些陵寝不仅彰显着亡者生前的财势，同时象征着亡者安息于永生的殿堂。

中世纪时期，卡塔坎（Catacombs）意指圣徒塞巴斯蒂安（St.Sebastian）的陵寝，长久以来它一直是基督徒参拜的圣地。圣徒虔信天主，加入罗马军团的目的是使他有机会拯救被监禁的教友，最后被罗马当局发现他的作为，殉道而死。16 世纪，意大利考古学者博西奥（Antonio Bosio）发现埋葬基督徒的地下墓穴群后，卡塔坎开始有了基督徒地下墓穴的意涵。今日，卡塔坎（Catacombs）几乎成为基督徒地下墓穴之代名词。

图 1.23　卡塔坎地下墓穴：卡塔坎验证了早期基督教教友坚定的信仰与殉道精神，墓穴的构造方式令人惊叹，殉道精神亦令人佩服

在 202—295 年近 100 年的时间里，罗马历经的 4 位皇帝，均大肆迫害基督徒，但基督信仰并未因此而式微，反而传播更广，信仰越坚强。在当时教皇的领导下，基督徒有组织、有系统地将殉道者的遗体加以埋葬，即使在竞技场上被野兽撕裂、吞噬的残肢，亦谨慎寻回安葬。为了避免坟墓、遗体遭受罗马当局的破坏，存活的基督徒以非常低调、隐蔽的方式，埋葬殉道者的遗体。

阿庇安古道沿途的一般坟墓大多设置约 3 米以上之墓碑，墓碑像是一个石构建筑的正立面，名人的陵寝则像是一个宏伟的纪念性殿堂。相反地，基督徒地下墓穴群非常低调，构筑方式亦非常隐蔽特殊，若无人引导，不易发现。

卡塔坎地下墓穴群的构筑方式是自地面挖一个信道，狭窄的信道约 4 米至 5 米深，再沿着信道两侧石壁挖掘出数个垂直墓穴，作为安置遗体的空间。遗体以寿衣包裹，表面以石板封闭，然后在石板刻上亡者的姓名，以及往生日期。当同一个信道两侧石壁都已占满遗体后，人们会在信道尽头再往地下深处挖掘下一层信道存放遗体。此地下墓穴信道长达数公里，从地面往地下挖掘 4 层楼。每一层楼同一个位置至少可堆占 5 至 8 层垂直墓穴。从建筑构造的角度，卡塔坎地下墓穴群挖掘构筑的规模和方式，可堪称是构筑技术与坚定信仰合为一体的结晶。

数十万计的墓穴就这样默默地隐蔽在地底下千余年，被后人所遗忘。墓穴通常尺寸大小不一，依导览人员的解释，由于殉道者太多，为了容纳更多遗体，完整成人遗体的墓穴较大，孩童的较小，残存肢体的墓穴更小，但仍设法在石板上找到可以刻下亡者姓名的位置。这些墓穴经由日日年年地挖掘、累积，形成庞大复杂的地下墓穴群。看到这些无数层层叠叠的墓穴，对我而言并无恐惧感，反而对生命和信仰增添了无比的敬意。由于地下墓穴群光线不足，且路径复杂，一般人很容易迷路，因此不容许参观者自行活动，必须由导览人员陪同才能进入。从进入阴暗的地下墓穴群，穿越层层幽黑狭窄的路径，直至回到阳光普照、绿草如茵的大地，整个过程像是一个令人敬畏的奇幻之旅。

罗马卡塔坎地下墓穴不仅仅埋葬基督徒，有许多地下墓穴也埋葬非基督徒与犹太人，罗马近郊超过 40 个墓穴群被挖掘出来，有几个地下墓穴群是近几十年才被发现。因此卡塔坎虽以基督教殉道者之地下墓穴著称，但广义上，包含了当时所有亡者的地下墓穴。卡塔坎验证了早期基督教教友坚定的信仰与殉道精神，同时说明了自古以来，不论东西方，死亡是一件严肃庄重的大事，不论任何宗教、任何种族，最终离开人世时都需要有一个安息之所。近年来，台湾提倡的树葬、海葬，呈现另一种完全不同的生死文明的思维。

# 10. 结语

罗马是世界闻名古城之一，罗马保存了从古罗马遗址至近代的各种建筑，显示出层层累积的历史，罗马不可视为历史上各时期各建筑物的组合，而是由这些建筑物形成的区块

（district）共同集成为的一座完整的城市，使罗马城成为独一无二的历史名城。

罗马是世界上最受欢迎的旅游城市之一。一般游客不需要了解西方建筑史知识，即可感受到一种累积深厚的历史场景和氛围。即使千百年的石构建筑使市街景象呈现一些灰沉的调性，却无损于当地居民对文化资产的理解和情感。走在街上，可以看到许多老旧建筑被再利用成各式精品店，其室内空间摆设细腻精致，产品新颖前卫，但建筑外观却依旧凝结于历史场景中。看着穿着时髦俊美的年轻男女穿梭于传统与现代之间，如此的自在、自然、毫无冲突。这种文化素养和认同感，成为罗马可以保存完好历史性格和特质的主因之一。

我的罗马之旅，除了去到了前述较知名的地标区块之外，还去到了首都区（Capital）、圆柱广场（Piazza Colonna）、对岸区（Trastevere）、花乡区（Campo Dei Fiori）等。每一个区块都有其独特的历史与特色，这些区块并非旅游景点，却能看到较丰富的居民生活。譬如：对岸区隔台伯河，与罗马城相对，其名原意为台伯河对岸，最初并非罗马城的一部分，属城外近郊。公元前此区居住的是犹太人与叙利亚人，二三世纪，在基督教被认可之前，许多基督徒搬迁至此。基督教被指定为国教之后，基督徒可以自由居住各地，此区逐渐成为劳动人口聚居地，直至20世纪60年代，此区仍有许多劳动人口。近年来此区成为罗马人的餐饮和夜生活区。周末、假日许多街道封闭，亦作为跳蚤市场（flea Market）。进入此区可以体验到罗马居民真正的日常生活。

花乡区依史料记载，在公元前55年庞贝（Pompeii）时期，便已在此区兴建了一些重要的建筑物，如剧场、神殿等，后来这些建筑物因无人使用，逐渐倾颓消失。4世纪进入中世纪基督教时代后，此区大量兴建教堂，在面积不大的区块可以看到三十几座不同时期的大小教堂。花乡区是一个古老的商业区，生活百货如皮件、铜锅、锅铲、绳索、铁锤、锁链五金等均可在此购得。除了传统商家之外，这些街巷处处是水果、蔬菜、花卉的摊贩，走进此区可以清楚感受当地居民的生活场景。

罗马可停留体验的地方太多，短短几天实无法深度感受2000余年古城丰厚的底蕴，或许更令人着迷的是古城的场景和风貌竟然能与罗马市民追求创新与时尚的精神相融合，一点也不做作扭捏。不像有些新兴城市以暴发户的心态，硬要将老旧社区、老旧建筑全部移除，古老小巷道一定要拆除拓宽，兴建高层钢筋混凝土建筑，才是现代文明。意大利在服装设计、工业设计、音乐、文学、艺术各方面，一直享有盛名，却能完整保留城市的历史风貌，令人钦佩。

这里曲折的小径、突然开放的小广场、挤满当地人的咖啡屋、小吃店，都可以体验到地方真正的生活与场所精神，令人流连愉悦。不知为何，这里的比萨饼、通心粉都很不容易下咽，比萨饼薄、酸、硬，通心粉好像没煮熟，原来这才是真正的意大利食物。我在美国吃的意大利食物都已经过改良，适合美国人口味，在美国吃习惯后，反而对真正地道的意大利食物不适应。

# 第 2 章

# 佛罗伦萨
# Florence, Firenze

　　一般人所熟知意大利佛罗伦萨的地名是取自英文"Florence"的翻译，但意大利文的"Frienze"，在语音上实际更接近"翡冷翠"。翡冷翠一词在城市意象与空间情境上似乎更能传神达意。徐志摩的名著——《翡冷翠山居闲话》《翡冷翠的一夜》虽与佛罗伦萨城市环境的描述与关系不大，但多年来在华人世界却使佛罗伦萨成为意大利浪漫城市的代表。

　　佛罗伦萨建城比不上罗马悠久，罗马帝国在前 500 年为共和政体，后 500 年为独裁政体，轰轰烈烈的 1000 年历史中，佛罗伦萨在其间能着墨的史迹不多。罗马是帝国的首都，天主教的枢纽，佛罗伦萨直到中世纪后期才成为一个王国。因此从城市规模、宏伟程度，以及纪念性广场、教堂数量与规模等，佛罗伦萨均无法与罗马相比，但佛罗伦萨在城镇规划、城镇范围、空间比例等方面似乎更合乎"人的尺度"。在历史发展上，佛罗伦萨亦有其独一无二的地位。

　　佛罗伦萨于公元前 200 年左右已有族群在此定居的记录（亦有公元前 1000 年至公元前 800 年即有人居住的说法）。公元前 59 年，凯撒的军队曾在此创建城堡和殖民地。中世纪时期，历经数百年蛮族不断入侵，意大利各地区均饱受摧残。约在 11 至 12 世纪，佛罗伦萨逐渐成为一个有组织、有制度的社会，各种不同行业纷纷成立同业公会，同业公会不仅是商业组织与社会组织，同时对政府决策具有影响力。此时期，社会安定、商业繁华、人口增长。1183 年，在罗马教皇授权下，佛罗伦萨成为一个自治城市。城市自治的方式是由 12 位长老及百位议员组成市政委员会管理与运作整座城市。这种类似今日以民主制度的城市议会政治模式，使佛罗伦萨的经济更加繁荣。

　　从经济学、银行史的角度，公元前 5 世纪雅典已出现第一批银行，公元前 3 世纪埃及亦有银行金融服务的纪录，到了罗马帝国时期，金融服务更加完善，中世纪时期银行金融的纪录较不明确。在欧洲中部的内核区域，佛罗伦萨是欧洲最早有银行的地方。12 世纪已有犹太人的钱庄在佛罗伦萨出现。12 世纪末，许多富商家族在佛罗伦萨成立银行，这些银行家在欧洲拥有很高的知名度，连部分王室财政困窘时，亦向佛罗伦萨的银行借贷。1262

年这些银行联合发行钱币，货币的流通对佛罗伦萨及欧洲贸易的发展具有蓬勃的影响。除了银行金融业之外，另一个发达行业是以羊毛为主的纺织业，据说当时佛罗伦萨羊毛商人就有近 3 万人，他们在城内开设数百家商店，纺织同业公会亦因此拥有庞大的势力。

14 世纪初，佛罗伦萨贸易活络、经济发达、欣欣向荣，其发行的钱币在各国流通，使之成为欧洲最富有的城市，此时人口数已接近 10 万。但因为太富有，引起周边王国独裁者之觊觎，多次试图吞并佛罗伦萨，加上本身内部家族之间的矛盾，使佛罗伦萨一度岌岌可危。1348 年，欧洲瘟疫大肆传染流行，造成民众大量死亡，佛罗伦萨人口几乎少了一半，国力大幅衰退。在此黑暗时期，所幸有几个卓越精英的大家族协助重建社会秩序，复苏经济，这些家族同时热心赞助与支持文学、艺术活动，使佛罗伦萨成为当时欧洲文艺活动最鼎盛的地方。这些大家族中较为人所知的是美第奇家族（Medicis），在美第奇家族统治下的佛罗伦萨，迎来了意大利人文思想蓬勃发展的黄金时代。当时，许多思想前卫的哲学家、文学家、诗人、艺术家等，从各地前往美第奇宫，在大瘟疫之后，人们探讨人本价值、人性尊严、科学精神、文学思想、艺术观念等，开启了西方文明最具影响力的文艺复兴运动。

# 1. 文艺复兴运动

文艺复兴运动（Renaissance）在西方文明史上被称为"发现的年代"（the Age of Discovery），"伟大的苏醒"（the Great Awakening）、"启蒙时期"（the Period of Enlightenment）等。文艺复兴最初的目标是试图摆脱中世纪一切以神为依归的中心思想，借由恢复古典的过去，寻找古代的人性价值。文艺复兴（Renaissance）一词字面之含义即为"再生""重生"（rebirth）。在精神上，意味着人本价值与人性尊严的重视；在思想上，意味着理性科学的思维；在建筑上，意味着重新呈现古罗马建筑的形式与比例。文艺复兴的观念从佛罗伦萨普及至意大利其他城镇，然后扩展至全欧洲，使欧洲经由文艺复兴的观念逐渐重现人本思想与科学精神，打开了现代文明发展之门。

在文艺复兴运动发展之前，也就是 14 世纪初，在中世纪 1000 年即将结束之际，佛罗伦萨诞生了 3 位伟大的文学家，分别为但丁（Dante Alighieri，1265—1321 年）、薄伽丘（Giovanni Boccaccio，1313—1375 年）以及彼特拉克（Francesco Petrarca，1304—1374 年）。他们以智能、勇气与天分，用文学作品为文艺复兴运动点燃一盏盏前导的明灯，促使文艺复兴运动得以如火如荼地展开。

## 但丁《神曲》

中世纪 1000 年，教会拥有各种书籍，垄断知识的传播，教会依书本内容，决定何者可读，何者必读，何者是禁书。书本只供教会、贵族、王室，以及少数社会精英人士阅读，寻常百姓大多无法接触书本。多数为人所熟悉的知识，只出自《圣经》，一切社会活动或现象都以上帝之名为依归。在这种社会背景下，实难产生优秀的艺术家和文学家。就在中世纪即将结束，新时代（文艺复兴时期）正待来临之际，意大利诞生了欧洲史上一位伟大的诗人兼文学家但丁（Dante）。

但丁出生及生活在 13 世纪末中世纪的黑暗时期，以及 14 世纪初新时代曙光来临前的一刻。他目睹意大利因政治与利益斗争所造成的分裂状态。新兴市民阶级势力与封建贵族势力之间不断产生矛盾和斗争，佛罗伦萨正是这些势力斗争的中心，但丁在深刻体会中，开始有了《神曲》创作的构想。他因莫须有的罪名被驱离佛罗伦萨，开始近 20 年的流浪生涯，在流亡生活期间，他书写了《神曲》。《神曲》的创作自 1307 年开始，至 1321 年但丁过世为止，总共花费 14 年的时间。

《神曲》是一部充满想象、虚幻，又带着象征性、隐喻性的文学作品。全书分为 3 篇，分别为地狱篇（Inferno）、炼狱篇（Purgatory）、天堂篇（Paradise）。作者以第一人称进入地狱，看到生前做尽坏事的人，他们的灵魂都在地狱中受罚，这些人包括教皇、主教，以及欺压百姓的贵族和神职人员。作者到了炼狱，在炼狱的灵魂比地狱中的灵魂罪孽轻些。炼狱里的灵魂是生前触犯过傲慢、忌妒、愤怒、贪财、贪色等罪孽的亡魂。这些亡魂除了影射神职人员和贵族之外，亦包括新兴资产阶级。最后作者到达天堂，从天堂庄严光辉、充满欢乐的场景中，看到了许多生前正直行善的人，这些人是公义者、虔诚的教士、哲学家、神学家、殉道者、慈善家、正直的君主等。作者经由圣女的指引，得以见到上帝，但上帝的形象如光似影，一闪而过。上帝的幻象和《神曲》就在一刹那间结束。

但丁在《神曲》所描述有关教会罪恶、政府腐败、党派斗争，以及教皇、王室、僧侣、贵族、官员、新兴资产阶级等对普通民众阶级的剥削压迫，不仅是佛罗伦萨的现象，同时是整个意大利的写照。可想而知，《神曲》引起教会与贵族的愤怒，但却带来良知正直人士的共鸣。

## 薄伽丘《十日谈》

1348 年佛罗伦萨发生了一场瘟疫，传染病的时间延续许久，最初发病的 4 个月，即死去数万人。整个佛罗伦萨尸骨遍地，恶臭四溢，惨不忍睹。隔年，薄伽丘以这次瘟疫为事件的源起，执笔写下《十日谈》。《十日谈》的内容以佛罗伦萨为背景，讲述了为了逃避瘟疫，有 7 位年轻女性和 3 位年轻男性移居到佛罗伦萨郊外的别墅，他们在优美的景观庭园中闲话家常，品啜美酒，完全忘掉佛罗伦萨城内的恐怖气氛。为了打发时间，他们决定每人每日讲一个故事分享给大家，10 个人一天就有 10 个故事，他们一共讲了 10 天，合计讲了100 个故事，这 100 个故事集结成册，即为《十日谈》。

《十日谈》之故事内容广泛，100 个故事包含历史事件、宫廷传闻、民众生活、寓言故事等。这些故事有许多都是刻意影射王室、贵族、教会等既得利益者的黑暗面，并借由反讽的技法，揭露这些人腐败的内容。除了批判贵族、教会之外，对于民众现实生活的苦难、爱情自由的向往、平民商人的灵活才干，都予以肯定和彰显。作品中歌颂现世生活的重要（而非来世），赞扬爱情自由的可贵，肯定人们的聪明才智，崇尚个人表达自己的想法，这些都成为随后文艺复兴运动发展的源泉和理念。薄伽丘在书中揭露封建贵族和王室的残暴、基督教会的罪恶、教士修女的虚伪等，引发当时有良知年轻人的广泛回响，但也制造了强大势力的敌人。

## 彼特拉克

彼特拉克为另一位同时期的伟大文学家，他与但丁、薄伽丘在历史上享有同等的地位，有人称其为文艺复兴之父。彼特拉克年轻时已是著名的诗人，他强烈地提倡人文主义，将自我感觉、个人幸福、独立思考、热爱生活等思想融入诗词作品中。这些诗词引起年轻知识分子的共鸣，却在保守的社会中树立了敌人。彼特拉克一生强烈反对封建制度、反权威，并时常批判教会的虚伪与腐败。除此之外，他亦多次建议政府进行改革，他同时尊重不同宗教信仰的人，他甚至认为异教徒没什么可怕，如果能从他们那里获得知识亦无不可。这些观点都与当时教会与贵族的信仰背道而驰，但却为他在文艺复兴史上赢得无人取代的地位。彼特拉克一生都在旅行，处处增广见闻。他反封建、反威权、反迷信，以及他追求自由平等的信念使他被喻为民主诗人。

就在中世纪1000年一切以神为依归的尽头，文艺复兴新时代的曙光尚未到达，整个西方社会腐败、黑暗、绝望的时刻，但丁、薄伽丘、彼特拉克等文学家，从佛罗伦萨开始，用他们的良知、道德、理想与勇气，批判当时上层社会的不公不义，尤其教会的虚伪与腐败。他们以文学创作的方式点燃了先知的火炬，打开了千年锈蚀封建的大门，引领了一条通往新时代的道路，使西方文明一路发展成今日的模样。

## 人文主义

文艺复兴被称为"发现的年代"，其正确的含义是发现古代的人性价值，那些自古文中研究古典艺术、文学的人，被称为"人文主义者"（Humanists）。人文主义的哲学相信由人类理想所激发与证实出来的事物才是美好的（而非神的旨意），这个理想并非新发现，而是从古典的过去中找到。

中世纪1000年的基督教神学观，否定一切现世实存的价值，否定人生现世的意义，认为人类生来就是有罪在身。人类的祖先亚当与夏娃原来住在天堂乐土的伊甸园，后来因为偷尝禁果被放逐，堕入永劫不复的尘世，从此过着生、老、病、死的罪恶生活，人类一切世俗活动都是祖先堕落的结果。人生就是一个苦难的过程，人的罪孽只有经由忏悔、虔诚、苦修、祈祷来求得上帝的饶恕，从罪恶中得救赎，死后才能进天堂。因此各种生活的苦难都是上帝在试炼人类的信心，在世间承受越多的苦难，进入天堂的机会越多，人的欲望越单纯，得救的机会越大。

人文主义者的看法与教会的观点完全相反，人文主义者强调现实、入世、世俗的人生观，人性比神性更重要，喜、怒、哀、乐是人性的主要部分，应该受到根本的重视。教会所强调的禁欲主义既违反人性，又违背自然。自然与人的交互关系变得比神与人的关系更重要，因此"自然人"要比"宗教人"更有意义。

人文主义对人性的探讨远比中世纪对宗教的探讨为我们提供了更实质的教育内涵。这种新的生活视野提供了现世生活获得满足的可能性，而非仅是通往永生之路的过度。人文主义者一方面接受上帝的存在，另一方面分享了许多古罗马（非基督教信仰）的智能。对当时许多已厌倦中世纪一切以宗教信仰为中心的人，人文主义的思想更具前瞻性与宇宙观，亦更有吸引力。

由于从古典史料里发现古罗马的建筑、艺术、文学，甚至城镇规划均深受古希腊影响，古希腊的美学、哲学亦成为人文主义者探讨的对象。在很短的时间里，许多受教育的人伴随着拉丁文学、古希腊理想与新发现的古罗马废墟，热情地拥抱文艺复兴运动。

## 个人主义

如果人文主义是文艺复兴运动的目标，个人主义（Individualism）则是这个目标的原动力。中世纪的宗教重点强调人生在世只是通向永生的一个短暂过度，现世的苦难与快乐均不重要。文艺复兴的观念刚好相反，它主张现世生活不仅是一个通往天堂或地狱的垫脚石，生活本身有其独特的意义与价值。从这种高涨的自我意识（awareness of self）里，流露出一种"个人"的新视野。基于相同的精神，人们开始寻求自我认同（identity）与个人尊严（dignity），而非一视同仁的人群，人们要求地位与名誉，渴望在生前被人尊重，死后被人纪念。艺术家开始在他们的作品上签名，要求创作者的地位与应有的创作费用，而非仅为上帝服务。人们开始觉得，在不影响他人的前提下，个人有权表达他的思想和观点，换言之，个人也应像团体一样受到尊重。这就是何以我们认识文艺复兴以后的艺术家、文学家与建筑师，远比中世纪的 1000 年来得多。

## 怀疑精神

文艺复兴的个人主义与今日以个人为自我中心的观点并不相同，当时的个人主义旨在尊重个人尊严，而非排斥团体；旨在容许个人思考与判断，而非仅仅顺从既定的社会价值观。个人主义强调的个人尊严以及个人思考随后演变成怀疑精神。怀疑精神意指人文主义者不再接受教会对宇宙万象一成不变的解释，更不同意一切问题都从《圣经》中找答案（且只有教会才能解释）的做法。人们开始对不同的现象不断提出"为什么？"（Why？）的问题。提出反思，必须寻求推理和验证，推理和验证必须经由理性分析与个人判断，因此，怀疑精神亦即今日之科学精神。科学精神促使人文主义者养成逻辑思辨、追求真理、探究问题、发掘真相的态度，致使天文、地理、数学、物理、医学、哲学等在文艺复兴时期出现重大突破。随着西方科学精神与理性主义的发展，各种新知不断发现与突破，进而促成后来工业革命的诞生。科学精神使文艺复兴的艺术家精通数理逻辑，并借此掌握精确之人体比例与构图，使绘画和雕刻更接近自然完美的成果。科学精神使文艺复兴产生瑰丽的人文艺术与科学成就，影响西方世界达数百年。科学精神与理性主义亦使西方在 18、19 世纪，成为现代化、工业化的国家。

科学发展促使出现了前所未有的关于人类肉体本质与宇宙关系的观念。16 世纪中叶，两种大胆的理论出现，一是哥白尼（Nicolaus Copernicus）的太阳与地球的关系；另一个是维萨里（Andreas Vesalius）的人类解剖学。前者将数千年来"日出日落"之根深蒂固的概念，改成地球自转与对太阳公转的理论；后者经由人体解剖，提出人体构造、循环、排泄，主要器官功能等之解析，这两种学说将传统教会秉持之天堂与地狱的观念完全打破，对教会神权造成重大的打击。哥白尼甚至因此而入狱，被教会法庭判为异端，终身监禁。他的理论直至认罪悔改才被发布。但哥白尼的太阳系理论已无法阻止后续科学家的探索与思考，后来的伽利略、牛顿等，皆以哥白尼太阳系的发现为基础，发展出了更多重大的科学成就。

## 文艺复兴三大发明

文艺复兴的三大发明为西方的罗盘、火药、印刷术。罗盘为当时的导航系统作出重大贡献，也是航海术的重大突破。它不仅打开远洋航程、突破冒险犯难的精神、拓展领域与世界观，同时亦引发了文化与武力的侵略与交流。

在这段伟大的"发现的年代"里，许多传统的禁忌倒塌了。航海罗盘的发明加上有限的地理知识，引导许多航海家投向未知的新世界，哥伦布、麦哲伦、伽马，以及其他探险家从新大陆到好望角，拓展了疆域的范围，在人类文明史上世界的地图第一次有了雏形，亦打开殖民新世界的契机。

火药使枪炮得到改良，使当时各王国的防御能力增加，亦使攻击能力增强，枪炮不仅用在陆地上，亦用在海上，最后导致殖民主义的扩张。这些武器的改良，使西方国家国力大增，在船坚炮利的支持下，发展成侵略、殖民非洲、亚洲、美洲等其他区域的帝国主义。

西方印刷术的发展是文明史上的一大进步，活版印刷术使书本印制的速度和数量增加，对知识普及与文艺复兴运动的推广，具有决定性的贡献。活版印刷印制的书本有新书，亦有旧书。新书的出版包括但丁的《神曲》薄伽丘的《十日谈》等，旧书的出版包括许多古希腊、古罗马时期的文学、哲学、诗词等。公元 1440 年之后的 30 年所印制的书本，比使用印刷术之前 300 年手抄稿的书都多。知识随着书本迅速传播，历经千年，西方社会第一次终止了教会控制书本、垄断知识的权力。知识的传播与普及，激发了探究真理的精神，以及自由独立思考的能力，其结果使社会发生了革命性的变迁（如：宗教改革）。

## 艺术成就

西方中世纪 1000 年因受宗教意识的束缚，人文思想、艺术创作、诗情表达基本上都受到强烈压抑。文艺复兴时期人性积极解放，科学精神发展，使艺术呈现出崭新的局面，这一时期的艺术成就比中世纪 1000 年累积得还多，对西方后世艺术发展亦有直接影响。文艺复兴时期诞生了许多艺术家，其中最为人所熟知的艺坛三杰分别为达·芬奇、米开朗琪罗、拉斐尔。

达·芬奇学识渊博，多才多艺，他把毕生事业的许多时间都用在广泛的自然科学研究、工程设计和技术革新等方面，继而也分散了他在艺术创作上的注意力，再加上要求完美无缺的作风，他完成的艺术作品较少。他把理智和感情、形体和精神、艺术和科学融合为一，创作出屈指可数的旷世杰作，使他成为世界艺坛上的一代宗师。达·芬奇同时主张唯物论，重视科学实践的思想，以论证推理的方法做设计作品与艺术创作。达·芬奇用其科学的探究精神创建了一种自由思考的态度，他是文艺复兴时期的产物，他亦将那个时代的精神个人化。他研究的范围包括物理学、数学、几何、逻辑、人体解剖学、植物学、机械原理、天文学、水文学、建筑学等。

他解剖人体各部分，详作纪录，并将人体结构公布于世，他观察水流、波浪、飞鸟以及它们的结构原理。他作诗、作曲、写小说与寓言；他也设计皇宫、古堡、战车、兵器、潜水艇、直升机、机关枪、汽车等，这些创作及设计均完整地记录在他的笔记内。他是自人类文明史以来最伟大的艺术家之一，同时也是一位卓越的艺术理论家。在艺术理论上，他把解剖、透视、明暗和构图等零碎的技法知识整理成一套科学法则。他成为文艺复兴精神的典范，因此达·芬奇被称为"文艺复兴人"（Renaissance Man）。

米开朗琪罗是意大利文艺复兴全盛时期最著名的雕刻家、画家、建筑师和诗人。比起达·芬奇多方面的兴趣，米开朗琪罗较专注于艺术工作，加上他的毅力与寿命（享年 89 岁），使他一生完成许多作品。他绘画与雕塑的题材和内容均以雄壮、豪放、刚强，以及充满激情的精神表现。对人体描绘的正确性加上英雄气概的意象，使他的作品气势磅礴、刚劲有力。

米开朗琪罗一生完成许多杰出的作品，但较一般人熟知的"哀悼基督"雕像早在他 25 岁时即已完成，大卫像完成时他才 29 岁，摩西像完成时 40 岁。虽然他坚称壁画不是他的本行，但他仍在西斯廷教堂完成了天井画之《创世纪》，以及后来的《最后的审判》。此天井画成为米开朗琪罗一生创作生涯的史诗。

拉斐尔是意大利文艺复兴全盛时期杰出的画家和建筑师。其艺术创作的形式和内涵与米开朗琪罗全然不同，他绘画中的人物形象秀美、静雅，构图平衡和谐，常以优美的田园风景为背景，以呈现安详、平和优雅的氛围。虽然拉斐尔接受主教、教皇的委托，创作许多以《圣经》为题材的作品，但他却是一个无神论者。拉斐尔像当时文艺复兴时期的艺术家一样，都曾接受过严格的技法训练，他同时亦学习数学、透视学、解剖学、化学、建筑学、文学和哲学等各种科学与人文知识。

拉斐尔 17 岁出师，21 岁以《圣母的婚礼》成名，随后绘画事业如日中天，他虽不信

**图 1.24** 佛罗伦萨天际线：自文艺复兴时期至今，一直保持着原有城市的风貌和天际线

神，但大多数绘画作品仍是宗教题材。在他因艺术生涯而备受尊敬时，年仅 37 岁却因一场感冒而赟然离世。他的死亡给当时罗马城带来极大的震惊与无限的哀伤，罗马市民以极端隆重的仪式举行葬礼，并将他埋葬在罗马帝国遗留下的万神殿里，以示尊敬。

在这个卓越伟大的时代，"再生"与"发现"的力量激发出许多令人兴奋的事情，艺术与建筑亦在其间迅速改变。文艺复兴的一大特性是对"人本"的兴趣与尊重（有别于中世纪仅对神性与教会的尊重），因此人的尺度与感觉，在建筑与艺术里变得格外重要。回归人本必须寻求、呈现具体真实的人性，并止于至善，才能达到真正的美感。艺术与建筑因此替文艺复兴写下辉煌鼎盛的一页。

由于佛罗伦萨是文艺复兴的发源地，在人文主义的影响下，整个城镇的规划和配置与罗马颇不相同，教堂的数量与规模远比罗马少，市街空间亦较接近人体尺度。整体而言，佛罗伦萨的城市范围虽比罗马小，但却是一座尺度适中、便于旅人步行体验的城市。自文艺复兴以来，佛罗伦萨经过 500 余年的现代化历程，除防御城墙遭拆除之外，整座城市的风貌与天际线大致维持原貌。

## 2. 佛罗伦萨圣母百花教堂

位于佛罗伦萨主教堂广场正前方之受洗堂（Baptistry），兴建于第 11 世纪，比主教堂的兴建早了 300 年。受洗堂建筑地基坐落于古罗马遗址上，为一座八角形建筑物。受洗堂之形式既非仿罗马建筑（Romanesque），亦非哥特式建筑（Gothic），而是一种端庄稳重的对称形式。受洗堂主要是基督徒入教、接受洗礼之用，因此内部以洗礼池为中心。

受洗堂初完成时，周边仍为城堡外之空旷土地，主教堂兴建完成后，此区才成为城镇中心。受洗堂初完成时之外观已不可考，其外观和室内空间于主教堂兴建时，一并以文艺复兴时期几何形之装饰语汇整修，许多雕塑亦为后期安装。因此，主教堂与受洗堂相邻，立面装饰语汇相似，很容易误以为是同时期兴建的建筑物，实际上是两个不同时期完成之构造物。

佛罗伦萨主教堂（Basilica di Santa Maria del Fiore），或称为圣母百花大教堂、花之圣母院等，位于城镇中心位置，由当时佛罗伦萨共和国与纺织同业工会共同出资兴建。主教堂自 1296 年开始设计，至 1436 年竣工，历时 140 年完成。

1296 年为中世纪末期，主要建筑与艺术形式属哥特式，1436 年正值文艺复兴运动蓬勃发展的年代。主教堂兴建过程经历全然不同理念、思维的两个时期，建筑形式亦同时包含两种不同的面貌与风格。

主教堂建筑构造与形式兴建之初明显受到哥特式建筑的影响，如飞扶壁（Flying Buttress）、肋拱（Rib）、钟楼（Campanile）、塔尖（Spire）、窗扇语汇等，均与哥特建筑的构造相似。到了 15 世纪，外立面以不同颜色大理石拼贴成几何形图案，以及水平线条的表现方式，清楚地呈现出文艺复兴时期的设计语汇。

主教堂由建筑师阿尔诺夫·迪·坎比奥（Arnolfo di Cambio）负责设计，1296 年开始施工。1302 年坎比奥过世，佛罗伦萨建筑委员会却并未指定续任建筑师，而是于不同时期委托不同的建筑师与艺术家介入此项工程。主教堂就在不同建筑师与艺术家的手中，以哥特式为基础，一边修改设计，一边在施工的过程中前进。1324 年，建筑委员会委任乔托·迪·邦多纳（Giotto di Bondone）设计钟楼。乔托为当时佛罗伦萨知名画家，他不仅奠定了佛罗伦萨的美术学派，同时是文艺复兴绘画运动的先驱者。他着手钟楼的设计仍以哥特式建筑为蓝本。

**图 1.25** 佛罗伦萨圣母百花教堂：1296 年开始设计，1436 年完工，历时 140 年，建筑形式包含哥特式与文艺复兴式

1336 年，乔托过世时，钟楼基础尚未施工完成。随后接手的第三、四位建筑师在乔托原有的设计原则下，继续修改设计和施工，直至 14 世纪主教堂末才完成。

主教堂历经 100 余年的兴建，主要墙体、构造大致施工完成，但却一直无法解决教堂圆顶穹隆的结构支撑问题。1418 年，主教堂从设计到施工的 122 年后，佛罗伦萨建筑委员会举办了一次建筑竞赛，希望能广纳构想，提出圆顶施工的解决之道。最后，布鲁内莱斯基（Filippo Brunelleschi）的提案胜出。

布鲁内莱斯基的构想是将圆顶穹隆分成内外两层施工，中间中空部分以木构架支撑内外两层砖石构造，木构架的结构行为类似今日之桁架结构系统。外层圆顶厚度约 0.8 米，内层圆顶厚度约 2 米，中间木架结构统层亦超过 2 米，整个圆顶厚度近 6 米，全部坐落在厚重的砖石承重墙上。

**图 1.26** 佛罗伦萨圣母百花教堂：圆顶穹隆，于 1436 年由布鲁内莱斯基完成

中间层木构架以 8 根大型弧形拱梁从承重墙上延伸至顶部灯笼，每组大型拱梁之间再设置 2 根辅助弧形拱梁，总计 16 根，大小拱梁合计 24 根。木构架完成后，才开始建造内外层石构圆顶穹隆。圆顶穹隆于 1420 年开工，1434 年完成，历时 14 年。佛罗伦萨主教堂的圆顶穹隆比罗马圣彼得大教堂圆顶穹隆（1593 年完成）早 150 余年完成，布鲁内莱斯基因此被称为"文艺复兴第一位建筑师"。

佛罗伦萨主教堂长约 153 米，宽约 38 米，圆顶穹隆高度约 106 米，钟楼高约 79 米，加塔尖约 100 米，为基督教世界最宏伟的教堂建筑之一。

佛罗伦萨主教堂与罗马圣彼得大教堂一样，游客可以到圆顶内部参观，参观圆顶内部是一个难忘的经历。通过狭小的铸铁旋转阶梯沿着内外两层圆顶墙壁的空隙往上爬，为了规避木构件斜撑，铸铁阶梯会出现不规则之平台，有时游客得弯腰才能通过。在气喘吁吁、筋疲力尽地到达顶端灯笼之际，突然豁然开朗，佛罗伦萨的城市风貌尽收眼底。

在工业文明来临之前，没有电力与机械设备的协助，仅凭简易的工具、材料与肌力，完成如此巨大复杂的构造物，实在令人赞叹。1982 年，佛罗伦萨主教堂因其构造史上的意义及建筑艺术价值，被联合国教科文组织指定为世界文化遗产。主教堂自 1946 年完工启用后，成为佛罗伦萨最主要的城市地标，一直至今。

# 3. 圣十字大教堂

圣十字大教堂（Basilica of Santa Croce）于 1294 年开始设计兴建，14 世纪中后期完成，兴建期程约 80 年。正立面之文艺复兴式装饰面材与扶壁支柱是 19 世纪才增建完成。哥特式塔楼亦建于 19 世纪因原有钟楼遭雷电击毁而重新建造完成。19 世纪为欧洲新古典主义盛行时期，哥特复兴式（Gothic Revival）为其中一个流行样式，圣十字大教堂亦在此时期改造完成。

圣十字大教堂平面长度约 140 米，宽度约 40 米，除主教堂之外，尚有多座小礼拜堂（chapel）、修道院共同组成的宗教建筑群。走进教堂，可以看到哥特式建筑的尖拱廊、肋拱构造所形塑的空间，砖石构造朴实素雅，墙面、柱体与天花板没有任何装饰，完全没有文艺复兴与巴洛克时期教堂内部浮华雕琢、繁华富丽的景象。整个内部空间呈现着中世纪苦修简约、缥缈空灵的情境，与外立面复杂的大理石拼花装饰相去甚远，像是两幢完全不同的建筑。

圣十字教堂室内空间唯一出现较多雕刻装饰的部分为墓碑。在欧洲，教堂常被作为重要人物往生的安息之所。传统上埋葬在教堂内，回归上帝怀抱，与上帝同在，是最佳之归宿，但是只有有钱人和有权势的人才有资格埋葬于上帝的殿堂。圣十字大教堂之地坪除了原有

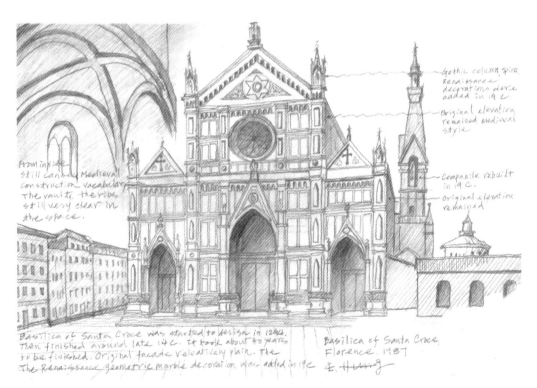

图 1.27 圣十字大教堂：兴建于 13 世纪的简朴教堂，于后期增建了许多哥特式与文艺复兴式的装饰语汇

石板铺面之外，主要由 276 个雕刻的墓碑石所组成，墙体亦有许多墓穴，由雕琢细致的墓碑石构成大片墙面。文艺复兴之后，欧洲教会开始接纳在文学、艺术方面有成就，以及对社会有贡献的人埋葬于教堂，圣十字大教堂就接收了近 20 名艺术家、诗人、文学家长眠于其中。

初访圣十字大教堂，以及尔后阅读相关数据，让我产生对建筑、古迹不同的思考与感想。若非从史料阅读圣十字大教堂的兴建过程，仅从外观与内部空间判读，很容易认为圣十字大教堂是中世纪后期所完成之较简朴的哥特式教堂，是到了文艺复兴时期又重新以文艺复兴建筑语汇整修立面并延续一直至今。然而事实并非如此，圣十字大教堂初完成之建筑立面是红砖叠砌的构造，外形平坦朴实。现有正立面呈现的扶壁支柱、塔尖、钟楼等，都是在 19 世纪才以仿哥特形式附加上去，连文艺复兴时期的几何形装饰立面亦是在 19 世纪才整修完成，但内部空间仍可以清楚地看到始建时期哥特建筑的构造系统。此现象颇令人困惑于建筑的真实性，何以一幢建筑物可以"模仿抄袭""伪造历史"，却仍被当成一座城市的重要古迹？但若能以较宽广的胸襟、较不批判的态度看待历史，或许便能轻松自在地赏析古建筑。圣十字大教堂历经 800 多年的使用，仍能屹立不倒，其间经历多次战争纷乱、社会政经变迁、人文科技演进，每一个时代都想留下自己的证物，自己的历史。建筑只是大时代下的小小产物，它的拆除、增建、改造、改建、消长，只能随缘而行。折中、混合不同时代的建筑语汇，不论对错好坏，均属历史痕迹，因此亦可将其视为古迹的一部分。

# 4. 巴杰罗宫和博物馆

巴杰罗宫和博物馆（Bargello Palace and Museum）于 1255 年兴建完成，为佛罗伦萨最早兴建完成，且完整保存至今的古建筑之一。该建筑兴建完成最初是作为人民宫（The Headguarters of Captain of Palace）使用，亦即为市政府官员、议会与市长的办公室。16 世纪成为佛罗伦萨警察总部以及总长巴杰罗（Bargello）的官邸，此建筑即用其名称之。18 世纪，将近 100 年一直作为监狱使用，19 世纪中叶正式成为国家博物馆。这些都说明一幢建筑物的存废兴衰，有许多时候需要机运，巴杰罗宫历经数种功能，最后以博物馆的再利用方式完整保存，对佛罗伦萨而言，亦可算是一种幸运。

巴杰罗宫成为国家博物馆主因在于它见证了佛罗伦萨近千年的城市历史。它见证了但丁因思想问题在百人议会中接受质询；见证佛罗伦萨被侵略围攻、天灾、火灾，以及豪门派系明争暗斗的过程，巴杰罗宫却能度过这些灾难，长存于佛罗伦萨。巴杰罗宫成为博物馆之后，许多各地过去的典藏品纷纷移入博物馆。巴杰罗博物馆的典藏非常丰富，包括：大理石、木材、铜材的雕像；黄金饰品、白银饰品，以及手工艺品等；哥特时期的装饰艺术品为另一个典藏重点；许多当时贵族或豪门的典藏品（如：美第奇家族收藏的大型勋章）都成为此博物馆的重要典藏、展示品的一部分。巴杰罗博物馆因典藏丰富，成为意大利的

**图 1.28** 巴杰罗宫和博物馆：完整保存的中世纪哥特式建筑形式、构造与空间

主要博物馆之一。

巴杰罗宫于中世纪后期兴建完成，方形的平面借由中庭的置入，使外形和内部呈现完全不同的意象与空间。巴杰罗宫最初兴建的目的是作为市政厅，但基于当时的时代背景，其外墙仍以沉重的砖石构造、狭小的窗洞和射口，呈现中世纪防御城堡厚实坚固、严峻古朴的意象。反之，内部空间则相对轻巧透明，从外墙大门穿过幽暗通廊，即面对一个明亮的中庭。界定中庭的墙面主要为哥特式拱廊，拱廊穿透展开、明朗愉悦，在阳光的变换挥洒中，形成光影幻化的空间，这与外墙冷峻的"表情"差异甚大。这种内外意象的大幅落差是中世纪以防御为主要考量之建筑物常有的现象。

巴杰罗博物馆自 1225 年兴建完成，至第 14、15 世纪经二次增建，但文艺复兴时期流行的装饰语汇，以及装饰雕像并未出现。它一直保存着始建时期的历史风貌、形体与空间，未曾有其他时代的建筑语汇置入，纵使历史演变，依旧保存一种长恒不变的性格与特质。此种现象一方面是巴杰罗宫自己的命运；另一方面亦可视为古迹保存的一种态度。

## 5. 新圣母教堂

1221 年，在圣方济各（Saint Francis）指示下，圣方济各会的二位修士开始设计绘制

**图 1.29** 新圣母教堂：建筑形式混合仿罗马建筑与哥特式建筑风格，15 世纪正立面改为文艺复兴建筑风格，形成多种建筑形式的组合

一座新的教堂。教堂选址在 9 世纪时完成的圣母祈祷室（Santa Maria Oratory）的位置，新教堂因而命名为新圣母教堂（Santa Maria Novella），亦称圣玛利亚修道院。

　　新圣母堂约于 1276 年开始兴建，约 1356 年前后完成，建筑形式混合了仿罗马建筑（Romanesque）与哥特式建筑（Gothic）风格。1360 年，一系列哥特式拱券增建于正立面，使正立面更像哥特式建筑。1420 年，教堂正式启用，哥特式建筑已经过时，文艺复兴运动已蓬勃展开。1456 年，历经 36 年使用，教会委请当时知名建筑师莱昂·巴蒂斯塔·阿尔伯蒂（Leon Battista Alberti）重新设计正立面，以迎合时代需求与品位。此举说明，追求时尚古今皆然，教会也不例外。

　　莱昂·巴蒂斯塔·阿尔伯蒂以白色和绿色大理石为主要面材，并以数种不同比例的方形饰纹加以重复使用，使正立面在繁华富丽的文艺复兴装饰语汇中，保持一种节奏和秩序。另一方面，几何形体的运用，更能符合文艺复兴的时代精神。唯一较不易理解的是新圣母教堂既然全面整修正立面，何以文艺复兴时期盛行的圣哲雕像未被设置在正立面上，而是只用了几何形的装饰。

　　莱昂·巴蒂斯塔·阿尔伯蒂试图将人文主义建筑的理想融入教堂正立面的设计，在比例、比率上均重视人的尺度。他亦期盼正立面的重新设计，可以与教堂其他原有立面保持和谐。实际上，教堂其他立面是在中世纪时期，以红砖叠砌构筑而成。简约朴实的造型与改造后多彩丰富的正立面，差异甚大，实难和谐并存。

新圣母教堂正立面的改建并非特例，欧洲许多教堂与公共建筑从中世纪、文艺复兴到巴洛克时期，历经多年的使用，大多经过不同程度的增建、改建，始建时期的建筑亦往往包含数种不同时期的样式与风格，欧洲社会都习以为常，不以为意。其主因在于每幢建筑物在不同时期的增建、改建，都留下了该时期的工艺和技术，反映了该时期的思想和精神，成为时代历史的一部分。因此，不同时期的形式与风格可以共融、并存于一幢建筑物，此亦为欧洲古迹修复的主要理念之一。或许建筑形式的统一和纯粹性的思维，是 20 世纪现代建筑运动以后的事。

# 6. 圣马可博物馆

圣马可博物馆（Museum of ST. Marco）位于中世纪时期兴建完成的修道院内。此修道院位于当时佛罗伦萨城外东北边。修道院兴建于 13 世纪 10 年代末期，占地面积宽广。文艺复兴时期，由于修士、僧侣人数增加，急需更多宿舍空间，因此于 1436—1446 年，由建筑师米开罗佐（Michelozzo di Bartolomeo Michelozzi）负责增建工程。米开罗佐利用部分始建时期的墙体构造作为重建、增建空间的一部分，米开罗佐虽属文艺复兴时期建筑师，但他却并未将文艺复兴装饰语汇纳入设计，只在部分空间绘制壁画，或许是因为修道院崇尚节俭单纯之故。

基本上米开罗佐增建的修道院仍呈现中世纪修道院的尺度、场景和氛围。修道院由数个中庭串接，组成建筑群，中庭由拱廊环绕与界定，外墙以白石灰粉刷完成，空间形体非常干净简约。修士、僧侣宿舍大部分在二楼，一楼空间主要作为祷告室、讨论室、餐厅，甚至反省室等用途。从这些空间似乎可以看到僧侣、修士念经修道的日常生活。

有些修士宿舍开放参观，我看到修士宿舍四面白墙，房间非常简约，只有一个很小的窗洞面对中庭，似乎在强调修士日常苦修冥想的重要性。我单独走进拱廊，面对中庭，纯净的白石灰墙有少许裂痕，中庭空间尺度宜人，宁静中

图 1.30 圣马可博物馆：拱廊中庭，宁静祥和，或许这是抛弃凡尘，遁入修道院的人所渴望获得的心境

呈现无比的祥和，或许这是抛弃凡尘，遁入修道院的人所渴望获得的心境。

1869 年，修道院被意大利政府指定为国家级古迹，修道院大部分空间改成博物馆，自16、17 世纪增添的许多壁画，以及修道院空间均成为主要展示的一部分。1922 年，许多艺术作品自其他博物馆、美术馆转移至圣马可博物馆，使博物馆增添许多典藏作品。修道院未改成博物馆的少部分空间，仍作为修道院使用。至今，仍有天主教修士在此定居，使此一国家古迹仍保有部分始建时期的使用功能。

## 7. 老桥

老桥（Ponte Vecchio）横跨阿尔诺河（Arno River），连接北边城镇中心与南边皮蒂宫（The Pitti Palace），以及山丘公园绿地。史料显示公元 996 年，此处已有桥梁连接河岸两边。自古以来，一直到 20 世纪初，桥梁一般都设置在河道最狭窄的地方，而如果两岸距离较短，桥梁长度和跨度便均可缩小。但若河道狭窄之处有水患，宽广河道的河水便会在河道狭窄处上涨，河道越窄处水位越高，桥梁冲毁的概率便越大。而老桥正因设置于阿尔诺河狭窄处，所以曾多次遭洪患冲击破坏。

图 1.31　老桥：街屋漂浮在河道上，辉映着阿尔诺河，不论艳阳雨天，黄昏清晨，甚至夜晚，总有一股令人怀旧的浪漫气氛

现有老桥于 1354 年完成，为石材构筑的拱桥，由三组弧线桥拱组成，中央桥拱跨度为 30 米，两侧桥拱跨度约 27 米，桥梁总长度约 84 米。1354 年老桥兴建之初即设置为商店街使用，桥梁中间为供行人通行的步道，步道两侧为 2 层楼的商店街。桥上商店街主要售卖珠宝、首饰，以及观光客的纪念品。走在桥上，除了桥中间三个拱券可以看到河道之外，其余桥体均被连幢商店所封闭，因此游客时常只以为自己在逛商店街，殊不知自己在桥上。

从河道上看老桥，像是由四组巨大石柱支撑整排 2 层街屋，飘浮在河道上。部分街屋量体以不规则方式出挑于立面上，呈现一种随性又有机发展的韵律感，甚是生动。老桥虽非高耸的建筑物，亦非王宫、教堂等纪念性建筑，但由于老桥连接传统街市，而使街市两旁各式零售商店成为民众散步逛街经常通行的路径和节点。人们穿过老桥前往皮蒂宫以及山坡上的绿地公园，一方面休闲游憩，另一方面可眺望佛罗伦萨的城市全景。因此老桥在佛罗伦萨一直是一个众人所熟知的生活地标，亦为众人所喜爱的浪漫之桥。

老桥辉映着阿诺尔河，不论艳阳雨天、黄昏清晨，甚至夜晚，总有一股令人怀旧的浪漫氛围和情怀，比起当前混凝土或钢构桥梁的刚直冰冷，老桥显得生机盎然，有趣得多。

## 8. 维琪奥宫与领主广场

维琪奥宫（Palazzo Vecchio）又称旧宫（Old Palace），在历史上，因不同时期不同的使用功能，曾经有过不同的称谓，包括希诺立亚宫（领主宫，Palazzo della Signorial）、人民宫（Palazzo del Popolo）等，目前的旅游书籍与地图，均以维琪奥宫称之。维琪奥宫并非为了贵族、主教建造的官邸，从一开始，建造维琪奥宫的主要目的是作为佛罗伦萨市议会开会与办公的地方，同时作为市政厅使用。市议会成员主要由工商同业公会的代表以及部分贵族代表所组成。市议会决定佛罗伦萨共和政体的发展、建设，以及主要政策。因此维琪奥宫长久以来，一直是佛罗伦萨市政的象征。

维琪奥宫于 1299 年兴建，是中世纪后期，正值以防御为前提的年代，因此它虽以议会和市政厅为主要功能，但整幢建筑物像是一座防御性的城堡。维琪奥宫拥有坚固厚实的砖石构造，四向立面均有弓箭射口，高耸的钟楼兼作瞭望塔，清楚显示设计之初，即预设敌人可能随时入侵攻击。

维琪奥宫是一个非常典型的中世纪建筑，建筑量体干净简单、朴拙厚实，没有任何多余的装饰，一切都以防御性为主，具体呈现中世纪简约单纯的生活观。自兴建至今，历经 900 余年的使用，外观一直维持原貌。但其内部空间受到文艺复兴的影响，主要活动空间均有许多彩绘与浮雕。第一次空间增建以及装饰性彩绘与浮雕的设置始于 1494 年。1540 年前后，美第奇公爵（Duke Medici）决定将维琪奥宫当成他的官邸，因此许多房间、宴会厅、阳台、庭院等，全部以文艺复兴的艺术装饰语汇大肆装修。今日，许多艺术品，包括

壁画、浮雕、石雕、手工艺品等，均为当时
保存至今的杰作。这些作品包含：米开朗琪
罗、达·芬奇，以及数名佛罗伦萨名家的作
品，使维琪奥宫成为当今意大利的主要博物
馆之一。

　　领主广场（Piazza della Signoria），或称
希诺立亚广场，因希诺立亚曾经主政佛罗伦
萨而得名。领主广场与维琪奥宫相接，两
者不仅连成一体，亦都坐落在古罗马遗址
之上。该遗址为公元 1 世纪兴建的剧场及
其附属建筑物。4 世纪进入中世纪基督教时
代，剧场即被闲置。历经数百年的荒废，砖
石被拆解、移至他处，原有形状已不可考。
1268 年剧场遗址已成为泥土覆盖的开放空
间。1299 年，维琪奥宫兴建，建筑量体在
罗马剧场的基础上建构。1385 年，此开放
空间第一次以石板覆盖，成为真正的广场。
文艺复兴时期，广场整修，除了铺面改善之

图 1.32　维琪奥宫：一个典型的中世纪建筑，干净简单，
朴拙厚实

外，增设了喷泉、雕像，使之更具文艺复兴的人文精神。

　　自 13 世纪末佛罗伦萨共和时期，领主广场与维琪奥宫就一直是城市政治中心。直至
今日，其周边仍环绕着许多历史建筑、博物馆、美术馆，以及政府机构。古罗马建筑遗址
被挖掘、陈列后，从领主广场有一个独立出入口，进入地下空间，游客可以参观这些存留
的遗构，然后到维琪奥宫体验中世纪的城堡，以及丰硕的文艺复兴艺术品。

　　领主广场位于旧城区，与多条道路相连，居民经由狭窄路径进入此开放空间，感受
到一种悠闲自在的归属感，领主广场因此成为佛罗伦萨人日常相聚闲聊的地方（meeting
place）。许多居民每天都会来广场喝杯咖啡，与熟识的邻居闲话家常，它成为当地居民日
常生活的一部分，具体呈现当地的场所精神。它的知名度同时吸引世界各地的参访者，使
广场每天来往游客众多，热闹活络，充满生机，此亦为领主广场另一个吸引人的地方。

## 9. 结语

　　1982 年，联合国教科文组织将佛罗伦萨旧城区指定为世界文化遗产。指定历史城区
的范围约 532 公顷，部分指定范围由 14 世纪存留下来的城墙所界定。世界文化遗产委员
会认为佛罗伦萨历史城区是西方文艺复兴的象征，呈现的经济、艺术、文化的发展历程达

600 年。该委员会同时认为经由持续长恒的创造力，使佛罗伦萨历史城区呈现了社会和城市发展的卓越成就。佛罗伦萨在建筑与艺术上的发展，影响了意大利，也影响了欧洲，使之具有无可取代的地位和影响力。文艺复兴的观念和思维，使佛罗伦萨累积了丰厚的历史、美学的文化遗产。

佛罗伦萨不仅保有"翡冷翠"的城市意象，它亦为西方罗马共和时期之后，最早开始议会政治的主要城市。12 世纪末，它在商业、贸易、哲学、诗词、艺术、思想等方面的自由发展，使之成为欧洲各地区的先行者。它是文艺复兴运动的摇篮，孕育了文艺复兴的黄金时代，影响欧洲达数百年之久。

如今，佛罗伦萨中世纪时期兴建的防御城墙部分已遭拆除，沿着原有城墙边界不规则的道路，依稀可以看到昔日城区的范围与纹理。除了沿着旧城墙边界不规则道路之外，大部分城市纹理多为不同方向的棋盘式、格状系统的道路网格，中世纪时期蜿蜒曲折的小径保存下来的不多，这显示了文艺复兴时期对城市设计的影响。

位于城区内的阿诺河（Arno River）是一条古运河，昔日有许多贸易物品从河道运出。阿诺河北边为城镇中心，南侧为丘陵地，丘陵较平缓的土地被开发成住宅区，较陡斜的土地被作为绿地和公园，从山坡地的高处可以一览佛罗伦萨的城市风貌与天际线。山丘上仍保留了部分昔日的城墙，斑驳的古墙静静伫立在山林间，默默见证着佛罗伦萨千年来朝代的更替与兴衰。

达·芬奇绘制的佛罗伦萨城市规划手稿中显示，自文艺复兴时期一直至今，佛罗

**图 1.33** 佛罗伦萨古街：尺度较小，人车亦少，斑驳的旧墙与拱门默默呈现历史痕迹

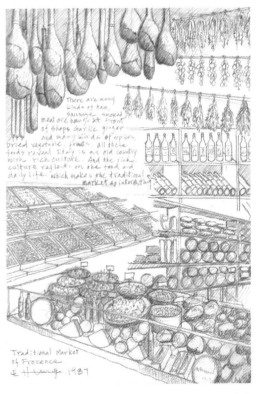

**图 1.34** 传统市街：传统市场处处皆是，人们以代代相传的方式累积出自己的生活文化

伦萨始终保持着相同的城市景观。天际线仍以主教堂之圆顶、钟塔、市政厅、塔楼为主，多数的建筑仍维持在4、5层楼以下。几乎所有建筑物均保持相同斜率之斜屋顶，屋面材料多为红色陶瓦（罗马瓦），这使整个佛罗伦萨保持着特有且连贯的风貌。

　　佛罗伦萨的街道上，汽车、机车都很多，交通非常繁忙，只有传统街巷才比较安静。整体而言，佛罗伦萨的建筑以红砖当成面材的较少，教堂数量与形式亦比罗马少很多，毕竟长久以来，佛罗伦萨是以贸易为主的商业城市，且因文艺复兴运动在此开展，自然对宗教信仰没有那么狂热。偶尔走进几条尚存的中世纪古道，尺度较小、人车亦少，斑驳的旧墙与拱门默默地呈现历史痕迹，石板磨光的古道，无声地承受千年的人来人往。走在这些古道上，不知为什么感觉特别的安静祥和。

　　偶然中，走进社区的传统市场，看到小店挂满火腿、腊肉，论斤秤两地叫卖，干货、芝士、蔬果与熟食多元丰富的陈列，巷口转角几个铁笼子，里面的活鸡待价而沽，看到这些场景突然间倍感亲切和温馨，让我仿佛回到了台湾的传统市场。初到美国时，进入超级市场，看到挑高的巨大空间，明亮通透。排列整齐的货架，陈列各式干净整齐、包装完整的食物，一切井然有序且制度化，令人感觉似乎是高度文明的象征，一种真正的美式文明。美国各种产品和餐厅亦多为企业化的连锁店，一切都标准化和制式化，充分显示高度资本主义下的市街风貌和生活形态。小店式、地摊式、拼凑式的传统市场和市集，总能让人联想起陈腐老旧的过去，一种尚未完成现代化的迂腐与落后。但到了欧洲才发现传统市场、市集处处皆是，各式小店、餐厅也都经营得有声有色，这些都说明人们以代代相传的方式累积出自己的生活文化，延续祖先遗留下来的经验和品位，怡然自得。小资本店家和传统市场反映了多元丰富的地方文化，统一制式的超级市场反映了资本主义支配垄断社会的现象。从21世纪人文社会发展的角度，地域主义（Regionalism）成为一种对抗全球化的反省和趋势，亦即一个地区应具备文化多样性、生活多样性、欲望多样性、思想多样性才是最重要的。若有人以美国资本主义的超级市场和企业连锁店来比较中国台湾与欧洲个体户的传统市场，显然是浅薄了。

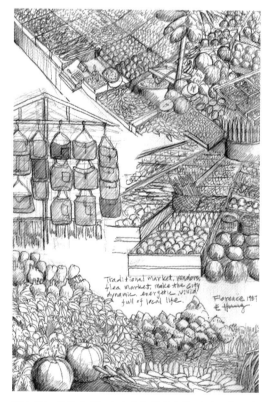

图1.35　传统市街：小店家和传统市场反映了多元丰富的地方文化，呈现了生活多样性的契机

# 第 3 章

# 锡耶纳
## Siena

佛罗伦萨是本次意大利旅行的重要据点，预计在此待 7 日。在这 7 日之间，除了体验佛罗伦萨之外，剩余的时间会每日一早搭乘火车去邻近的历史名城，再于傍晚返回佛罗伦萨。第一座城镇是锡耶纳（Siena），距离佛罗伦萨南边约 80 公里，第二座城镇是圣吉米尼亚诺（San Gimignano），距离佛罗伦萨南边约 56 公里，第三、四座城镇分别是比萨（Pisa）、卢卡（Lucca），距离佛罗伦萨西边约 100 公里，因比萨与卢卡二城相距不到 20 公里，便计划以一天时间走完此二城。这几座城镇在中世纪封建时期，均为独立王国，至今历史城镇与建筑均保存完好，具有很高的知名度，因此决定去参访体验。

走出锡耶纳火车站，顺着古城道路方向前行，沿着车站边的零星街屋，接下来看到的是开阔的田野，多数为农田，微微起伏的丘陵，绵延至天边。在相似的田园景观步行一阵子之后，突然间，一座高耸的山城出现在眼前，锡耶纳古城到了。

锡耶纳周边土地多为缓缓起伏之坡地，锡耶纳建构在较高耸的山丘上。整个城镇顺应山坡地形，宽窄不一的道路蜿蜒而上，狭窄的哥特式巷道沿途衔接街屋、王宫、贵族宅邸，步行在狭窄路径上可以看到各式建筑物。城镇各向迂回弯曲的斜坡巷道，最终都通往城镇最高点的田野广场（Pizza

**图 1.36** 锡耶纳城镇：从城外田野到进入城墙内，均可看到锡耶纳山城轮廓

del Campo），有人称为贝壳广场，因其平面
轮廓状似贝壳而得名。

锡耶纳正式建城的年代并不清楚，但当
地人都认为在古罗马王国成立后不久，锡
耶纳城镇即已存在。传说中，雷穆斯（Remus）
是古罗马建国者，他是战神（Mars）之子，
罗马尊其为守护神。雷穆斯的双胞胎儿子
赛纽斯（Senius）与阿基乌斯（Aschius）因
故由母狼养育长大，后来创建锡耶纳城镇。
因此，锡耶纳早期战士的盔甲和识别标志，
以至于后来的一些旗帜，都有一只母狼在
喂奶双胞胎婴儿的符号和图腾。

锡耶纳分成 3 个区，分别由 3 座山丘
所组成，整座城镇的规划主要以防御系统
为考量，所有的建筑物均顺着山坡等高线
兴建，狭窄巷道非常复杂，即使看着地图
也容易迷路，甚至随时进入死胡同。巷道
偶尔会穿过住家合院，再回到公共巷道，

图 1.37　锡耶纳山城道路：整座城镇顺应山坡地形，宽
窄不一的道路蜿蜒而上

此为另一种有趣的漫步经验。在中世纪，政治与宗教是支撑一个王国的两个主要系统，因
此市政厅与主教堂设置于山城的最高点，市政厅的钟楼与主教堂因而成为城镇之主要天际
线。从城外田野到进入城墙内均可看到锡耶纳山城轮廓，以及钟楼与主教堂形成的天际线。

12 至 14 世纪，中世纪后期，锡耶纳像佛罗伦萨一样，亦成为共和国，整座城镇的建设、
发展、公共政策等全部由市政委员会主导。此时期，锡耶纳贸易与银行金融的发达，促使
经济活络、工商发展、社会繁荣，连带也促成了许多艺术家和作品的诞生。此一荣景引来
邻国觊觎，1230 年、1260 年佛罗伦萨军队曾两次入侵锡耶纳，所幸均以失败告终，锡耶
纳因而长久保有自己的自治权。14 世纪锡耶纳已成为意大利最强盛、最繁荣的共和国之一。

# 1. 田野广场

田野广场（Piazza del Campo）位于锡耶纳城镇之中心位置，亦位于山城的最高点，它
设置在 3 座山丘脊线的交会处。1287 年以前，田野广场已是城镇市集的开放空间。1297
年市政厅开始兴建之后，应作为市政中心的需求，1327 年开始制作广场铺面。田野广场不
仅是中世纪时期全欧洲最大的广场，它亦因由哥特式红砖建筑群而和谐界定的广场空间和
界面，被认定为是一个丰富多变、整体感优美的市民公共空间。

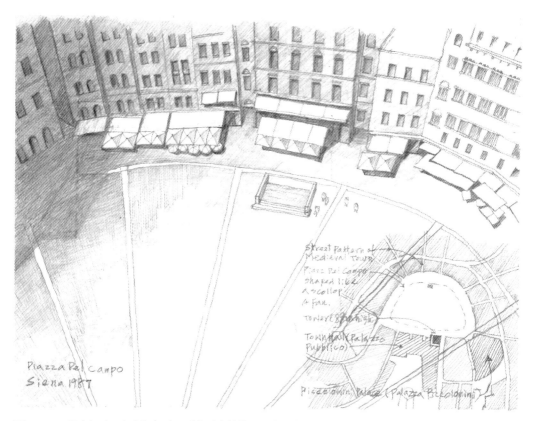

**图1.38**　田野广场（贝壳广场）：由9种红砖色块铺设而成，它成为城镇居民日常生活与公共活动的场所，它同时是世界知名的城市开放空间之一

　　1349年完成的广场，一边以市政厅为界，呈现直线形的界面，另外三边以扇形（贝壳形）为哥特式建筑群所环绕。整个广场以市政厅为焦点，以米黄色洞石作色带，将铺面分成9种红砖色块，呈放射状铺设。红砖铺面颜色细致柔和的变化，一方面显示了当时制砖的技术；另一方面呈现规划设计者的用心。此9个扇形色块除了视觉变化之外，另有其象征意义，它们分别代表1295—1355年间的9个市政委员会成员。

　　此开阔的广场没有任何雕像，或纪念碑，只有在市政厅正对面有一座喷泉。此喷泉于1342年完成，它是一座公共喷泉，完全对市民开放。喷泉初完成时，带给市民许多乐趣和喜悦，因此被称为欢乐喷泉（Fountain Gaia）。欢乐喷泉利用自然重力水压的原理，自水源处施作长达25公里的引水渠道，使喷泉可以运作自如，可算是一项工程上的奇迹。

　　生活在锡耶纳巷道的居民，每日穿梭、生活于狭窄路径，田野广场宽敞开阔的空间无疑成为居民日常生活重要的去处。田野广场连接11条巷道，通往城镇各个方向和角落，反之，城镇各个角落亦可方便到达广场。田野广场自14世纪完成至今，一直是城镇公共生活的焦点。每年两次的赛马竞技已是长久的传统，定期举办的市集与城镇活动成为居民参与的重点，即使日常生活，居民亦时常来此休闲。它不仅是一个当地的生活空间，同时还是世界知名的城市开放空间之一。许多城市发展的学术论著，都会将锡耶纳的田野广场作为重要、正面的城市开放空间案例加以陈述，使它深具国际知名度。

我穿梭于连接广场的巷道，看到了居民生活路径与广场开放空间的关系。然后，我漫步在宽敞的广场，看到各地游客、当地居民，在广场边界的小店啜饮咖啡、闲话家常、悠闲自在。最后，踏着陡峭阶梯，到达钟楼顶端，俯瞰城镇风格与广场配置。由广场细致扇形的红砖色块和搭配开展的空间尺度，可以体验到当时设计者的用心。13 世纪规划设计的城镇空间，历经 700 余年的时代变迁，却能维持原貌，一直使用至今，实在令人难以想象。

## 2. 市政厅与曼吉亚塔楼

锡耶纳市政厅（Pallazzo Pubblico）始建于 1297 年，其兴建主要是为作为锡耶纳执政官与 9 人市政委员会组成的共和政府办公室及市政官员办公地点。市政厅建筑为 4 层楼，第一层为石材构造，石构面材呈现大楼坚固厚实的基础。第二、三、四层为砖砌构造，红砖面材呈现中世纪时期简洁朴实的质感和意象，整幢建筑采用哥特式风格。市政厅与周边

哥特式建筑共同形塑田野广场的开放空间与形状。因此，将建筑物当成主体时，市政厅是主角，而将城市广场的活动空间当成主角时，市政厅则只是广场范围的界面。

曼吉亚塔楼（Torre del Mangio）与市政厅相连，两者一层皆为石材，二层以上皆为红砖，且都为哥特式建筑，因此两者看起来像是同一时期一起兴建的。然而事实上，塔楼兴建于 1325 年，比市政厅晚 28 年。曼吉亚塔楼塔高达 102 米，因位于城镇较高处，从锡耶纳任何地方、任何角度，均可看到。为使塔楼达到一定高度，砖构墙体厚度超过 3m，四面厚实砖墙所围塑的内部空间只有一座楼梯，楼梯直通顶层瞭望台与铜钟位置。塔楼开放参观，游客可顺着阶梯往上，直通楼顶。到了楼顶瞭望台可看到城镇的整体

图 1.39　主教堂配置与曼吉亚塔楼：两者高度相同，显示宗教与政治对等

风貌，晴天时，可以看到数公里外之田野景观，视野非常开阔。

市政厅与塔楼虽为不同年代兴建，在量体上，前者为水平向，后者为垂直向，但因两者构造、材质、立面语汇均相似，且都为广场界面，因此常被视为一体。但对我而言，两者的重要性并不相同。塔楼是构造技术上的卓越，市政厅是人文社会理念上的突破。技术上的卓越虽值得肯定，但算不上什么新奇，毕竟罗马帝国时期就有许多宏伟的构造物产生。唯人文社会理念的突破令人惊奇和赞叹，其主因来自内部空间的大幅壁画。

市政厅内有一个 9 人委员会之议会大厅，大厅三面墙壁分别有 3 组著名的世俗壁画（意指与基督教教义无关）。此 3 组壁画由当时知名画家洛伦泽蒂（Ambrogio Lorenzetti）于 1338—1339 年，花费一年多时间完成。壁画主题为《好政府与坏政府的寓言》（*The Allegory of Good and Bad Government*）。壁画内容描绘了 3 个故事，分别为：好政府与坏政府的寓言、好政府对城市与国家的影响、坏政府对城市与国家的影响与破坏。

3 组壁画描述好政府与坏政府的所作所为对国家社稷的影响，并以城市和乡村为背景，强调两种不同政府造成全然不同的城市、乡村景象。好政府管理的城市，市街繁荣安定，乡村富庶祥和；坏政府掌控的城市，市街萧条破败，乡村贫瘠荒凉。画家以寓言方式创作壁画的题材，与中世纪末期一切以宗教为依归的社会现象并不相衬，却具有高度的前瞻性。

1339 年在市政厅完成的《好政府与坏政府的寓言》的壁画极具震撼力。在中世纪末期这个教会与王室均相对腐败的时代，艺术创作多以《圣经》为题材，但《好政府与坏政府的寓言》竟能在此时期诞生，且离但丁 1321 年完成的神曲仅 18 年。艺术家用绘画创作，不断提醒当时的市政委员会成员一定要公正廉明，经营一个好政府，为人民和国家付出，促进社会和经济繁荣，使人民快乐幸福。更重要的是当时执政的 9 位市政委员居然也同意让洛伦泽蒂绘制此种主题的壁画，这显示了他们的意志与决心。700 年后的今天，世界各地仍有一些不廉洁的政府，无视于人民的福祉，《好政府与坏政府的寓言》因而在某种程度上，也成为一种艺术上的先知。

## 3. 主教堂

锡耶纳主教堂（Duomo Cathedral）位于城镇之中心位置，距离田野广场与市政厅西南方约 100 米。主教堂塔楼与市政厅曼吉亚塔楼同高，两者都是锡耶纳城镇最明显的地标。一个为政治，一个属宗教，两个地位相等，此种规划设计之初，即将政治与宗教放在公平对等之地位，不像中世纪时期的罗马，宗教的权势远大于政治，此亦为锡耶纳可成为 14 世纪意大利最强盛共和国之一的原因。

锡耶纳主教堂 1215 年开始设计，1263 年完工，历时 48 年。在当时，宏伟大教堂的施工时间，往往需要上百年，48 年工期算得上是很有效率。锡耶纳主教堂使用拉丁十字体平面，立面与塔楼均为哥特式风格。一般哥特式建筑并无圆顶穹隆的设计，但主教堂十字交叉处却有一个圆顶穹隆，圆顶穹隆以六角形为基座，坐落在六根大型支柱之上，六角形基座再以弧线形成圆顶，此形式较接近仿罗马式（Romanesque）的做法。

锡耶纳主教堂在国际上并非因其哥特的形式或仿罗马的圆顶而知名，而是整座教堂，从外立面到室内立面，包括柱体，都有如斑马外形般黑白相间的水平线条。这些黑色（其实是墨绿色）与白色大理石交替出现，环绕整座教堂的内外，使之具有独特的性格与特质。站在广场上，看教堂外观，虽然觉得装饰雕琢、线条花纹多了些，但大致仍可接受，走进教堂内部空间，看到处处黑白相间的线条、浮雕装饰，以及马赛克拼花地坪，有点过于繁复杂陈，令人眼花缭乱。

在佛罗伦萨，看到许多中世纪原本素雅的教堂到了文艺复兴时期，便都被进行了华丽的"整形变脸"，因此我想，锡耶纳的主教堂大概亦是如此。我在后来才知道它在后期虽经过多次改造，但黑白相间的"斑马线条"自始建时期即已存在，是原始设计的一部分。从文献上知悉，长久以来黑色与白色对锡耶纳人具有特别的象征意义,黑白二色暗指黑马与白马,二者被联想到传说中锡耶纳城镇的创建者，赛纽斯（Senius）与阿基乌斯（Aschius）。

图 1.40　主教堂：黑白相间的水平线条，不仅具有独特的风格，同时象征二位锡耶纳的创建者

12 至 14 世纪，哥特式建筑在欧洲是一种流行的国际样式（international style），锡耶纳主教堂的构造、形式等均清楚表现哥特式建筑的特点和语汇，但其独特的黑白相间的水平线条却隐含了地方传说的意象，使国际样式的建筑与地域性（Regionalism）风格相结合，或许这是锡耶纳主教堂具有国际知名度的主因。

初到美国前几年，参加美国建筑师资格考试，建筑史试题中有一选择题问道"中世纪时期，内外均以黑白大理石水平交替使用，类似斑马线条的哥特式主教堂位于哪座城市？"选项有 4 座城市。当时我不知道有斑马线条教堂，亦不知锡耶纳这座城市，便因此就随意跳过。走出考场，去过意大利的人都说那是个送分题，没去过都说那是什么烂题目。直到后来，我才知道黑白线条相间的锡耶纳主教堂是世界独一无二的形式。

锡耶纳是一座典型的中世纪城镇，城墙、城堡、山城、狭窄弯曲的小径、内向性的合院、简朴的街屋、防卫瞭望台与钟楼等，一同构成此城镇的性格与特质。以城墙为界的城内空地，均维持原貌，并未有建设开发的行为。城墙外新建的社区，建筑高度均不超过城内，建筑外形非常低调简单，朴实无华。新建社区建筑之立面面材仍以白色石灰粉光为主，屋顶多为斜屋顶，以及陶土烧制的罗马瓦，好像刻意在视觉上避免影响锡耶纳城镇之整体意象和风貌。老房子的整修亦为一砖一瓦谨慎抽换，墙面若遇饰粉剥落，工匠便会小心敲除松脱部分，再以白石灰一层一层压抹黏着，非常用心。此举显示锡耶纳政府与民间对保存历史城镇的认同、珍惜与用心。

近年来，有些城市顺应时代潮流，将城市部分历史街区划设保存。其做法是将历史街区先进行调查、测绘，在所有旧建筑形貌确定后，将老街区居民全部搬迁至他处，原有老街区的建筑全部拆除，再快速以新材料、新工法，全部仿古重作，再租给新的住户使用。此种做法完全违背历史街区保存的本质，更误解了文化资产保存的意义与价值。此种做法仅保留了历史街区虚假的躯壳，完全漠视原有居民的记忆与感受，原有住户代代相依的场所精神亦荡然无存。文化的累积是一种长存的生活经验，一种人与土地、人与社区、人与人的共生关系。只有强化历史街区居民的认同、归属、参与，经由政府的协助，共同珍惜、保存历史街区，才能使文化资产的意义与价值真正长恒延续。

回程中，穿梭于复杂的巷道，顺着坡道而下，看到当地年轻人三五成群，兴高采烈地评论新款上市的汽车，他们穿着时髦前卫，使用高科技产品，过着现代化生活，却安然居于千年古城，名牌球鞋踏在千年古道上，令人莞尔。

第 4 章

# 圣吉米尼亚诺
# San Gimignano

圣吉米尼亚诺（San Gimignano）是中世纪存留下来的一座小山城。城镇以城墙界定范围，城墙顺应等高线构筑，使城镇范围呈现不规则形状。圣吉米尼亚诺坐落于山丘上，其东西向最大宽度约 600 米，南北向最大长度约 800 米，纳入世界文化遗产的古城面积接近 14 公顷，是一个尺度相对较小的城镇。从城门进入，慢慢闲逛，从南到北不到 20 分钟就出城了。但因其尺度较小，在城内漫步显得特别悠闲。

**图 1.41** 圣吉米尼亚诺：山城天际线由家族兴建的塔楼所主导，形成山城特有的风貌

公元前 3 世纪，圣吉米尼亚诺的所在地已有村落形成。公元 1 世纪开始有城堡出现。450 年，为纪念主教吉米尼阿那斯（Giminianus）对城镇的贡献，城镇更名为圣吉米尼亚诺。6 至 7 世纪，城墙与堡垒兴建完成。从中世纪到文艺复兴时期，圣吉米尼亚诺成为天主教朝圣者由北往南，赴罗马梵蒂冈朝圣途中落脚的地方，因其交通位置上之重要性，使之有过一段繁荣的岁月。

圣吉米尼亚诺保存许多仿罗马建筑与哥特建筑。中世纪时期兴建的教堂、广场、水井、窄门、弯曲小径、高耸城墙、甚至民居，均完整保留、继续使用。游客从城门进入城镇，一瞬间时空交错，仿佛回到中世纪城镇的场景中。这里的人步调缓慢，态度轻松，加上游客不多，走在狭窄的小径上，感到非常悠闲自在。穿越广场，看着居民啜饮咖啡，闲话家常，呈现一种街坊邻居之间的友善和温馨。漫步在市街里，看着斑驳的古墙、朴实的民居、狭窄的巷街、粗拙的石板阶梯，仿佛一切都回到古老简朴的生活意境中。

圣吉米尼亚诺并无特别知名的建筑物或艺术品，它最重要的价值和意义在于其作为中世纪城镇的完整性，而且住在此处者多为代代相传的居民。圣吉米尼亚诺虽无显赫的建筑物，亦无丰功伟业的历史，但城镇独特的风貌，与其他同时期的城镇不同，使之具有国际知名度。

大部分中世纪城镇的天际线（Skyline）都由主教堂、王宫、市政厅等建筑所主导。盖因高耸、地标型的建筑物是一种权力的象征，主导天际线亦意味着主导一座城镇或王国。从罗马、佛罗伦萨到锡耶纳均如此。圣吉米尼亚诺山城的天际线竟然由当地大家族所主导，大家族在争取城镇主导权的冲突中，竟然竞相兴建高塔，以示声望和权威，且塔楼越盖越高。13、14 世纪的 200 年，最多时有 72 座塔楼于城镇内兴建，最高的塔楼高达 70 米。目前留存于城镇内的塔楼计有 14 座，这些塔楼至今仍主导着圣吉米尼亚诺的天际线。

参访圣吉米尼亚诺，从远处不同角度均可看到不同高度的塔楼，这些塔楼突出于山城之上，引导旅人前进的方向，当接近城镇边界时，看到巨

图 1.42　圣吉米尼亚诺城墙：保存完好的城墙，清楚界定城镇范围

大高耸的城墙，这是告诉旅人城镇到了。这些塔楼于兴建之初，除展现家族势力之外，并无其他功能与目的（亦有人说具防卫功能），但却为圣吉米尼亚诺的城镇发展留存了历史痕迹，同时形塑了城镇特有的风貌。

参访圣吉米尼亚诺是一个令人深思的美好体验。世界上许多地区的传统聚落或老旧村镇，若人口外移，基本上都会逐渐没落与衰败。圣吉米尼亚诺的就业机会，以及工作多样性一定比不上都会区。推想这里的年轻人多数应该是赴大城市工作，城镇经济也会衰退，但这座历史小城居然可以如此干净整洁并保存原貌，丝毫没有一丝萧条没落的感觉。

世界上许多地方的风景区或古城区的周边土地，因应商业需求，必然是布满旅馆、餐厅、礼品店、摊贩等，接二连三地兴建，致使游客必须穿越这些杂乱的商业带，才能到达目的地，也造成原有周边的历史风貌尽失。圣吉米尼亚诺城墙外的周边土地多为微微起伏的丘陵地，除了偶尔出现的农舍之外，基本上保持着开阔的田野景观，一直到天边地平线，此一地景风貌从早期至今一直没有改变。此现象说明世界上许多优质的历史名城，会将周边的景观风貌视为文化资产的一部分来保存，使历史场景可以完整地呈现。圣吉米尼亚诺多年来受到意大利文化资产保护部门的关注，无论是古迹本体、城镇纹理、景观环境、游客数量、商业行为、广告招牌，还是交通、噪声、电磁波等污染，全部纳入列管，努力使圣吉米尼亚诺完整保存应有之历史风貌。

**图 1.43** 圣吉米尼亚诺塔楼：塔楼矗立在城镇中，见证着昔日各大家族的势力与消长

**图 1.44** 圣吉米尼亚诺市街：斑驳的古墙、狭窄的道路，清楚呈现中世纪山城的性格与特质

1990 年，整座圣吉米尼亚诺山城被联合国教科文组织指定为世界文化遗产。其登录基准与理由包括 3 点，第一，表现人类创造力的经典之作；第二，呈现已消失的文化传统，以及是文明独特的证物；第三，呈现人类历史重要阶段的建筑类型，以及卓越典范的景观。这 3 点理由均清楚说明圣吉米尼亚诺文化资产的价值与意义，以及保存与维护城镇周边景观风貌的重要性。

离开圣吉米尼亚诺，走在田野小径，回头凝望这个千余年的山城，在落日余晖中，整座城镇形成金黄色的容颜，一种长恒不变的场景，令人印象深刻。同时，心头涌上无限感慨，一个历史城镇与景观风貌的完整保存，需要极大心力以及众多人力、物力的投入，但除了政府法令的制定外，更需要的是整体公民的文化素养，以及居民的认同感和归属感，只有这样才有可能成功。

第 5 章

# 比萨
## Pisa

## 1. 比萨

比萨（Pisa）是一座历史城镇，大约在公元前 5 世纪，伊特拉斯坎人（Etruscan）在海边创建了一片村落。公元前 180 年，比萨成为罗马帝国殖民地，并将比萨建造成罗马海军基地。奥古斯都大帝时期在比萨增强防御工事（公元前 27 年至公元 14 年），并使之成为罗马的重要港口。比萨并不临海，但由于它是接近阿诺河口的港口，因而成为主要的内陆河港。公元 5 世纪以后，罗马帝国不断遭蛮族入侵，许多意大利城市逐渐衰败，但比萨因其河道系统的保护，而较易防守，受创较低。860 年，比萨被北欧维京人占领，维京人离开后，930 年，比萨成为卢卡（Lucca）行省的一部分。卢卡是首都，比萨是主要城镇。1003 年，比萨脱离卢卡，成为一个共和政体（独立城邦）。此后，比萨的国力达高峰，比萨成为意大利西北部重要的商业中心，控制了地中海的商船和舰队。比萨维持着国际商港的地位和荣景达 200 多年，直至 1284 年比萨海军舰队被敌国打败，1300 年港口再被摧毁，比萨从此一蹶不振。

对多数来比萨一游的人而言，比萨城市的历史发展并不重要，大家来参访

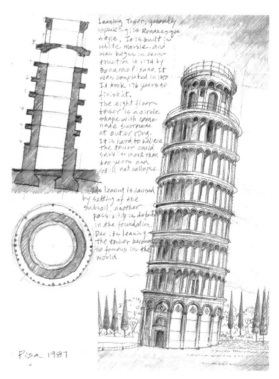

图 1.45　比萨斜塔：斜塔因基础下陷所致，却成为主要观光景点

的重点是比萨斜塔（The Leaning Tower of Pisa）。比萨斜塔是比萨主教堂的钟楼，属于主教堂的附属建筑，因多年来它不断倾斜，但又没有倒塌，因而成为世界奇观，斜塔的知名度居然远大于主教堂。

比萨主教堂属仿罗马建筑形式（Romanesque），立面全部用大理石作面材。仿罗马建筑常使用圆拱柱列，以及三角尖拱作为立面的主要元素，仿罗马尖拱后来成为哥特式建筑立面的重要语汇。主教堂于 1068 年兴建，1118 年完成并启用，施工期程历时 50 年，在当时算是很有效率。主教堂立面以水平线分成 5 层，呈对称形式，第三与第五层侧面为斜屋顶。第二至第五层正立面用纤细大理石圆拱柱列叠砌而成，柱列后侧为大理石实墙，并未做成供人通行的走廊。四层柱列共有 54 根不同颜色的大理石柱，立面柱列形成光影效果，比纯粹石构的实墙轻巧许多，

图 1.46　比萨主教堂与浸礼堂：为中世纪仿罗马建筑的经典作品

但因多种颜色大理石柱子的交替使用，使立面有些花哨纷杂。主教堂长 100 米、宽 30 米，走进主教堂的室内空间，看到 68 根大型柱体排列其间，非常壮观。似乎世界各地的宗教建筑都在歌颂神明的伟大永恒，强调人世的渺小短暂，并期望人们谦卑忍让。但何以自古以来人类各地都有宗教信仰，但仍纷争不断？

浸礼堂（Baptistry）位于主教堂正前方（西侧），以大理石施作完成。浸礼堂主要作为慕道者或婴儿入教时，接受洗礼仪式的空间。只有接受洗礼，才能真正成为基督徒。浸礼堂设计成圆形平面与空间，属仿罗马建筑形式，圆形外观以水平线分成 6 层，6 层的建筑语汇均不相同，第一层为基座，二至五层为圆拱柱列、尖拱等不同装饰繁复的立面，第六层为圆顶穹隆，浸礼堂于 1153 年开始施作，1400 年完成，历时 247 年，施工期程似乎久了一些。

钟楼（斜塔）位于主教堂后侧东向，为主教堂的附属建筑，塔高约 57 米，属仿罗马建筑形式。建筑主体是白色大理石制成的环形圆拱柱廊，以柱廊分成 8 层楼。内部为挑空的圆形空间，只有环形楼梯置于其间，连接各个楼层的柱廊。钟楼于 1174 年兴建，于 1350 年完成，历时 176 年。钟楼对外开放，游客必须走 294 级台阶才能到顶层。从顶层的环形廊道走一圈可以看到比萨的市街风貌，但因钟楼倾斜的关系，走在环形廊道犹如走在上坡与下坡的环形坡道，有点令人不安。钟楼倾斜的原因经结构专家分析，认为是最初兴建时地基土壤未捣实，而使地层下陷所致，或是建筑基础部分损坏，才造成倾斜。但有些

意大利的专家认为建筑师在设计钟楼之初，即有意让钟楼倾斜，以证明建筑师的能力和技术。我想这些意大利专家大概是沙文主义者（盲目的爱国主义者）。

比萨的主教堂、浸礼堂、钟楼（斜塔）和墓园，4 座建筑物以及周边留设的空地，共同形成一个园区。此园区的边界，部分由旧城墙所环绕，部分由建筑物所界定，此园区被称为"奇迹之园"，亦为游客主要参访的景点。"奇迹之园"因其"建筑艺术的杰作""中世纪基督教建筑的典范"等缘由，于 1987 年被指定为世界文化遗产。

## 2. 卢卡

卢卡（Lucca）与比萨（Pisa）两座城镇相距不到 20 公里，两者在军事与行政管辖上，曾互有往来。卢卡在国际旅游的知名度比不上比萨，甚至很少人知道此历史城镇，大概是因为它没有传奇性的斜塔，亦无可吸引游客的独特知名的景点和建筑。但卢卡城镇风貌保存较完整，各时期的建筑、市街网络、城墙、遗址等，兼容并存地融合于旧城区内，使历史脉络较具连贯性。换言之，卢卡城镇风貌的性格与特质远比比萨强很多。由于游客很少，走在古道上，感觉特别的安静，有点像是曾经显耀辉煌的贵族，变成寻常百姓后的落寞感。偶尔，坐在店家前的老人会对我投以好奇的目光，心想这位陌生旅人是否走丢了，才会来到卢卡。

公元前 3 世纪，伊特鲁斯坎人（Etruscans）在卢卡创建了村落。公元前 180 年卢卡与比萨同时成为古罗马殖民地。进入中世纪，卢卡成为主教与封建领主所管辖的城镇。6 世纪卢卡成为意大利西北部重要的防御城堡。11 世纪初，卢卡成为丝绸贸易中心，经济快速发展。1160 年，卢卡宣布独立，成为共和政体，此共和政体持续了将近 500 年。虽然在这 500 年期间，仍有封建领主的更替，但市政议会持续运作。卢卡在当时是意大利第二大城，仅次于威尼斯，它是一个以共和体制与宪法独立运作达数百年的城市（城邦）。1805 年，卢卡共和国被法国拿破仑占领，随后又更换数次统治，直至 1861 年才恢复成意大利行政区的一部分。

卢卡至今的历史街区仍保存着古罗马时期构筑的格状街道系统，而非中世纪的城镇系统。中世纪时期的城镇纹理主要以蜿蜒曲折、有机发展的防卫性街道系统所构成，但卢卡古罗马时期的格状街道系统，却能在中世纪 1000 年间存留下来，实为不易。古罗马时期规划的城镇除了格状街道系统之外，主要将公共建筑，如：澡堂、市集、图书馆、剧场等，设置于接近城镇中心的位置，中世纪时期规划的城镇则将主教堂设置于城镇中心，卢卡因此同时包含了此二时期城市规划的特质。卢卡城镇中心偏南为主教堂，城镇中心偏北为罗马环形竞技场所在地。

罗马竞技场的设置，主要为古罗马人欣赏竞技比赛而设置，进入中世纪后，基督教信仰远比竞技比赛重要，竞技场因而闲置荒废。罗马竞技场构造物的砖石逐渐被拆解，终至消失，但原始平面和空间被保留下来，原有阶梯看台以及相关功能的构造物被民居和其他建筑物所取代，竞技场变成环形的市民广场。环形广场清楚呈现罗马帝国建设的市街纹理与痕迹，它同时成为城镇居民日常活动的空间，具体呈现为一种长久累积的生活场所。

卢卡周边的城镇在现代化的过程中，多将早期兴建的防御城墙拆除，以便于城镇现代化的发展和延伸。卢卡虽经过现代化以及城市扩张的过程，但环绕在旧城区的城墙始终原封不动地保存。城墙的高度、形式，以及军队防御据点的形状，不像是中世纪时期的构造物，更像是文艺复兴时期或以后才兴建。卢卡的城墙、碉堡、据点在失去军事功能之后，城墙上方原属军队调动防卫的便道改成种植树木。这些昔日军用便道变成居民日常休闲的林荫步道，并与城墙、据点相连。昔日作为军队集中的据点计有 10 处，被改造成邻里公园和社区开放空间，甚至部分钟楼屋顶亦种植树木，成为空中花园。此举不仅保存了历史纹理、文化资产，同时兼顾了现代居民的生活。卢卡对古城墙、钟楼之绿化、再利用方式是我经过数个意大利古城镇唯一看到的活化方式，此种古迹再利用方式令人印象深刻。

卢卡旧城区保存了历史构造物的纹理和痕迹，包括：罗马建城时期的城镇纹理和规模，中世纪仿罗马和哥特式主教堂、钟楼、民居、皇宫，以及文艺复兴时期的防御城墙与军事据点。这些都使它成为一个积累了 2000 年岁月的历史城镇。卢卡一切都保存良好，仿佛整座城镇凝结在历史场景中。

走在城墙边，看到碧草如茵的庭园，踏上城墙，漫步于城墙上的林荫大道，在阳光与绿荫中穿梭。登上钟楼顶，在树丛下体验空中花园的乐趣，再望望城镇的整体历史风貌和天际线，总觉得卢卡不应如此寂寞。

**图 1.47**　卢卡古道：市街巷道仍维持古罗马的城镇纹理

**图 1.48**　卢卡城墙与钟楼：城墙、堡垒、钟楼以绿化方式成为林荫步道、社区公园

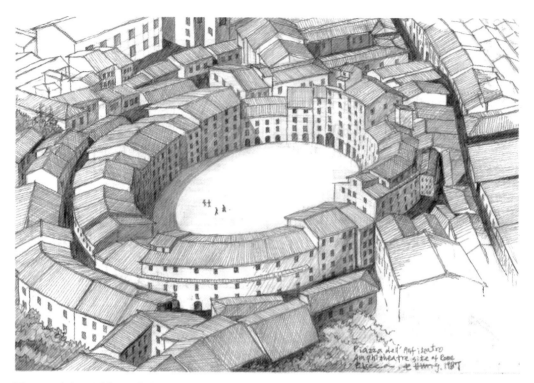

**图 1.49**　卢卡环形广场：原为古罗马竞技场，历经时代演变，形成市民共有的开放空间

第6章

# 米兰
# Milan

米兰（Milan）位于意大利西北边，其北侧距离瑞士边界 40 多公里，西侧距离法国边界约 110 公里。依史料记载，公元前 600 年，米兰地区已有聚落形成。公元前 222 年，古罗马人征服米兰，米兰成为罗马帝国城市之一。米兰经历罗马帝国兴衰，中世纪 1000 年的纷扰，至文艺复兴时期，成为文艺复兴运动蓬勃发展之地，达·芬奇、米开朗琪罗都曾在此留下作品。16 至 19 世纪，西班牙人、法国人、奥地利人都曾经占领过米兰，米兰历经战乱艰辛，于 1866 年与其地区共同声明意大利王国的诞生。意大利的统一，使米兰快速成为北意大利的工业重镇与经济中心。米兰虽然保存了一些古罗马遗址、中世纪教堂、城堡、王宫，以及文艺复兴建筑，也见证了过去的历史，但米兰对意大利以及全世界的重要性，不在于它的过去，而是现在。

19 世纪初，当工业革命在英国如火如荼展开之际，欧洲主要国家相继跟进之时，意大利还未完成统一，尚在分崩离析中与邻国交战，工业发展相对迟缓。米兰因与瑞士、法国较近，成为意大利最早工业化的城市。1840 年，从米兰到蒙扎（Milano-Monza）的第一条铁路通车，随后各式工厂沿着铁道周边兴建起来。工业发展使米兰持续成为意大利经济繁荣的重镇。19 世纪后半期，米兰向欧洲其他国家学习城市规划，使之具备现代化城市的基础，米兰同时进行工业技术的改良与研发，使工业发展更加精进。

20 世纪 40 年代，米兰已不仅是意大利工业化最发达的城市，其铁路系统也早已连通瑞士、法国、奥地利、南斯拉夫诸国，以及意大利各地。第二次世界大战期间，德国希特勒与意大利墨索里尼军事结盟，驻意大利的德军总部便设在米兰。米兰的工厂协助德军制造军事物资，铁道系统则将军事物资与人员运至欧洲各地和意大利半岛。第二次世界大战后期，为了防止德国军队的继续扩张，并削弱德军的战力，美国、英国、法国等同盟国空军便计划轰炸米兰。盟军开始主要针对生产军事物资的工厂与铁道设施进行轰炸，而后改为猛烈的地毯式轰炸。原本工业化系统完整、生产力旺盛的米兰几乎瘫痪，市区许多区块（district）变成废墟，有些区块甚至被夷为平地。

第二次世界大战结束，米兰像许多欧洲其他城市一样，从瓦砾堆中重建家园，由于主要的专业技术人才仍在，重建速度颇快，20 世纪 60 年代米兰再度成为意大利的工业重镇和经济中心。米兰因遭受战争的严重破坏，基本上没有大片旧城区或历史街区，米兰因此可以较无历史包袱地将城市建设成现代都会。米兰是一座现代化的城市，亦为知名的国际化城市，依米兰市 2020 年 2 月的人口统计，米兰市区有居民接近 140 万人，都会区有 430 余万人。居住于米兰的外来移民者与外国公民，来自数十个不同的国家和地区，总人数达 60 万人，使之成为真正的国际大都会。

如果罗马象征着历史的陈迹、过往的辉煌，米兰则代表着现代的摇篮、未来的展望。米兰在交通运输、工业发展、商业金融、服装设计、工业设计、音乐戏剧、艺术文学、媒体数字、旅游服务、运动、教育等各方面，均有惊人成就，具有全球影响力，是世界上最有竞争力的城市之一。

在交通运输方面，米兰都会区及相邻地区设有三座国际机场，每年拥有 5000 万人次的客流量。国际机场设有地铁捷运系统、高速铁路、巴士系统等，可以快速将旅客运送到米兰都会区及相邻城镇的目的地。米兰市区拥有五座火车站，是意大利主要铁路枢纽之一。铁路系统、市区地铁系统，以及连接郊区的区域铁路均相互连接，在都会区形成一个大众运输的网络。

在商业金融方面，米兰是意大利的商业中心，意大利的保险业、银行业接近 200 家公司的总部都设在米兰，外国的银行业亦近 40 家在米兰设置办公室，其他如：证券、电子、投资、管理、营建、科技、医疗、生活用品等跨国公司都争相在米兰占有一席之地，使它成为意大利最主要的商业金融中心。因此，它亦为欧洲拥有最多现代摩天大楼的城市之一。

在服装设计与产品设计方面，米兰被公认为世界时尚与设计之都。自 18 世纪末期，米兰已是意大利工业生产与制造业的中心，但 20 世纪后半期米兰跃升为世界上主要服装设计与产品设计中心。产品设计从汽车、机车、自行车、电气产品，到生活日用品等都包含在内，设计风格从现代感的简洁干净，到前卫创新均有之。米兰的工业设计与产品设计因此在世界拥有显著的声誉与地位。在服装设计上，米兰被称为世界四大时尚首都之一，这四个时尚首都分别为巴黎、纽约、伦敦，以及米兰。依米兰市政府的统计，米兰时尚设计产业，包含服装设计、布料、裁缝、首饰、鞋子、帽子、零件等相关上下游产业公司计有 12000 家，模特时装表演展场计 800 间，由此可知其被公认为时尚之都的理由。

在音乐、戏剧与艺术方面，古典音乐与现代音乐均蓬勃发展，歌剧表演亦声名显赫。在艺术方面，或许最为人所熟知也是最具影响力的，是 1909 年诞生的未来主义（Futurism）。未来主义者热烈拥抱工业文明，相信工业文明不仅带来现代化生活，也会带来无穷的希望与愿景。未来主义的诞生主要源自对当时意大利保守势力的批判，以及对米兰工业化的赞扬，米兰的现代化因而成为未来主义思想发展的泉源。

19 世纪中叶意大利终于统合成一个完整的国家，但意大利的统一并未带来文化上的集成，它仍旧停留在地方传统手工艺的层次，且各行其是。随着工业革命的到来，意大利的文化与艺术在传统与现代之间，出现了严重分歧与挣扎。当时的意大利，从学院派到传统主义皆保守且顽强地反对任何新事物、新想法，现代化的脚步停滞不前，因此大型工业、发电厂等，直到19世纪末才开始发展，比同期之欧洲许多其他国家延迟许多。

意大利的工业化首先发生在与欧洲相邻的北部（尤其米兰），因此未来主义的产生深受意大利北部以米兰为首的工业城镇快速成长的影响。工业化不仅带来生活的便利，更重要的是促使许多不同思维与观念的诞生，这些思维、观念与既往的生活价值观差异极大。未来主义者对当时珍惜传统、保护历史的社会氛围，抱着极端的敌意与藐视。未来主义者向往工业文明，将工业化当成新生活、现代化的原动力，任何与工业化相违背的事物与条件，诸如：手工艺、历史建筑、传统习俗、古文学、装饰等，都被视为反现代化、反新生活。（注：这种观点属19世纪初未来主义的看法，与当前世界潮流无关）

马里内蒂（Filipo T.Marinetti）与波丘尼（Umberto Boccioni）是未来主义的主要创始成员。马里内蒂在未来主义的奠基宣言中，公开肯定米兰的工业化与现代化，波丘尼的未来派绘画创作大多在米兰完成。未来主义最早是新诗与白话文运动，然后是绘画与雕塑的创作，最后是前卫建筑的发展。因此米兰具有前卫艺术发源地的美名，其影响力一直至今。

我从罗马、佛罗伦萨，经过锡耶纳、圣吉米尼亚诺、比萨、卢卡，一路来到米兰，仿佛进入另外一个世界。走出米兰中央车站，一眼望去，全是现代建筑，毫无一丝古意。沿途找旅馆，街道两旁亦以现代建筑为主。这些现代建筑中，有些是纯玻璃幕墙，有些是梁柱分明的造型，有些是用混凝土结构加上一些圆拱语汇，意味着与历史的链接，当然亦有些创新的设计。

整体而言，米兰虽保有一些古迹、历史建筑、小部分历史街区，但比起意大利其他城市，历史的衔接性不高，它是一座战后新兴城市，拥有现代城市应有的基础设施和便捷。米兰人亦展现出一种与其他城市不同的效率、气质与自信。

## 1. 米兰天际线与商业大楼

天际线（Skyline）广义上意指自然物与人造物突出于地平线所形成的轮廓线。在自然环境中，丘陵、山脉、森林，以及地形、地貌的变化，所形成的外轮廓，均属天际线。但由于自然环境的地形、地貌有其自然形成的原因（natural forces），只要没有人为破坏，即依自然定律存留或改变。因此，从建筑史、城市发展史的角度，天际线一般意指一座城镇，或城市所有人造物，包括：城墙、纪念碑、聚落、建筑群等重叠后的，与天空相接的外轮廓。

一般而言，尺度较小的城镇，天际线较单纯，现代化大都会的天际线较复杂；顺应地形地貌的建筑体，天际线则较不突出，与地形地貌对立的建筑体，则会明显占有天际线；建筑体越低矮，则突出于天际线较不明显，建筑体越高耸，则越主导天际线。从天际线占有的主

The drawing was taken on the roof of the Cathedral in 1987. The profile of skyline was revised in 2020. There are more high-rise buildings now, but old town basically keeps the same.

**图 1.50** 米兰天际线：城市天际线由商业大楼所主导，是资本家成为城市权力掌控者的象征

从关系可以清楚看到人类文明史的发展历程，以及城镇发展史的权力掌控和象征意义。

　　人类早期历史，不论东西方，统治者基本上都包含两种权力：王权与神权。中国自古以来，皇帝自称天子，因此只有皇城、宫殿与庙宇可以高大厚实。古埃及法老土在精神上亦为神祇，因此只有皇宫、神殿、方尖碑、灵寝可以高耸刺穿天空。罗马共和时期的 500 年，将公共建筑，如议会、剧场、图书馆、神殿、集会所等，配置于城镇的中心位置，呈现一种公民精神。中世纪 1000 年，基督教神权时代，教堂大多置于城镇中心位置，高大的教堂主导天际线，与天相连，显示教会的威权与影响力。19 世纪拜工业革命之赐，许多大型的公共建筑，如：火车站、图书馆、博物馆、工厂和烟囱开始主导城市的天际线。这一方面显示公民意识的提升，另一方面说明工业家、资本家掌控了城市权力与社会资源。19 世纪末，第一代商业摩天大楼在美国芝加哥诞生，开启了商业大楼主导天际线的年代。随后纽约将此发扬光大，1931 年完成的帝国大厦（Empire State Building）楼高 102 层，直接耸立于高空，清楚显示美国商人的雄心与壮志。如今纽约曼哈顿全部由不同高度商业大楼层叠的轮廓形成天际线，明显地呈现资本主义企业家、商人对城市的主导权。

　　米兰是意大利最早的工业化城市，在工厂设立，铁道、火车站建设过程中，许多老旧社区必然遭到拆除，加上第二次世界大战米兰市区遭到全面性的轰炸，存留下来的古迹、历史建筑、传统市街，自然不多，因此在重建过程有机会开发现代建筑。米兰的天际线因而由商业大楼所主导，这是意大利其他城市少有的现象。在众多商业大楼中，有两幢在现代建筑可以在建筑史中占有一席之地，分别为：维拉斯加塔楼（Torre Velasca Building）与

图 1.51　维拉斯加塔楼：26 层楼高之办公、住宅大楼，试图寻找一种对历史文化的尊重

图 1.52　皮雷利橡胶大楼与现代建筑：现代建筑成为米兰的主要城市风貌

皮雷利橡胶公司总部大厦（Pirelli Rubber Firm Tokler）。

　　1958 年建筑师事务所 BBPR（Banfi，Belgiojoso，Peressuti and Rogers）于米兰的历史旧城区附近，完成了 26 层楼高的维拉斯加塔（Torre Velasca Building）。BBPR 并未受到当时正流行之钢架玻璃幕墙建筑的影响，亦未受到国际商业主义的感染，相反地，他们试图寻找一种对历史文化及地方性的尊重，尝试将现代建筑、现代生活与源远流长的传统结合。维拉斯加塔楼大部分为办公空间，唯独最上面的 6 层楼是由结构构架出挑外移的公寓住宅，此种商住混合方式的摩天大楼与芝加哥摩天大楼的发展很相似，但在形式上则大相径庭。建筑评论家瑞斯贝罗（Bill Risbero）认为："维拉斯加塔楼避开当时商业与住宅的流行样式，迈向了更有趣、更具人性的方向。"

　　诚然 BBRP 建筑师事务所的设计态度的确有一种对周遭环境的尊重与对历史文化的情感，但摩天大楼在地产商主导下，自始即有排他性。该大楼鹤立鸡群、傲然自立，在尺度上比起米兰主教堂几乎有过盛之气势，这就是为何建筑史学家塔富里（Manfredo Tafuri）说："BBRP 所设计的维拉斯加塔楼对历史中心区的尊重，实际上是被地产商所破坏。"尽管如此，在当时到处是钢架玻璃幕墙的国际化潮流中，该大楼仍反映着建筑师对历史文化执着的态度与信心。

1957 年，蓬蒂与内尔维（Gio Ponti and Pier Luigi Nervi）在意大利米兰完成皮雷利橡胶公司总部大厦（Pirelli Rubber Firm Tower）的设计，它是一幢高度 30 层的办公大楼，像一些其他米兰在战后完成的办公大楼一样，它并未陷入钢架玻璃盒子的窠臼里。皮雷利大楼是近代将结构系统巧妙运用在高层建筑的最重要的例子之一，整幢大楼的结构行为经过审慎的计算与构思，最后呈现在外的是一个优美的建筑外形。它既非强调结构与造型的关系，亦非刻意隐藏结构的存在，而是将结构与造型融合，同时表现出一幢办公大楼应有的样子。

它是当时高层办公大楼中，极少数能避开以梁柱构造作为立面的建筑物。建筑师的构想是用 4 片厚重的承重墙深入地下基础，在底部厚重密实，随着高度增加，结构构件逐渐缩小，可用的空间逐渐增加。从剖面来看，底重上轻的原理与树木的生长颇为相似，亦合乎结构原理。从平面空间而言，它不如密斯所强调的"自由、弹性且连续性的空间"，盖因其 4 片承重墙（或称版柱），将平面分成 3 段，再加上两端的服务性空间与中间的电梯间，使之形成必然的中央公共走道，在办公空间的使用上弹性较低。但其运用现代建筑原则，而避开了处处重复的梁柱构造系统与玻璃幕墙的样式，使之成为当代欧洲办公大楼重要的代表作之一。

## 2. 米兰主教教堂

米兰主教教堂（Cathedral，Duomo di Milano）由当时米兰的枢机主教萨卢佐（Antonio da Saluzzo）所主导，于 1386 年兴建。15 与 16 世纪主教堂继续施工，但在 1402—1480 年，因经费短缺，以及缺乏构想，工程几乎停摆。1488 年，文艺复兴全盛时期，教会为了教堂中间的圆顶穹隆举办了一次全国竞赛，但又不了了之。主教教堂就在不停更换建筑师的过程中，工期持续延宕，施工期程长短对当时的教会好像不重要。1805 年，由占领米兰的拿破仑下令，主教教堂正立面继续兴建。1809 年正立面完工，教堂终于可以开始使用，但许多立面细节尚未完成。

1386—1809 年的 423 年，米兰主教教堂共聘用 72 位工程师和建筑师参与设计工作，有些时期由意大利、法国与德国的石匠师傅直接负责设计施工。这 423 年期间，欧洲从中世纪末期哥特式建筑，经历文艺复兴、巴洛克、洛可可、古典主义、新古典主义到折中主义等多种艺术风格与建筑形式。若加上 1965 年才完成的最后一扇铜门，以及一些装饰细节，米兰主教教堂的施工期程共计 579 年，而 1965 年已是现代建筑的全盛时期。可想而知，米兰主教教堂自然包含了不同时期的建筑风格和语汇。

主教堂用白色大理石完成，耸立于天空的尖塔计 138 座，尖塔顶端设置《圣经》人物与圣哲雕像，部分尖塔与雕像是在 19 世纪才装设完成。最高的尖塔高达 108.5 米，顶端有一座 4.2 米高的圣母玛利亚雕像，其余尖塔的圣哲雕像尺度相对较小。初次到屋顶层参观时，

图 1.53　米兰主教教堂：1386—1965 年，历经 579 年完工，成为包含历代建筑形式的折中建筑，但仍为米兰人引以为傲的文化资产

以为尖塔是中世纪末哥特式建筑的产物，栩栩如生的大理石雕像是文艺复兴时期大师们的作品，后来才知道尖塔与雕像大多是 19 世纪才设置，实在令人有些意外。

　　米兰主教堂充满装饰细节，每个面向、转角、窗洞、门楣、柱体、塔尖等，都有繁缛装饰作收尾，整幢建筑物非常繁华富丽，精雕细凿。由于使用过度的装饰以及包含多种建筑与艺术风格，招致多种毁誉的评论。19 世纪英国建筑史学家拉斯金（John Ruskin）认为："米兰主教教堂剽窃了世界上所有的建筑样式，而且每一种样式的使用均过分夸张与任意……"肯定者则称之为"奇迹般的产物""拼盘集锦的经典之作"。较令人意外的是米兰主教教堂拼凑式的装饰风格，虽引起许多争议，却仍被指定为世界文化遗产。

　　米兰主教教堂大致位于旧城区的中心位置，市区有多条道路可到达教堂广场。长久以来它一直是当地居民日常逗留休闲的地方。亦为来到米兰的游客必然造访的重要景点。折中拼凑的样式是建筑史学家与评论家的看法，对多数市民与游客而言，灿烂华丽的造型是一种诱人的景象，一种吸引人的场景，亦是一种历史荣光的象征。米兰主教教堂不仅是米兰的历史地标，同时是米兰人引以为傲的文化资产。

# 3. 埃马努埃莱二世拱廊街

美国式郊区生活是许多亚洲人民所羡慕的生活方式。美国郊外住宅区独户独院、翠绿草坪、大树浓荫、安静悠闲的生活环境，令人向往。为了维护这种居住品质，住宅区与商业区必须完全隔离，因应生活所需，而出现了购物中心（Shopping Mall）。美国郊区购物中心是以大型结构系统构筑成内街形式，沿着内街两侧均为生活所需之各式商店与餐厅，当然也包括超级市场。到过美国的人，一般都认可购物中心这种室内商店街是来自美国郊区生活的一种特有文化。然而事实上，世界上第一座室内商店街是在英国诞生。

市内商店街或购物中心在英国称为拱廊商店街（Shopping Arcade）。拱廊商店街主要以铸铁玻璃制成半圆筒形屋顶，覆盖于商店街之上，形成室内街道，街道两侧均为各种零售商店，使行人于购物餐饮过程不受天气影响。拱廊商店街源自英国主要有两个原因。第一，英国是工业革命发源地，19世纪初结构工程技术已有重大的突破与发展，铸铁玻璃做成大跨距之构造物已无问题；第二，英国冬季漫长寒冷，白昼很短，行人无法在户外购物逛街太久，为使冬季城市生活可以延续，室内商店街有其必要性，拱廊商店街因此而诞生。1819年伯灵顿拱廊商店街（Burlington Arcade）在英国伦敦完成，不仅是人类文明史上一种新类型的建筑物，同时是大型玻璃罩拱廊商店街的原型。而后成为欧洲各地寒冷地区效仿的对象。

米兰商场（Milan Gallery）正式名称为埃马努埃莱二世拱廊街（Galleria Vittorio Emanuele Ⅱ）。米兰商场为了纪念意大利统一，以第一位国王维多利欧·埃马努埃莱二世（Vittorio Emanuele Ⅱ）命名。米兰商场于1861年开始设计，于1877年完工启用。设计米兰商场时，欧洲许多拱廊商店街多已完工启用，因此米兰商场有机会参考这些室内商店街的优缺点，使之更具规模并精进。欧洲较早完成的拱廊商店街主要以铸铁（Cast-iron）为金属构材，米兰商场主要以锻铁（Wrought-iron）为金属构材。铸铁硬度较高，但延展性较低，锻铁硬度较低，但延展性较高，因此锻铁较适合作为大跨距结构的金属构材。

米兰商场平面呈十字形，南北纵向长

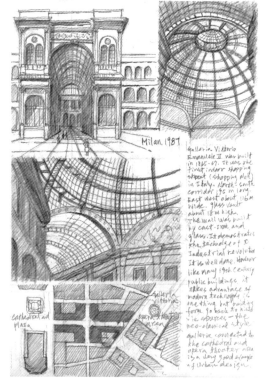

图1.54 埃马努埃莱二世拱廊街：钢构玻璃精巧细致，史学家认定为19世纪工业革命时期最具代表性的建筑之一

达 195 米，长廊挑高达 18 米，商场内外之立面为 19 世纪新古典主义的仿文艺复兴式建筑。屋顶由二组大型半圆桶状的金属玻璃构造组成，二组金属玻璃交叉处呈八角形，八角形再撑起一座金属玻璃圆顶。半圆筒金属玻璃屋顶跨距约 14.5 米，高度约 8.5 米，金属玻璃圆顶内部直径 37.5 米，高度约 17.1 米，此一金属玻璃屋顶构造的尺度史无前例，为欧洲规模最大的拱廊商店街。除了巨大规模之外，其金属构材、玻璃框，以及各部分衔接的细节，在比率与细致度上，均属一流杰作。米兰商场因此被许多当代史学家认定为 19 世纪工业革命时期最具代表性的建筑之一，它同时被认为是此时期金属玻璃的典范作品。

第二次世界大战期间，米兰遭受盟军轰炸，使此一闻名国际的拱廊商店街的金属屋顶严重受创。战后依原有构造与形式修复，20 世纪 70 年代屋顶开始出现问题，20 世纪 80 年代进行过修复，当前所看到的金属玻璃屋顶基本上接近原貌。但就许多细节与衔接点的修复方式（如：是否引进现代科技和工法），曾有过复杂的讨论和争辩、妥协与修正，最终才成为当前之模样。

米兰商场至今仍为居民休闲购物的地方，以及游客造访的重点。米兰商场主要集中了贩卖昂贵奢侈品的商店，如顶级新款的服装、钻石、首饰、皮件等，长久以来受到上流社会所青睐。其他还有如咖啡屋、餐厅、书店、画廊、旅馆，使它成为多元丰富的高级商店街。米兰商场亦以拥有许多百年老店为荣，譬如：1867 年创始的毕飞咖啡屋（Bifi Cafe），从米兰商场完成后即进驻一直至今。

米兰商场是 19 世纪产生的新型建筑物，虽然它并非欧洲最早出现的商场，亦非同类建筑物的第一个，但在尺度、规模、细致程度与时代精神上，均最具代表性。米兰商场在城市发展中亦有其重要性。其南北轴线的两端，一为米兰歌剧院，另一则为米兰大广场与米兰主教堂。此一商场的长廊连接了该城市两个最重要的地标与广场，它不仅使商业活动增加，更重要的是它使两个重要节点（Node）有路径（Path），使市民参加与公共活动的模式得以链接，并且不受天气的影响。对我而言，细致的钢构玻璃屋顶令人赞赏，连通主教堂与歌剧院的商店街在城市设计上同样令人佩服。

# 4. 斯福尔扎城堡

斯福尔扎城堡（Sforza Castle）占地宽广，厚实的石墙基座、高耸平朴的砖墙、狭长深凹的窗洞、墙顶出挑的连续斜撑拱券等，清楚显示中世纪末期，以防御为主体的哥特式城堡建筑风格。斯福尔扎城堡之城墙除了有凸出的防御角楼外，主入口处有一个比城墙高出 3 倍的塔楼，该塔楼强化了城堡入口的意象，但功能仍以防御为主。塔楼顶端加上一个八角亭及灯笼，推测应为文艺复兴时期才增建的构造物。在到处都是现代建筑、现代街道的米兰，可以看到中世纪末期存留的巨大城堡，着实有些欣慰，毕竟米兰也是一座有着长远历史的城市。后来，回到旅馆翻阅了旅游数据，才发现斯福尔扎城堡的构筑史，完全不是看到的那回事。

斯福尔扎城堡的现址原为罗马帝国时期军事碉堡的位置，在荒废近千年后，中世纪末期，1358 年由当地领主维斯孔蒂二世（Galeazzo II Visconti）下令以哥特式兴建城堡和官邸。最初城堡平面为正方形，长宽各 200 米，城墙厚度达 7 米。1447 年，米兰成立共和政体，驱逐维斯孔蒂家族，并将城堡摧毁。三年后，1450 年，斯福尔扎（Franceseo Sforza）推翻共和政体，在原地重建城堡及其官邸。15 世纪 50 年代虽是文艺复兴之全盛时期，城堡设计却仍以中世纪哥特式建筑风格为主体，但内部装潢、雕刻、壁画等，则多以文艺复兴时期的常用题材为主。1476 年，模仿哥特式建筑风格的塔楼开始兴建，内部仍以文艺复兴风格装潢。当时米兰地区主要艺术家均参与了城堡的艺术装潢工作，包括当时客居米兰的达·芬奇。

图 1.55　斯福尔扎城堡：城堡历经多次破坏与改造，直至第二次世界大战后才改造完成，但却仍保持中世纪后期的建筑形式

1500 年以后，斯福尔扎城堡多次被意大利其他王国，以及法国、德国的军队攻占、破坏。1550 年，西班牙攻占米兰，重新修建城堡，作为军事用途，防御城墙长达 3000 米，防御城堡占地面积将近 26 公顷。西班牙人所兴建的城堡，后来又被入侵的拿破仑毁坏大半。19 世纪中叶，意大利统一之后，城堡修复为军事用途，作为米兰驻军所在地。第二次世界大战期间，1943 年的米兰大轰炸，城堡严重遭受破坏，过半损毁。大战结束，米兰政府委托意大利知名建筑师事务所 BBPR 进行修复设计工作，而后成为今日的模样。

斯福尔扎城堡自 1358 年开始兴建，至第二次世界大战结束，其间经历过多次的破坏、毁倾、修建、重建，却始终保持着中世纪末期哥特式城堡建筑的模样，实为一个不可思议的事情。在学理上，建筑模仿、抄袭历史，总令人觉得不可取，但斯福尔扎城堡，经过文艺复兴、巴洛克、工业革命、现代主义，直至第二次世界大战后，仍将其修复、模仿至中世纪末期哥特式城堡建筑的场景，这或许是米兰人的坚持与执着，试图让历史痕迹在米兰保有一席之地。如今，这座占地 70 多公顷的城堡，成为米兰都会区最大的公园，城堡设立了数个不同主题的博物馆，典藏了历代经典的艺术品，成为米兰居民和世界各地游客造访之地。

# 5. 米兰中央车站

米兰中央车站（Milan Central Railway Station）是米兰和意大利的主要火车站。在体量上，它是欧洲最大的火车站。米兰中央车站不仅与米兰市区的地铁共构，它同时是意大利连通欧洲的主要火车站。米兰中央车站与欧洲主要城市的高速铁路相连，如：日内瓦、苏黎世、巴黎、维也纳、慕尼黑等，每年载客容量超过 1.2 亿人次，由此可知其在铁路运输的重要地位。但米兰中央车站吸引我的并不是其铁道枢纽的地位和重要性，而是车站建筑。

欧洲许多 19 世纪中期左右兴建完成的火车站，在建筑与构造上，都有相似的问题与困境。由于火车站是在 19 世纪才产生的新型建筑物，在历史上并无参考案例，当时的建筑师与工程师在设计火车站时，几乎都面临相似的困境。当时的观点是将大跨距的钢架玻璃仅视为工业产品，而非正统建筑，火车站正立面只有以石材进行仿古造型，才算真正的建筑。米兰火车站的设计亦然，其结果是使火车站的外观和大厅，与搭乘火车的月台层，成为全然不同的建筑形式与构造系统。火车站正立面通常为砖石构造，模仿文艺复兴、哥特式，或折中混合式的新古典主义建筑。此种做法是为刻意营造一种公共建筑的宏伟与纪念性。进入火车站大厅通常亦为各式大理石雕凿繁复的古典装饰，使旅客仿佛置身于富丽宏伟的殿堂中。进入月台层搭乘火车，月台层整个空间呈现完全不同的构造系统和场景。而由于月台层需要大量的自然光，且需能够使大量乘客进出月台层，因此在功能上，大跨距的金属玻璃构造系统成为月台层空间的必须。因此月台层的金属玻璃构造系统呈现科技工业生产的效率与特性，火车站的外观和大厅则呈现传统美学的思考模式。

初次看到米兰中央车站时，即认定是 19 世纪欧洲火车站的设计思维，只是其规模更壮观宏伟。车站正立面为石材构造，长度达 200 米，正立面有仿古罗马柱列，各式雕像，亦有具象与抽象的浮雕，立面收顶与立面转角都有繁复雕凿的装饰，令人眼花缭乱，无法判断其模仿的样式。基本上，米兰中央车站正立面的建筑形式是一种超级折中主义，任意混杂了多种样式，建筑外观实在乏善可陈。入口大厅一样为石材构筑而成，墙面、柱体、环形拱券都有许多石雕饰纹，但因屋顶足以金属玻璃做成的弧线采光罩，轻巧明朗，增添了一点现代感，使大厅较清爽些。

月台层极为壮观，可以清楚看到米兰工业技术的优势条件。月台层用钢构桁架做成拱券，每一组巨大的钢构拱券，搭配一组拱形金属玻璃，形成明暗交替的弧形屋顶。月台层金属拱券共有 3 组，中间拱券较高大，两侧拱券较小。巨大金属拱券屋顶覆盖了 24 条火车轨道，屋顶长度约 341 米，屋顶覆盖面积达 66500 平方米，约为 13 座今日 50 米 × 100 米的运动场。站在夹层通廊上，看着这座巨大钢构圆拱的构造物，像是一座工业技术永恒伟大的圣殿，令人叹为观止。

**图 1.56** 米兰中央车站：月台层钢结构玻璃拱券非常宏伟壮观，反映了米兰工业技术的成就

　　1864 年，第一代米兰中央车站完工启用，成为北意大利铁路运输的交通枢纽。由于米兰地区工业与铁路运输的快速发展，至 1900 年米兰中央车站已老损严重，无法使用。米兰市政府因而开始计划兴建新的火车站。1912 年，米兰火车站的公开设计竞赛由意大利建筑师斯塔基尼（Ulisse Stacchini）胜出，随后他开始规划火车站。由于第一次世界大战后意大利陷入经济危机，百业萧条，中央车站的兴建工程因而停滞不前，工程拖延至 1931 年才完工。在工程延宕期间，墨索里尼（Benito Musolini）成为意大利的内阁总理。墨索里尼要求米兰中央车站的设计，必须具有能代表法西斯主义建筑的宏伟与壮丽。因此原本设计单纯的火车站，越搞越复杂，最终形成今日之形态与规模。

　　由米兰中央车站的外形很难想象其竟是 20 世纪 30 年代的建筑，它更像是 19 世纪折中主义的样式。一幢具有地标性的公共建筑，很容易受到政治与威权的介入，自古至今皆然，米兰中央车站即为一明显例子。月台层钢构玻璃拱券反映了意大利工业技术的成就，即使在今日亦不容易。米兰中央车站的钢构玻璃屋顶不论是在 1931 年完成，或在 19 世纪中叶完成都一样体现了高水准的工业技术。当然，对我个人而言，如果现今的米兰中央车站是在 19 世纪完成，而非 1931 年，它在构造史和技术史上会更具有代表性和里程碑的意义。

# 6. 结语

　　米兰虽有长久以来的城市历史渊源，但实际上却是一个现代化的商业城市，从它的市街景象、交通系统，以及天际线，可以看到这座第二次世界大战后，新兴发展城市的活力、创意与繁荣。米兰不是意大利的历史名城，不需沉湎于历史包袱，只能往前看。自19世以来即以工业化、创新思维迎向未来。米兰不仅是意大利现代化城市的代表，同时也是展望未来的橱窗，它在科技、创意、设计、服务、金融、艺术、音乐，以及其他各方面的发展，在世界上均具有高度竞争力。因此，去米兰旅行参访，需要从不同的角度和观点，欣赏这座城市。

　　米兰虽然保留了一些壮观的历史地标作为市民追思过往的纪念物，并提醒外来游客，米兰拥有的历史脉络。但这些宏伟的历史地标，在壮丽的外观与空间背后，似乎都隐藏了许多艰辛与沧桑。这些辛酸不全然来自构筑过程的漫长，或是战争破坏的结果，而是这座具有创新思维的城市在选择扬弃中，如何确定以全然模仿历史、恢复旧观的政策与决心，修复历史建筑。

# 第 7 章

# 维罗纳
# Verona

维罗纳（Verona）是意大利中北部的主要城市，米兰（Milan）在其西边约 106 公里，威尼斯（Venice）在其东边约 77 公里，三者几乎处于东西向的直线位置。这 3 座意大利北方城市，因历史发展的差异，而呈现完全不同的城市风貌与特质。米兰是一座现代化、工业化的城市，以各种创意设计的产品闻名。威尼斯是座水城，自早期即为金融与海上贸易的中心。维罗纳则为罗马帝国时期，北方的行政与军事重镇。

维罗纳早期如何形成的聚落，史料说法不一，较明确的记载是公元前 89 年，维罗纳成为古罗马殖民地，公元前 49 年在此成立市政机构。由于其东西向通往威尼斯与米兰，往南经过费拉拉（Ferara）、博洛尼亚（Bologna）到佛罗伦萨，它成为几条交通要道的交会点，因而有其独特的重要性。随后竞技场、剧院、澡堂、市集、神殿、图书馆，以及其他公共建筑在此建构，维罗纳成为规模完整的古罗马城镇。维罗纳的交通地位使它成为中欧和北欧诸国进入意大利的门户。到了 19 世纪末，它又成为意大利连通欧洲铁路和公路的交通枢纽，但它始终保存着原有的历史风貌。

因其地理位置的重要性，在罗马帝国式微后，中世纪 1000 年，维罗纳不断在被入侵、战乱、更换领主中度过，

图 1.57 维罗纳城镇：维罗纳至今保存完整的中世纪城镇纹理风貌

仅在 13 至 14 世纪的 100 年，即斯卡拉家族（Della Scala Family）统治期间，有过一段繁荣安定的岁月。15 世纪文艺复兴以后，仍旧战争不断，1797 年还被法国拿破仑占领，直至 1866 年，才正式回归统一的意大利。

维罗纳的历史看似与米兰一样，历经战火与沧桑，但维罗纳却始终保存着古城镇的规模和样貌，一直至今。维罗纳城镇范围的界定很清晰，其南面、西南面与西面呈弧线的边界，是 16 世纪兴建的城墙，其北侧与东侧成蜿蜒曲线的边界是阿迪杰河（Adige，Fiume）。1117 年维罗纳发生大地震，许多古罗马与中世纪早期兴建的建筑倒塌，目前维罗纳保存的建筑主要于 1117 年以后兴建。城区内竞技场是少数保存完整的古罗马建筑，剧场设置在河的对岸，保存状态亦尚佳，还有一座石构拱桥仍在使用，其余大多只剩残迹。整座城镇的风貌、纹理、建筑仍以中世纪风格为主。走在维罗纳的旧城区，可以看到有些街道保存了古罗马城镇的格状系统，有些街区保存了中世纪蜿蜒曲折的街道，两种不同的系统以弯曲的城墙与河流为界，形成一个独特性格的历史城镇。

# 1. 罗马圆形剧场

维罗纳罗马圆形剧场（Roman Amphitheatre）大约在公元 30 年完成，在规模上它是意大利第三大的竞技场。维罗纳圆形剧场最初完成之长度为 152 米、宽 128 米、高 30 米，以大理石叠砌成 44 层阶梯形的座位区，可容纳 25000 名观众，显示了罗马帝国时期维罗纳的繁荣程度，以及居民人口。圆形剧场外立面原为白色与粉红色石灰岩叠砌成 3 层楼拱券之建筑物，历经近 2000 年的岁月，外立面大多已倒塌遗失，或成为其他建筑物的建材，现今只存留一小部分矗立于一角。目前看到的 2 层楼的石砌拱廊是竞技场内圈，是用来支撑阶梯座位的结构。现存的竞技场长度减少成 139 米，宽度为 110 米。

维罗纳圆形剧场使用 300 多年后，从 4 世纪进入中世纪时期即被闲置，但它一直保留在旧城区的原址。历经 1600 多年的荒废，直至第二次世界大战后，

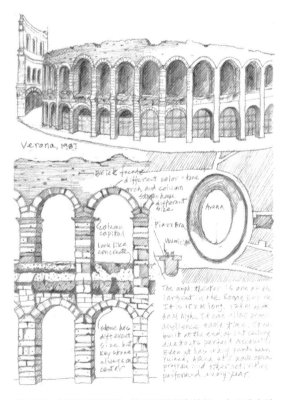

图 1.58 罗马圆形剧场：昔日血腥的竞技场，今日成为歌剧表演的场所

维罗纳政府才将其修复，并定期举办各种活动，竞技场因而名声大噪，并使千年古迹再利用方式引起广泛的讨论。这些活动中，除了一般为市民举办的例行活动之外，近年来较为国际所熟悉的是每年夏天所举办的歌剧季。每年夏天约三个月时间，各地知名歌剧团来此表演，根据维罗纳政府统计，每年 6 月至 8 月歌剧季涌入的观众约在 40 万至 50 万人之间，可见其受欢迎的程度。各地慕名前来观赏歌剧的观众坐在昔日竞技场的观众席上，以仲夏夜的星空为天幕，欣赏歌剧的戏码和场景，实为一大享受。讽刺的是当年坐在相同观众席的观众，所欣赏的节目是格斗士与格斗士，格斗士与猛兽之间暴力残酷、血腥遍野的残杀竞技。竞技场自公元 30 年完工至今，人类经过近 2000 年的演化，文明总算进步了一些。

## 2. 维罗纳古堡

对古迹修复，以及对现代建筑与历史建筑共存方式有兴趣的人，一定会到维罗纳古堡（Verona Old Castle）参观，因为它是古迹修复与再利用的一个重要案例。维罗纳古堡修复工程是意大利国际知名建筑大师卡洛·斯卡帕（Carlo Scarpa，1906—1978 年）的作品。维罗纳古堡从王宫城堡转型成博物馆，是卡洛·斯卡帕一生中最重要的作品之一，包含当代最受瞩目的古迹修复理念与构想，值得朝圣。

维罗纳古堡于 1354 年，由斯卡利杰尔（Scaliger）王子兴建完成，当时兴建的古堡包括防御城墙、军营和王宫，原址上并保留部分 12 世纪存留下的住宅和 1 世纪遗留的古罗马建筑，护城河上的拱桥亦于 1354 年完成。这座拱桥构造坚实，维持原貌使用近 600 年，直到 1944 年遭德军炮火炸毁，并于同年修复完成。

1923 年，维罗纳古堡由建筑师福拉蒂（Forlati）以复旧改造的方式，将它转变成一座博物馆。1957 年该博物馆的一个主题展，请卡洛·斯卡帕在古堡旧时的生活起居空间做局部的修复工作，以利主题展所需。卡洛·斯卡帕自 1956 年开始工作，但并未因 1957 年的主题展而停止，他说服业主以考古、研究的精神，将古堡各时期建造的部分，用材料和工法加以一一呈现，经过 8 年，直至 1964 年，才完成整个修复、再利用的过程。

卡洛·斯卡帕在维罗纳古堡博物馆的改造工作是他最重要的代表作品之一。1994 年由塔申（B.Taschen）编辑出版的《卡洛·斯卡帕》（*Carlo Scarpa*）一书中对卡洛·斯卡帕设计理念的描述，可以知悉他对古迹修复的看法。书中说道："他对古迹的态度不是修复，而是拆除，他很审慎地将过去不必要的修复装饰拆除，脱除虚假的修复表皮，分辨真伪，还原历史复杂、多元的面貌。他相信重现不同时代累积、构筑的建筑本身，就是伟大的人类博物馆。卡洛·斯卡帕对历史透明性（historical transparency）的兴趣远比修复理论（theory of restoration）超出许多，他相信经由有秩序地将不同时期的构筑片段共同呈现，可以使历史重新活起来。"（To make history come alive by a well-orderd juxtaposition of the fragments）并列（并置，共存，juxtaposition）是斯卡帕特别惯用的建筑语言，他认为不同的材料来自

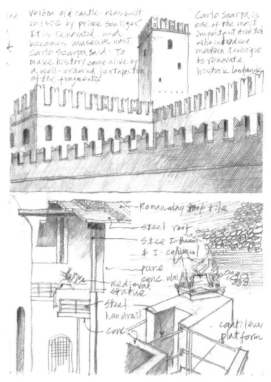

图 1.59 维罗纳古堡：1354 年兴建完成，原址上保 | 图 1.60 维罗纳古堡：一个古迹修复、再利用的重要案例
留部分 1 世纪和 12 世纪存留的构造物

不同的时代，将这些不同时代的材料、构造并列时，可以让它们产生一些对话，这些材料与构造也同时存在着自己时代独立的性格与特质。

多年后美国建筑师罗伯特·文丘里（Robert Venturi）写下名为《建筑的复杂与矛盾性》（Complexity and Contradiction in Architecture）的经典名著，该书对现代主义干净简洁的建筑立面多有批判，并且引经据典，以许多经典范例说明建筑多元复杂的面貌，这些说法对后现代建筑思潮影响甚巨。罗伯特·文丘里在当中最重要的观点之一就是并列（juxtaposition），以及共存（both-and），这一点更显示卡洛·斯卡帕的先知先觉。

维罗纳古堡博物馆如其所愿，呈现了自 1 世纪罗马帝国留下的砖墙，以及中世纪 1000 年至现代的施工构造过程。层层施工构造的工法和材料，以还原的方式清楚地外露于空间。他坚决反对用仿古、复古的方式去修复或再利用历史建筑。身为 20 世纪的建筑师，他忠实且大胆地将当代最新的材料，如：钢铁、玻璃、混凝土等嵌入千年古墙，试图与历史衔接，并融入历史轨迹，使之成为历史文化永续发展的一环。在今日古迹修复再利用的觉醒声浪中，卡洛·斯卡帕的思想和前卫，领先了这个时代 60 余年。

## 3. 朱丽叶故居

英国文学戏剧家莎士比亚（William Shakespeare，1564—1616 年）一生的著作丰富，在他著名的四大悲剧中，有一本剧作称为《罗密欧与朱丽叶》（*Romeo and juliet*）。故事背景大约在 1302 年（中世纪后期）的维罗纳，剧作中的男主角罗密欧的家族效忠罗马天主教教皇，女主角朱丽叶的家族支持罗马皇帝弗雷德里一世（Frederick I），宗教势力与政治势力的长期斗争正是中世纪欧洲社会的写照。两大家族的成员因宗教势力与政治立场，在长期敌对中，时有械斗，剑拔弩张，甚至当地居民亦必须表态选择立场。故事的曲折在于罗密欧与朱丽叶因偶然相遇，彼此一见钟情，燃起一场没有希望与未来的热恋。

这场热恋自然受到双方家长的全力阻止，在一位善良开明神父的祝福下，两人秘密结婚，但却无法正式居住在一起。几经波折后，朱丽叶从神父那里得到一瓶药水，喝下去就像昏死过去一样，隔一段时间才会自然醒来。朱丽叶喝下药水后，朱丽叶家人认为她已死亡，遂将其暂时放置于教堂地下室。阴错阳差，闻讯赶来的罗密欧看到朱丽叶已死，悲痛之余，

图 1.61 朱丽叶故居：一个想象的故事，一个杜撰的场景，却成为一个热门观光景点

仰药自杀。随后醒来的朱丽叶，看到罗密欧的尸体，无法面对这一事实，也跟着自杀。两人相爱，相互殉情，成为中世纪时代背景下的一大悲剧。

罗密欧与朱丽叶的剧作多年来在世界各地无数次地被编成话剧、歌剧，甚至电影上演，成为大家熟悉的故事。此故事既然是源自一本剧作，怎么会有朱丽叶故居呢？况且莎士比亚一生从未去过维罗纳，甚至一生不曾去过意大利，只因剧情与场景的描述太真实，导致许多国际游客来到维罗纳，都想看看这个令人动容的殉情场景。虽然维罗纳人都知道历史上并没这回事，但为了满足游客的向往，仍依剧作所描述的中世纪城镇场景，找到了情境最接近的地方，称之为朱丽叶故居（Juliet's House）。据说罗密欧跑去与朱丽叶幽会的阳台，也是后来装设上去的。

虽然我知道那是一个杜撰的地方，但因太出名，且大家都去，我也无法免俗。到了想象的朱丽叶故居，看到许多年轻情侣，兴奋地拍照合影。年轻女子跑到二楼阳台，对着站在地面的男友挥手，丢手帕，充满笑声。原本一个揪心苦恋殉情的场景，却变成一个欢乐喜气的地方。我忍不住在那里流连了一阵子，看着一对对的年轻情侣，在那里上演着热恋的戏码。或许这是莎士比亚戏剧所暗示的情境：人生如戏，戏如人生。

整体而言，维罗纳算是一个历史名城，它保存了 1 世纪以来的古罗马建筑，中世纪的教堂、城堡与城镇纹理，文艺复兴后期所兴建的城墙，周边维持原貌的自然景观与人文景观，使城镇的风貌、范围与边界完整呈现。维罗纳具体保存了 2000 年来城镇发展的原貌，因此于公元 2000 年被联合国教科文组织指定为世界文化遗产。登录理由和评定基准包含：（1）维罗纳是一个城市保存的卓越案例，它验证了一座城市在超过 2000 年的历史中，不断进步发展的历程，且每一个阶段都留下它自己的艺术品；（2）维罗纳是一个具代表性的防御城镇，在欧洲发展史的每一个重要阶段，维罗纳都具体呈现了各个阶段的防御观念。

维罗纳对罗马竞技场、古堡的活化再利用之策略与方式常常被文化资产保存的学者与专家所乐道。维罗纳不仅是意大利一个重要的文化资产，在世界上亦为知名的历史城镇，但真正吸引欧洲各地观光客的居然是每年夏天举办的歌剧季。游客来到古老的罗马竞技场欣赏歌剧，顺便体验一下古城风貌，一举两得。此一现象说明，在今日世界各地城市强烈竞争压力下，有创意、有观念的城市行销是何等重要。

# 第8章

# 威尼斯
# Venice

威尼斯（Venice）位于意大利东北部，临亚得里亚海（Adriatic Sea），是一个国际知名的水都。威尼斯由数条主要运河，以及许多小运河与渠道形成一个水路网络。这 177 条运河与水道将城市分割成 118 座小岛，再由 400 座桥梁连接成一座城市。这些小岛中，较大岛长宽各约 300 多米，较小的岛有些宽度不到 50 米，大大小小的岛屿由水道作间隔，坐落在沼泽泻湖的浅水中。威尼斯因其特殊的城市风貌，获得许多独特的称号，如：水之城（City of Water）、桥梁之城（City of Bridges）、运河之城（City of Canels）、飘浮之城（The Floating City）等，它亦被许多报章媒体评选为欧洲最浪漫的城市之一。

一般城市道路的公共交通系统在威尼斯都成为水道交通系统，譬如一般公共汽车，在这里是公共渡船，出租车在这里是计程船，货车在这里是货船，以及各种大小不一、豪华程度不同的私人船。或许最为人所熟知的是威尼斯传统的贡多拉船（gondola），目前这种贡多拉船主要作为观光使用，当地人只有在特殊庆典，如：婚礼、葬礼等时，才会使用这种贡多拉船。在威尼斯的旧城区内只能搭船或走路，完全没有汽车通行其间，因此生活步调相对缓慢悠闲，此亦为威尼斯成为浪漫城市的原因之一。

威尼斯何时开始有人居住，何时成为聚落与城镇，史料记载并不清楚，许多史学家以有限的数据作了一些推测，但均无法定论。意大利北方许多城镇如：米兰、维罗纳等，在公元前已成为古罗马殖民地，然后逐渐建设成罗马城。因此这些城镇多少都存留了一些罗马帝国的构造物，或遗址。威尼斯却未发现罗马帝国殖民于此的痕迹。或许古罗马人曾经到过威尼斯，但沼泽湿地的环境并未使他们有兴趣在此定居或发展城镇。

较明确的记载是公元 166 年聚落已经形成，且有一定的社会组织。166—800 年，威尼斯在异族多次入侵，以及家族斗争中，纷扰度过。9 世纪开始，威尼斯成为一个独立的共和国。公元 823 年，据说耶稣门徒圣马可的文物与骨骸被带回威尼斯，圣马可成为威尼斯的守护者，开启了威尼斯共和国逐渐繁荣富裕的时代。

威尼斯在亚得里亚海的战略地位，使它发展出强大的海军以及大量对外贸易的商船。

威尼斯商船到欧洲以及世界各地进行贸易，强大的海军用来保护商船，避免海盗的侵害掠夺。威尼斯人主要贸易的货物包括：香料、丝绸、宝石，以及各地区的特产。13 世纪末，威尼斯成为欧洲最繁荣和富裕的国家。3000 多艘船舰，以及数万名船员，控制了亚得里亚海、地中海、爱琴海的贸易主导权。15 世纪初，在海外征服了塞浦路斯（Cyprus）、克里特（Crete）、摩里亚半岛（Morea）等地。在意大利本土，占据了维罗纳（Verona）、维琴察（Vicenza）、帕多瓦（Padua）等王国。1453 年，土耳其人占领君士坦丁堡（今之土耳其伊斯坦布尔），创建奥斯曼帝国后，强大的土耳其军队，使威尼斯共和国的海上贸易霸权逐渐衰退。

18 世纪末威尼斯被法国拿破仑占领，随后由奥地利接管。1848 年威尼斯再度成为独立的共和国，1866 年成为意

图 1.62　威尼斯贡多拉船（gondola）：传统地方使用的贡多拉船，后来成为观光客的最爱

大利统一王国的一部分。第二次世界大战期间，德国在威尼斯水都无法设置陆军基地，但设有海军基地，盟军对威尼斯的轰炸准确地炸毁了德国海军设施，并未破坏旧城区任何一幢建筑物，明显比米兰幸运许多。

威尼斯人一般信仰罗马天主教，但因威尼斯长期作为商业与贸易中心，威尼斯人面对生活的态度较务实，对宗教信仰较不狂热，亦未与教会有多少冲突。威尼斯在 15 世纪中期以后，海上贸易霸权慢慢消失，逐渐被西班牙、葡萄牙等国取代，经济发展亦因此式微。18 世纪，威尼斯逐渐成为欧洲人旅行的城市之一。如今威尼斯最主要的经济来源之一是观光产业。从 2010 年以来，每年有 2200 万人至 3000 万人涌入威尼斯，使威尼斯的观光产业非常蓬勃。

威尼斯的建筑形式与风格多元而丰富，但最主要的是哥特式建筑，威尼斯哥特式建筑的样式与意大利和欧洲其他地区有显著的不同。威尼斯哥特式建筑的样式因对外贸易的关系，受到拜占庭、奥斯曼，以及西班牙伊斯兰建筑的影响，又因是商业中心，建筑风格亦比较世俗化，而非充满宗教的精神性。文艺复兴与巴洛克风格的建筑在威尼斯亦占有一席之地，但数量相对较少。整体而言，因威尼斯的商业背景，以及其早晨多雾的气候，建筑外观不论何种形式均较多彩丰富。走在河边步道，或从运河上回看市街，可以看到红色、

桃红色、黄色等各种颜色的建筑立面。晴天时，这些多彩的建筑立面辉映着阳光，倒映在运河上，使市街风貌更加生动有趣。

# 1. 圣马可广场

圣马可广场（St.Mark's Square）长久以来，一直是威尼斯政治、宗教、社交的中心。广场雏形于公元 832 年形成，广场的石材铺面于 1735 年完成，其间经历了将近 1000 年的消长变迁，形成今日的规模和形态。界定广场的建筑物，从公元 832 年开始兴建，至公元 1634 年以后才完成，建造期程超过 800 年，若包含 1902 年钟楼倒塌和重建的时间，总期程超过 1000 年。许多到圣马可广场的游客大多不知道这个看似古老的广场，实际上是经过了从 9 至 20 世纪漫长的改建、修建、重建历程。

圣马可广场东西向长约 175 米，东边以圣马可大教堂（ST.Mark's Basilica）为界，宽度约 80 米。西侧以利雷尔博物馆（Museum Correr）为边，宽度约 55 米。南北向各以长约 150 米，4 层楼高之文艺复兴式建筑围塑，整座广场呈梯形。这个范围界定清楚，三面封闭，一边开放，面积超过 11000 平方米的城镇开放空间，昔日是威尼斯人生活的中心，如今成为国际观光客必访之地。

在圣马可广场东南侧相邻的另一个较小的开放空间是皮亚泽塔广场（Piazzetta）。皮亚

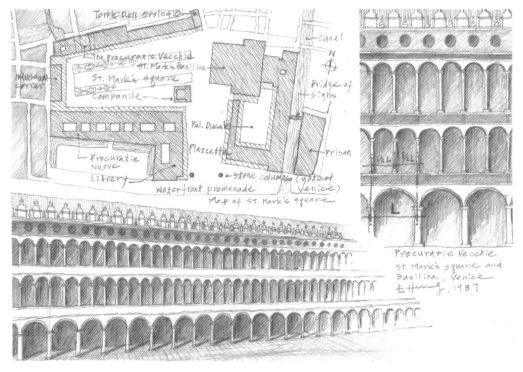

图 1.63　圣马可广场：经过千年建造历程，最终成为一个城市交会之地（meeting place）

泽塔广场北侧与圣马可广场相邻，东侧以总督宫为界，南侧临大运河。河边有两根白色大型石柱，这两根大型石柱的顶端，一为代表圣马可的天狮；另一位圣哲狄奥多尔（Theodore）与他的火龙雕像，两者均为威尼斯的守护者。这两根巨大石柱是昔日访客搭乘船只进入威尼斯港口的门户。

依《圣经》记载，在耶稣被古罗马人处死之后，他的门徒四散到各地传福音，死后亦埋葬在不同地点。这些门徒以及后来以公义为名而壮烈殉教者，在中世纪时期多被教会封"圣"，他们以此作为教徒景仰和学习的典范。这些圣哲的遗骸甚或只有一片碎骨，均对信徒具有保佑、护卫、保平安的意义（类似佛教的舍利子）。相传公元 823 年，两位威尼斯水手（另一说为商人）在埃及亚历山大港（市），找到圣马可的坟墓，他们将圣马可遗骸及存留于坟墓的遗物（如十字架项链等）带回威尼斯，引起广泛的关注。在经历多年外族入侵、内部家族斗争，刚成立共和国不久的威尼斯，圣马可遗骸理所当然成为威尼斯的守护者。有翅膀的雄狮（天狮）代表圣马可，亦成为威尼斯的吉祥物，一直至今。公元 832 年，当时的总督（doge）着手兴建圣堂，作为安厝圣马可遗骸的墓穴，同时在圣堂前保留了一块空地作为广场。

随着威尼斯共和国的日益强大，1172—1178 年在位的总督齐亚尼（Doge S.Ziani）将圣马可广场面积扩建至原来的两倍，皮亚泽塔广场入口门户的两根大型石柱亦是在此期间完成。此时广场并未铺设铺面，仍为泥土所覆盖，直至 1264 年，以人字体交叉钩丁的红砖铺面才完成。18 世纪初，威尼斯人认为红砖铺面不够气派，于是改用石板铺面，并辅以白色大理石线条构成的几何形纹样，自 1723 年开始施工，至 1735 年完成，历时 12 年。

位于圣马可广场边界早期兴建的建筑物，至文艺复兴时期全部被拆除并重新设计兴建，新的相邻建筑物分成几期施工，第一期是 1496—1530 年兴建的 1 层楼的拱廊建筑，一层由 50 个相同的拱券组成，二层以上的楼层为较后期施作。广场上最明显的地标是以红砖构筑的圣马可钟楼。圣马可钟楼是圣马可教堂的一部分，但两者并未连接为一体，而是各自独立，两者的建筑形式与风格全然不同，兴建年代亦相距甚远。圣马可钟楼于 1537 年兴建，1583 年完成，历时 46 年。1902 年钟楼倒塌，压垮部分相邻建筑物，同年钟楼以原貌重建，1912 年完工，重新成为威尼斯高耸明显的地标，一直至今。今日我们所看见的圣马可钟楼并非始建时期的建筑，而是 20 世纪仿古的产物。但威尼斯人认为理所当然，所有的游客亦不在意，因为少了钟楼，圣马可教堂就不完整，圣马可广场就失去了一个自明性的地标，以及广场纹理与方位感。仿古的建筑物是否适合施作，不宜以学理为判断，而应该以威尼斯人对地方的认同感和归属感作考量。

形塑圣马可广场的建筑物，整齐统一的拱廊立面，呈现文艺复兴时期建筑的特色，在阳光下，壮丽的外观不失浪漫的情怀。这些建筑群的使用方式包括历史博物馆、图书馆、展览空间，以及许多咖啡店、餐厅、精品店、画廊等，建筑群的使用功能与广场活动相互交融。沿着拱廊周边摆满喝咖啡的桌椅，使本地人与外来访客都能在此休闲体验这座充满历史的城市。圣马可广场经过千年的构筑历程，最终成为一个城市的交会地（meeting place），使人们感受到深刻的场所精神。

## 2. 圣马可大教堂

圣马可大教堂（St.Mark's Basilica）位于圣马可广场（St.Mark's Square）东侧，与总督宫（Doge's Palace）相邻。它是威尼斯最引人注目的地标，亦为世界各地游客来到圣马可广场必然造访的景点。圣马可大教堂是威尼斯共和时期的主要教堂，最初是作为总督的专属教堂，它是总督在此参加例行礼拜，以及仪式庆典的场所。

自 10 世纪初，威尼斯与君士坦丁堡（今之伊斯坦布尔）已有密切的贸易关系，商船来往两地频繁，因此一般认为圣马可教堂的建筑设计，深受君士坦丁堡的圣索菲亚大教堂（Hagia Sophia）的影响。圣索菲亚大教堂是颇具代表性的拜占庭式建筑，从圆拱结构、圆顶穹隆、室内空间的呈现，到马赛克拼贴壁画，均为拜占庭建筑的重要元素，这些建筑元素与穆斯林（伊斯兰教）清真寺有许多相似之处，因此拜占庭建筑被许多史学家称为东方的建筑。

**图 1.64** 圣马可大教堂：自 1093 年完成，经过多次增建、改造，一直到 19 世纪才停止修建，与总督宫相邻的广场成为人们聚集的场所

拜占庭式教堂在意大利并不多见，圣马可大教堂算是极少数的代表作之一。圣马可大教堂的建筑设计虽然源自圣索菲亚大教堂，但是它的拜占庭样式与风格却无法与圣索菲亚大教堂相比拟。圣马可大教堂的外观造型，实际包含了多种不同的设计风格与装饰样式。圣马可大教堂混合了拜占庭样式、摩尔人（Morish）伊斯兰教风格、哥特式建筑风格、威尼斯的地方特色，以及一些无法归类的装饰语汇。这些不同的样式与风格，历经多年的使用，最终均能和谐、融合成一幢完整的建筑物，成为圣马可大教堂最具特色的一部分。

圣马可大教堂使用希腊十字体平面，教堂长约 72 米、宽约 62 米，教堂屋顶由 5 个圆顶穹隆所组成，十字交叉的中间位置为最大圆顶，其余 4 个较小圆顶位于十字体的 4 个长方形空间之上，使屋顶轮廓呈现交替错落的圆顶形状。这些圆顶穹隆以及圆拱结构的外形与内部空间和构造浑然一体，此为拜占庭建筑最令人赞赏的一部分。其正立面与侧立面位于二楼细长高耸的塔尖属于哥特式风格的装饰物，这些装饰物是于后期整修时所装设，与教堂原有的构造体和空间无关。

圣马可大教堂的室内空间令人印象深刻，其形体、构造、空间三者形成一体，4 组半圆桶构造撑起一座圆顶穹隆，其间转换得很柔顺实在不易。圆顶穹隆会有一圈拱窗，这些拱窗将光线引入沉暗的教堂空间，暗示了一种上天启示的氛围。当阳光灿烂，时辰刚好时，会看到一条光束穿过圆顶拱窗，直接射入室内空间，随着阳光角转移，光束逐渐暗淡，然后再从另一个圆顶拱窗形成光束，射入室内空间。这种天光的引入，充满趣味，又有点神秘性。对我而言，是一种静谧、冥思、灵性的感觉与氛围。

拜占庭建筑的室内空间没有各种浮雕装饰与石材雕像掩盖构造体，因而使构造体形塑的空间可以具体呈现。但拜占庭建筑一般会以各种石材做成的马赛克顺应构造体的形状镶嵌壁画。圣马可教堂的马赛克镶嵌艺术具有很高的知名度。教堂室内壁面的马赛克图案主要为《圣经》中描述的场景和故事，包括：创

**图 1.65** 圣马可大教堂圆顶采光：天光的引入带点神秘性与趣味性，同时具有静谧、冥想、灵性的氛围

世纪、亚伯拉罕、摩西等，其余空白的部分并非以传统白石灰粉平，而是以金黄色马赛克贴满墙壁，作为《圣经》故事图样的背景。这种金黄色的墙面，呈现一种富丽堂皇的景象，圣马可大教堂因此又被称为"金色圣殿"（Golden Church）。

对我而言，圣马可大教堂马赛克镶嵌艺术最吸引人的部分，应属地坪的马赛克拼贴。地坪铺面用尽了各种颜色的大理石以及其他五颜六色的石材。石材铺面使用多种几何形状，使铺面充满趣味性的变化。所有多变的系统化图案都融入更大的几何图案系统中（Patterns within patterns），因此，所有铺面图案和颜色虽然一直在变化，但仍能集成于铺面的大系统中。铺面丰富多变的几何形，加上各种石材颜色，使圣马可大教堂的地坪呈现一种缤纷亮丽、繁华多彩的景象。

图 1.66　圣马可大教堂马赛克铺面：马赛克铺面使用多种几何形状，所有多变的图案都融入更大的几何图案系统中

　　832 年所建的圣马可圣堂原是圣马可遗骸的安厝之处，在 976 年一场暴动中被烧毁，圣堂于 978 年重建。大约在 1063 年圣马可大教堂在圣堂原址上兴建，主结构体大致在 1093 年完成（正确年代不详）。从中世纪到文艺复兴时期，主要教堂的兴建历程大多需要百年，甚至数百年，圣马可大教堂结构体的完成，居然只用了 30 年，实在令人难以置信。但 1093 年完成的圣马可大教堂，并非当前我们所看到的教堂。13 世纪圣马可大教堂曾经大幅改造，二层楼屋顶上哥特式的塔楼，以及正立面圆拱上的塔尖均是在此时组装。除此之外，屋顶圆顶亦经过大幅变更，最初兴建的 5 座圆顶直接坐落在屋顶上，高度较低，为了从广场上可以直接看到圆顶，这 5 座圆顶被拆解，于屋顶加上一圈直立的圆桶墙体，再将圆顶安置回圆桶墙体上方，此举使教堂外观与内部空间都显得更高大。

　　1204 年，第 4 次十字军东征，十字军从君士坦丁堡掠夺许多文物，有些甚至是直接从圣索菲亚教堂上拆解下来的。掠夺来的文物有些被装饰在圣马可大教堂上，使教堂外观形成拼凑多样的形式语汇。13 世纪意大利的教堂墙壁大多使用颜料绘制壁画，但圣马可大教堂始终以马赛克镶嵌为主，从 11 世纪一直到 19 世纪，马赛克镶嵌壁画不断增加，形成今日的模样。马赛克镶嵌面积达 8000 平方米，此亦为圣马可大教堂最具特色的一部分。圣马可大教堂像许多欧洲主教堂一样，经过百年、千年的增建、改建，形成今日的模样，其形式与风格，不易单纯归类。

# 3. 总督宫

总督宫（Doge's Palace）为威尼斯共和时期的最高行政机关与法院，它同时还作为历任总督的官邸。总督宫南面为威尼斯潟湖，北面与圣马可大教堂相邻，西面临皮亚泽塔广场，与威尼斯图书馆相对。总督宫不仅是威尼斯重要的历史地标，同时是千余年来威尼斯议会政治的象征。

9世纪开始，威尼斯已是一个独立的共和国，共和国的议会成员主要来自各大家族的代表，有时亦包含同业公会的成员。总督是议会的主席，由议会成员挑选而出。总督推举出来后，若无特殊原因，一般都是终身制，总督过世后，才由议会推举新的总督，进入总督宫。

早期兴建的总督宫已经损毁，且无迹可寻。13世纪中叶以后，由于议会成员的增加，议会需要一个正式运作的场所，兴建总督宫的构想因而形成。总督宫大约在1340年兴建，建筑采用哥特式风格。总督宫最初的主建物立面朝向威尼斯潟湖，1424年，新总督佛斯卡利（Francesco Foscari）决定增建总督宫作为法院使用。他将原有朝向潟湖（南向）的哥特式正立面原样仿作在西向，直接面对与圣马可广场相邻的皮亚泽塔广场，增建的部分被作为总督宫的正立面，同时形塑威尼斯的港口门户。添加建筑物与围塑中庭的工程历经18年，于1442年完成。接下来的数百年，总督宫经历过多次结构补强、增建、修复，其间分别在1483年、1547年、1577年又发生过3次火灾，直到1876年还在进行大整修，可想而知，整幢建筑物必然包含了不同时期的建筑语汇。总督府历经500余年的增改建，整个外观仍保持完整的哥特样式，使威尼斯的旧城区因此可以保存着历史原貌，此举显示了历代决策者一贯的思维。中庭的内立面原本保持部分原有哥特式风格，但因楼梯的增建，雕像的设置，以及室内空间的装饰，使之呈现许多文艺复兴、巴洛克、洛可可、新古典主义等装饰语汇。

总督宫除了议会空间、法院与总督官邸之外，另设有监狱。随着犯人的增加，16世纪中期，遂决定在总督宫东边，运河对面，兴建一座独立的监狱建筑。由于

**图1.67** 总督宫：为威尼斯最高行政机关与法院，自1442年完成至今，一直维持原有歌德式建筑外观，成为威尼斯重要的历史地标

犯人必须到法院接受侦讯和审判，移送犯人成为当时狱卒吃重的工作。为了防止犯人有逃脱的机会，1614 年兴建了一座空桥跨过运河，连接监狱与法院，犯人接受审判定罪后，再从法院经过空桥，回到监狱服刑。在过程中，犯人从空桥的小窗可以看到外面大片美丽的湖面光景，仿佛是最后一眼看到自己曾经有过的自由岁月，忍不住叹息一声，"叹息桥"（Bridge of Sighs）因此成为空桥代名词。如今，总督府、监狱与叹息桥成为威尼斯一个重要的博物馆，游客参观完总督宫，经由叹息桥，进入昔日的监狱参观。监狱保存部分牢房的场景，有些则设置了艺术品、兵器、刑具，以及当时存留的文物。游客走过叹息桥，大多会从狭小的窗洞，往外看一眼，言不由衷地叹息一声，然后开怀大笑。昔日绝望悲伤的场景，今日变成一个愉悦欢乐的地方。

**图 1.68** 叹息桥：连接总督宫与监狱，当年犯人从空桥小窗看到湖面光景，忍不住叹息一声

# 4. 运河水道

威尼斯城建构在 118 座小岛上，这些小岛散布在 550 平方公里的潟湖中。大小不同的运河水道形成一个复杂绵密的交通网络。最大的运河宽度超过 70 米，最窄的水道宽度不到 4 米。这些长短不一，宽窄不同，曲折多变的运河水道，穿梭于住宅区、商业区、宗教区，以及历史街区，形成特有的城市风貌和生活场景。

在这些复杂曲折的水道系统中，大运河（Grand Canel）是威尼斯最宽大的运河，亦为最主要的交通动线。大运河呈不规则曲线，全长约 3 公里，最宽处约 70 米，最窄处约 40 米。它将威尼斯 100 多座小岛切分成两个大区块，这两个分开的大区块只有 3 处步桥连通两岸。因大运河视野较开阔，沿着大运河两岸多为早期开发的豪宅。据统计，大运河两岸共计有 200 幢由大理石建造的豪华建筑物，兴建年代约在 12 至 18 世纪的 600 年间。建筑形式包括：哥特、文艺复兴、巴洛克、洛可可、新古典主义等。航行在运河上，仿佛看到威尼斯建筑史的博物馆。大运河是威尼斯的主要交通干线，同时是游客必然参访的路径。

由于运河水道将威尼斯分割成许多小岛，小岛之间全部以桥梁连接。这些桥梁兴建的

**图 1.69**　里亚托桥：自兴建完成以来，一直是人来人往，热闹异常的跨河商店街，它亦是威尼斯最受欢迎的拱桥之一

年代从中世纪到 20 世纪初均有之。这些桥梁与威尼斯建筑相似，同样包含不同时期的形式与风格，有些极为简易，有些较为繁复，但构造上均为拱桥。建造拱桥的主因是群岛的路面不高，距离水面太近，为了便于行船，必须将桥底拉高，以利船只从桥下通过。桥梁底部为圆拱，桥面则以阶梯架高。

　　在众多桥梁中，较为人所熟知且游客亦必访的是里亚托桥（Riato Bridge），因它距离圣马可广场最近。里亚托桥架设于大运河之上，据说为了使军用补给船可以从桥下通过，当时特别设计了一个单一的大型拱桥。桥体于 1588 年开始施工，1592 年完成，是一座文艺复兴式的构造物。桥梁结构体虽为单一拱桥，实际上亦可称得上是一座跨河建筑物，因为桥面上是由 13 个拱券组成的商店街。桥梁呈对称形体，桥顶最高部分为一个较高大的透空圆拱，供民众观景用，两边各有 6 组相同的圆拱支撑屋顶，内部为商店街。圆拱支柱顺着桥拱坡度而下，形成斜边立面的商店建筑。里亚托桥自兴建完成以来，一直是人来人往，热闹异常的跨河商店街，它亦为威尼斯最受欢迎的拱桥之一。

　　数百座有阶梯的桥梁串接了群岛的道路系统，平地上较宽的道路不到 10 米，较窄的巷道宽度往往在 5m 以下，且狭窄巷道居多。因此，威尼斯是一个彻底无车的城市，连使用自行车都有困难，大概是因为需要不断穿越有阶梯的拱桥。对游客而言，可以悠闲自在穿梭于社区街巷，漫步于多变的水岸步道，跨过各式拱桥，欣赏建筑多彩的水光倒影，既有趣又浪漫。此亦为威尼斯被认定为欧洲最浪漫城市的主因之一。从当地居民的角度，尤其年长者或行动不便者，若要在威尼斯独自无障碍地自由行，明显有困难。

诺伯格—舒尔茨在《场所精神》一书中说："场所精神形成的其中两个主要因子是归属感和认同感。认同感意指与环境的特质为友，北欧人必须与雾、雪、冷风为友，反之，阿拉伯人必须与一望无际的沙漠和炙热的阳光为友。"他们不仅必须对环境特质习以为常，同时必须与环境共处，威尼斯人亦然。虽然他们长久以来受水患所苦。威尼斯人历经长久与运河共存的生活，发展出一套自己的交通系统。有许多建筑物，尤其较大型的建筑，如果临水，主要立面会设置提供船只停泊的出入口。换言之，人员和货物可以从运河经由船只直接运送至建筑物的大厅。住宅区的水道通常较狭窄，居民通常搭乘小船到岸边，登上水岸步道，漫步回家。为了方便社区居民购买日常所需的食物蔬果，除了社区的传统市场和固定摊贩之外，载满蔬菜水果和食物的船只，会经由运河进入社区，定时定点在岸边叫卖，亦处处可见。这些都是威尼斯水路交通系统衍生出来的现象，亦为威尼斯人与潟湖、运河为友的特质。

威尼斯并非世界上唯一以水路交通为主的城市，中国大陆的苏州、周庄等，亦曾以水路交通为主，且同样是历史名城，但威尼斯却特别受到国际电影导演的青睐。许多电影场景，不论是爱情故事、警匪枪战、间谍斗智等，常常以威尼斯作背

**图 1.70** 运河水道：城市与社区的主要交通网络，成为人与水的交互关系

**图 1.71** 运河水道：城市与社区的主要交通网络，成为社区居民生活的路径

景，运河水道的运用，更常出现在电影情节。这些都更加深了威尼斯在国际上的知名度，同时亦带动世界各地游客的造访。

每年秋季至次年初春，亚得里亚海的潮汐变化，时常造成威尼斯的严重水患。威尼斯人在过去已与城市淹水的问题争战了六七百年，直至 21 世纪的今日仍在尝试寻找阻挡淹水的办法。但当地居民却依旧能安然代代居住于此。近年来开始有威尼斯人逐渐搬迁至其他地区，主因竟来自观光客的干扰和污染，而非淹水问题。根据威尼斯政府统计，每年超过 2200 万世界各地游客涌入威尼斯，观光产业因而成为威尼斯的主要经济来源。但对于不是以观光产业为收入的居民，过多的游客反而是一个负担。2014 年联合国教科文组织（UNESCO）因过多游客造成环境负荷，甚至警告将威尼斯纳入濒临危害的世界文化遗产名单。这些都是游客到威尼斯享受观光场景所不知情的事。

威尼斯因运河水道、建筑特质、城镇规划、历史渊源等，形成特有的城市景观风貌，使之成为国际熟知的历史名城。除此之外，威尼斯在文学、音乐、艺术等方面，同样有很高的成就。在文学方面，最为人所熟知的两位作家，一为中世纪的马可·波罗（Marco Polo）；另一位为后来出生的卡萨诺瓦（Giacomo Casanora）。马可·波罗曾到过东方，他与另一位作者合著了一系列的书籍，书中描述了许多到中国、日本、俄罗斯、东欧等之经历。卡萨诺瓦因将他个人旅行、冒险、生活的经历书写成册而广为人知。威尼斯的城镇风貌同时吸引许多外国作家，以威尼斯为背景书写文学作品。在 10 余本著作中，最为人所

**图 1.72**　运河市场：载满蔬果、食物的船只由运河进入社区，提供社区居民生活所需，它亦成为人与运河为友的象征

熟知的是莎士比亚的《威尼斯商人》(*The Merchant of Venice*),以及托马斯．曼(Thomas Mann)的《死于威尼斯》(*Death in Venice*)。在音乐方面,威尼斯在 16 世纪已是欧洲最重要的音乐中心之一。直至今日,威尼斯仍在意大利扮演着推动音乐发展的重要角色。巴洛克时期,威尼斯诞生了多位作曲家,最为人熟知的是维瓦尔第(Antonio Vivaldi)。

威尼斯艺术双年展始于 1895 年,至今已有 100 多年的历史,是世界上最具代表性的国际艺术展之一。后期将建筑纳入展览,威尼斯建筑双年展因而成为国际建筑界的大事,影响前卫建筑发展甚巨。每年举办一次,为期两周的威尼斯狂欢节(Carnival of Venice)在服装设计、面具工艺等方面均具代表性。1932 年创立的威尼斯电影节(The Venice Film Festival)是世界上历史最悠久的电影展,亦为最负盛名的电影节。每年放映的视频都经过严格审慎的挑选,使能将视频参展成为一种荣誉,对电影导演与表演工作者都是一种肯定。凡此皆说明,威尼斯除了卓越引人的城市风貌之外,在文化的许多面向亦有国际上的影响力。

不论是否为艺术、建筑,或电影的爱好者,亦不论夏季前后期的游客是否"人满为患",威尼斯仍是一个值得旅游参访的城市。威尼斯的城市规模、空间尺度、运河水道、桥梁步道、建筑风格、场所结构、艺文活动,以及水雾缥缈,共同形塑威尼斯独一无二的城市风貌。教堂、钟楼等神圣的地标,以及朝向水面的特质,提供了明晰的方位感。穿过狭窄街巷进入邻里的开放空间,看到人们啜饮着咖啡、红酒,高谈阔论的表情,可以深刻体验到一种浓厚的地方认同感和归属感,此亦为威尼斯值得造访的主因之一。

# 第 9 章

# 拉韦纳
## Ravenna

意大利东北边的威尼斯之旅结束后，我的最后一个参访重点城镇是阿西西（Assisi）。阿西西位于威尼斯南边约 290 公里处。在威尼斯与阿西西之间的旅程中，会经过拉韦纳（Ravenna），因米其林旅游指南（Michelin Tourist Guide）将拉韦纳评定为 3 颗星，与锡耶纳、威尼斯、阿西西同一等级，因此决定在前往阿西西的途中，提早下车，来个半日游，再搭火车继续向南，前往约 190 公里处的阿西西。

拉韦纳是一个非常安静的小城，从火车站往市中心前进，发现路上行人很少，有些路段我是唯一的行人。走进空荡的教堂参观，寂静无声，还是只有我一个人。此时心中难免有些疑惑，忍不住问自己："是否来错地方？"翻开历史数据，才知道拉韦纳虽曾有过一段繁盛的过往，但整座城市发展的历史相对较平凡沉寂。拉韦纳之所以在旅游信息上被肯定，主要是因其保留较完整的早期基督教（Early Christian）建筑与马赛克艺术。

公元前 2 世纪，拉韦纳已成为罗马帝国的城市。由于拉韦纳的地理位置距离亚得里亚海不远，公元 1 世纪，凯撒将拉韦纳定位为海军基地的后勤城市。古罗马强大的海军因此可以控制亚得里亚海与地中海。402 年，为了躲避蛮族的入侵，罗马帝国将首都迁移至拉韦纳，此时罗马帝国国力已非昔比，衰弱的国力无法在首都拉韦纳留下多少建设。476 年，蛮族入侵，罗马帝国衰亡。接下来千余年，拉韦纳在外族不断入侵、占领下，产业与经济不断衰退，19 世纪意大利全面统一后，拉韦纳仍是一座被遗忘的城镇，直到 20 世纪，第二次世界大战结束，意大利政府开始投入基础建设，拉韦纳才开始有转机。

西方从 4 世纪到 14 世纪的 1000 年，在历史上被称为中世纪（medieval），中世纪意指以宗教主导政治、社会、经济最深的时代。在建筑史上，中世纪的建筑形式与构造主要分成 4 个时期，每一个时期大约 200 年，其前后次序分别为：早期基督教（Early Christian）、拜占庭（Byzantine）、仿罗马（Romanesque）与哥特（Gothic）。整个欧洲因地区性的差异，4 个不同建筑的时期，并非依时间顺序整体划分，有许多情况是不同时期的建筑形式相互重叠，或同时发生。譬如，当文艺复兴运动在佛罗伦萨热烈展开时，威尼斯与米兰同时期

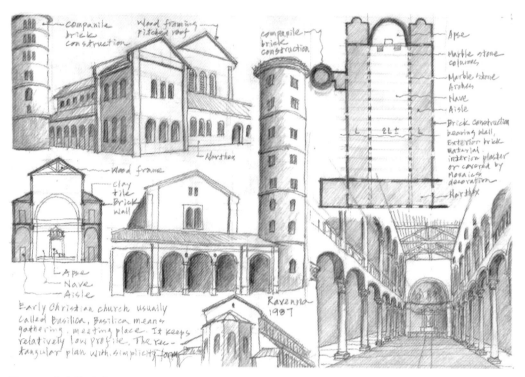

**图 1.73** 拉韦纳：保存了 5、6 世纪的早期基督教教堂，这些教堂拥有厚实的砖构，朴实无华，充满古意

的建筑发展仍以哥特式为主。

意大利至今保存的中世纪城镇与建筑，多数为哥特式，这些城镇较少有早期基督教建筑的存留。早期基督教建筑大多兴建于 5、6 世纪，到了 12、13 世纪，许多早期兴建的教堂已经损毁，或已原地重建、改造成规模较宏伟的哥特式建筑。存留的早期基督教建筑到了文艺复兴时期，再次遭到重建、改造的命运，如罗马圣彼得大教堂即是一例。因此原貌保存的早期基督教建筑相对较少。拉韦纳因长久以来被忽略，当地教会亦无能力跟上时代，重建、改造教堂，致使拉韦纳保存了较多的早期基督教建筑，这或许是它受到重视的原因。

基督徒在遭受 200 余年的残杀迫害，宗教活动都转为低调秘密的方式进行。313 年，君士坦丁大帝宣布宗教信仰自由后，基督徒可以公开聚会和宣教，但因不确定独裁政体的政策是否会改变，因此早期基督教教堂多以巴西利卡（Basilica）称之。巴西利卡在罗马帝国时期意指提供市民集会、讨论、演讲，或法庭使用的长方形会堂，有点类似今日之社区中心。5 世纪的教会将第一代的教堂以低调方式称为巴西利卡（聚会所）的用意与目的颇为明确。基于相同的理由，以及受限于教会早期的财力，早期基督教建筑的形式与构造较为简约朴实。

拉韦纳保存的早期基督教教堂与公共建筑十余座。教堂平面主要为长方形，而非后期发展出来的十字体，平面空间呈对称形式，中间较宽大，作为主会堂，两侧较低矮，作为通廊。教堂室内墙面及部分顶棚以马赛克镶嵌许多《圣经》故事的壁画，成为研究早期基督教艺术的重要证据。少部分教堂以白石灰粉光墙面后，未再施作任何马赛克装饰，整个空间白素纯净、朴实淡雅，充满灵气。教堂多数由红砖叠砌而成，红砖不仅是主要构造，同时是外观造型与立面面材的一部分。这些红砖外墙历经 1500 多年的使用，基本上仍维持原貌，外墙没有增添多余的装饰，厚实砖构朴实无华，充满古意。

本次意大利之旅，从古罗马残迹遗址开始，经历了中世纪城堡、拜占庭、仿罗马、哥特、文艺复兴、巴洛克到 19 世纪工业革命，看到各时期的建筑与城镇空间，没想到却意外在拉韦纳看到早期基督教建筑，填补了 5、6 世纪建筑体验的空白，可算是一种收获。整体而言，拉韦纳的市街在平静祥和中，带点落寞与萧条，如果不是对西方古典建筑史特别有兴趣的人，来意大利旅行，路过拉韦纳亦无妨。

# 第 10 章

# 阿西西
# Assisi

阿西西（Assisi）位于拉韦纳南方约 190 公里处。原本以为搭乘火车可以在两小时内到达，实际上交通时间比想象中久，由于阿西西并非位于交通要道上，属偏远地区，因此只有慢车才能到达。拉韦纳到阿西西之间，多为高山、丘陵，铁道除了顺应地形，蜿蜒迂回之外，还会经过许多隧道与山坡，因此车行速度较慢。在漫长的旅途中，看到许多自然山林景观，以及田园风光，可算是另一种体验与收获。到达阿西西已近黄昏，走出火车站，落日斜阳照映着远处一座金黄色般的山城，令人兴奋，所有旅程的疲惫，顿时消失。史料中记载，阿西西是一座保存完好的中世纪城镇，且以朴实无华著称，但当出租车到达入口广场（兼停车场），看到通往山城的大型阶梯、砖石墙体属中世纪的构造，而扶手栏杆居然是巴洛克形式，颇令人困惑不解。

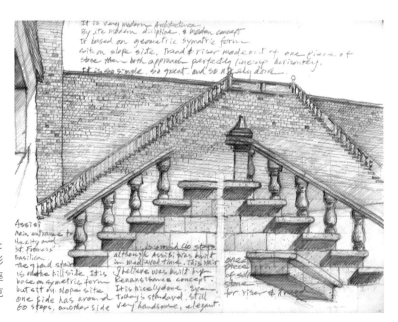

图 1.74　山城主入口广场：山城处处是阶梯，融入地形与地貌，主入口广场、两座大阶梯不知为何会有巴洛克栏杆

阿西西自公元前 1000 年已有人定居，公元前 295 年，被古罗马人征服，兴建成罗马城。238 年，阿西西成为信仰基督教的城市。11 世纪成为独立行政区，并持续了一段繁荣的时期。13 世纪初，阿西西在数任残暴独裁者的统治下，国力逐渐下降，1348 年，欧洲各地散布着传染的黑死病，使阿西西国力更加衰败。对天主教世界的人以及当地居民而言，阿西西过去的历史并不重要，真正具有代表性且比阿西西更有知名度的，是阿西西的守护者，圣方济各（St.Francisco，1182—1226 年）。

圣方济各的父亲是一位意大利富商，母亲是法国人。他从小在富裕的环境中成长，接受良好的教育，因此成为一位具上流社会品位，举止优雅明朗的年轻人。为了闯出一番事业与名声，他加入军队。1201 年 19 岁时，在一场战役中被俘，在地牢发烧昏迷中，他突然看到一束天光，随后又看到圣母玛利亚与耶稣基督的幻影出现在他眼前，圣灵的感动使他心灵改变，皈依天主。他身上出现一些"圣痕"，亦即类似耶稣身上所受的伤痕，这种"圣痕"在许多天主教圣徒身上都出现过，换言之，他被天主选为圣徒，为天主服务。圣方济各出狱后，放弃家族财富与世俗生活，以苦修方式积极传教，他甚至向动物鸟禽传播福音。圣方济各曾书写《自然美的爱好者》的诗词，以及许多首圣诗，他亦不断歌颂、赞美为天主奉献的荣耀。

圣方济各拥有许多徒弟和信徒，他于 1210 年成立圣方济各修道会，并兴建修道院和教堂，接纳各地前来的信徒。圣方济各修道会以苦修方式修道养心，且以帮助穷苦庶民为

**图 1.75**　圣方济各修道院：坐落在山坡上，由红砖构筑而成，呈现中世纪修士俭约刻苦、简朴无华的特质

目标，此种宗教理念，与当时教会多与贵族挂钩，一起贪污腐败的情形全然不同。圣方济各门徒不仅遍布意大利，后来亦扩散至世界各地，包括中国大陆与台湾。同时期，阿西西出现了另一个圣徒圣克拉拉（St.Clara）。圣克拉拉是一位年轻女子，她创办了克拉拉穷人修道院（The Order of Poor Clares），积极协助生活贫苦的人获得生活与心灵上的协助。13世纪为中世纪后期，正逢教会腐败枉法、攀迎富贵、虚伪浪费、无视寻常百姓生活艰苦的年代，圣方济各与圣克拉拉在此时自创修道院，以协助贫困百姓为主要目标，使他们的修道理念获得广大的回响与尊敬。圣方济各与圣克拉拉互相帮助，互相支持，使阿西西的基督教信仰在历经残暴统治的过程中，可以持续传承。

阿西西是一个具有特色和性格的中世纪城镇，整座城镇建构在苏巴西欧山坡上（Monte Subasio）。城镇顺应山势地形，呈现狭长不规则的形状。城镇范围由建构在山脊上的城墙、碉堡围塑而成。阿西西原有的城墙是由古罗马人兴建，而后继续改造、修建，形成后来的范围与规模。城镇建筑，不论教堂、宫殿或民居，大多由米黄色与淡粉红色的石材构筑而成，屋顶多为土黄色的陶土瓦，整座城镇呈现一种与大地为伍、古朴实质的风貌。阿西西是一座典型的山城，一般山城通常由两种街道网络所组成，一种是顺应山坡地等高线蜿蜒的街道，另一种是垂直等高线的阶梯步道，两者均很狭窄，阿西西的街道系统亦为如此。走在阿西西狭窄的街巷，穿梭于层层的阶梯，因游客不多，感到特别的宁静悠闲。炙热的阳光辉映着斑驳厚实的古墙，令人有一种长恒不变的历史感。安详寂寞的古道，意外地有我这个异乡人来访，也算是一种因缘。

阿西西至今存留了许多古罗马人建设的遗迹，城墙、碉堡、广场、剧场、竞技场、神殿、庄园等，不断提醒人们罗马帝国辉煌的过去。离开旧城区，往荒野山坡行进，看到建构在山坡上大片的防御城墙和碉堡。这些城墙沿着山脊线漫延数公里，仿佛是一座迷你的中国万里长城。坚固的城墙、碉堡见证了西方历史上各时期的争战与荣枯。这些最初由古罗马人兴建的城墙，历经中世纪、文艺复兴时期，千余年的增建、扩建、加固，形成一个坚强的防御系统。19世纪中叶，意大利统一后，工业革命已如火如荼地展开，传统的防御城墙已无防御功能，因而被闲置遗忘。有些墙体在饱经风霜后逐渐倒塌，多数厚实的城墙静静伫立于荒野中，在春去秋来、日出日落的洗礼下，慢慢回归自然。

今日保存的阿西西城镇市街大多在12、13世纪兴建完成，整座城镇的街道纹理、空间关系、建筑形态、天际线，以及城外的景观环境，基本上都仍维持着原有的风貌。或许受到圣方济各与圣克拉拉牺牲奉献、苦修行善的影响，阿西西的建筑与城镇，呈现一种简约刻苦、简朴无华的性格与特质。

阿西西并无特别知名的建筑，如比萨的斜塔；亦无特别的城镇空间，如锡耶纳的田野广场（贝壳广场，Pizza del Campo）；更无突出的城镇天际线，如圣吉米尼亚诺的塔楼群，但阿西西严肃朴实的城镇风貌，保留了自中世纪以来的历史场景和生活空间，加上圣方济各与圣克拉拉的传奇史与影响力，使它成为天主教世界的知名城镇。世界各地的天主教徒，

**图 1.76**　防御城墙与碉堡：最初由古罗马人兴建，尔后经过多次增建、修建，历经千年的防卫功能，如今慢慢回归自然

有许多人在有生之年，都会来阿西西朝圣。

　　阿西西最知名的建筑是圣方济各修道院与教堂，亦为最多朝圣者造访的地方。圣方济各修道院与教堂建筑群位于城镇西北侧主入口，从蜿蜒曲折的山路前行，首先映入眼帘的，即是此规模宏伟的修道院。修道院坐落在山坡上，由红砖构筑而成。修道院正立面长度约 120 米，由数十个半径相同，高度不同的红砖拱券组成。深厚的拱券在阳光下，形成强烈光影、明暗的对比，使建筑立面呈现一种庄重严肃，又充满韵律和节奏的美感。修道院人数最多时，曾超过 1000 个修士、僧侣在此修行，因此修道院的功能很完整。修道院内有两座教堂、许多祷告室、讨论室、灵修室、图书馆、餐厅、厨房，以及提供上千人的住宿空间，仿佛是一个自给自足、与世隔绝的社区。走进修道院的中庭和

**图 1.77**　山城步道：炙热的阳光，辉映着斑驳厚实的古墙，使人感到格外的安详宁静

回廊，看到许多穿着褐色或黑色长袍，腰间绑着一条白色棉绳的修士，在拱廊中穿梭、踱方步，仿佛一切时光和场景都凝结在中世纪。

就在离开修道院中庭的一瞬间，遇见了一位身穿道袍的东方人，寒暄几句后，才知道这位中年神父来自日本京都，从小在京都长大，因受天主圣灵感动，已在阿西西修道院修行近 20 年。显然，京都这么多日本传统神社并未对他的信仰有任何影响力。身材微胖不高的神父，以日本腔的英文，问我来自何处？他友善殷切的态度令我感到很温馨。他对我来自中国台湾感到有些失望和意外，失望的是如果我是日本人，可以传递一些乡音，唤起一点思乡之情，意外的是近 20 年，我是他唯一见过从台湾来此旅行的人。彼此互道珍重后，我继续了旅程。

整体而言，阿西西的宗教情境与氛围较浓厚，不论在城区街道，或是乡间小径，随时可以看到穿着道袍的修士和神父在漫步冥思。这种场景与城镇的特质、性格和空间颇为契合。若暂且不论天主教神职人员的信仰，仅就修道院传承千年的修道仪式和行为，即可将其纳入非物质文化遗产名录。

不知为什么，我对阿西西情有独钟，依依不舍。或许是从热闹繁华的威尼斯，进入落寞寂寥的拉韦纳，再穿山越岭来到阿西西的关系。或许是修道院无数修道士在其间修行活动，以及乡间小径修道士漫步的场景，说明阿西西修道院建筑群仍维持其千余年的使用功能，而非其他城市仅作为静态博物馆的原因。也或许因阿西西是本次意大利旅行的终点，旅程即将在此结束的心境。也许三者皆有，明日一早，将搭火车往南行，回到罗马，然后告别意大利。

图 1.78　山城步道：孤单寂寞的古道，意外有我这个异乡人来访，也算是一种因缘

# 尾声
# Epilogue

　　计划许久的意大利之旅终于结束，回顾这 20 余天的旅程，看到许多当年建筑史书上的案例，深刻体验到西方建筑史发展的历程。在看过许多不同城镇风貌后，对文明的演进亦有不同体认。每个时代都有它自己的政治因素、宗教信仰、价值观与生活形态，这些都共同形成一个地区的时代精神与特质，然后反映在一个地区的城镇配置、建筑形式和生活空间上。意大利之旅让我深刻体验到城市、建筑与时代精神相互依存、互为因果的关系。

　　意大利每一幢宏伟教堂的兴建历程，往往需要数百年，甚至千年。在宗教信仰的坚持下，从兴建者、施工者，到设计者，一代传一代，前赴后继，形成今日的状态。因此许多知名的教堂都混合了不同时代的风格和语汇，较少以始建时期单一的样式保存至今。因此这些建筑物亦为不同时代，人文、艺术、思想、技术累积的综合成果。

　　在某一个时代被认为重要的建筑物，到了另一个时代因价值观的改变，变得一无是处，因而被闲置或拆解，譬如：古罗马时期兴建的竞技场、剧场、公共浴场等，到了中世纪多被闲置，终成废墟。中世纪初期（4 至 6 世纪）的早期基督教教堂，到了文艺复兴时期（15、16 世纪），因整个人文思想环境的改变，有许多被原地拆除，重新构筑成文艺复兴式建筑，或是在原有构造体上改造成符合文艺复兴审美的建筑。巴洛克时期，新的装饰风格和建筑物产生，旧的建筑物不是被拆除重建，就是重新粉墨登场。凡此皆说明，在人类文明演化、消长的历程中，一座城镇、建筑的兴衰、荣枯、存废，有它自己的命运。

　　意大利之旅让我感受到意大利源远流长的历史脉络，体验到许多名胜古迹和历史城镇，即使罗马帝国时期存留的遗构残迹亦以审慎的态度得到了清理保存。这些都显示从人民到政府，对自己的文化遗产均有普遍性的认知与珍惜，亦即一种全体公民厚实的文化涵养。

　　我在美国建筑师事务所的工作，着重的是精心细致的现代建筑，专注的是设计品质与细节，古迹、历史城镇都是过往陈迹，因此从来不是我关心的对象。人们代代相传、赖以为生的居住环境所形成的场所精神（Sense of Place）只是书本上的知识，与我的工作和经验无关。意大利之旅完全改变了我对建筑认知的偏见和误解。我终于了解了一座城市之所以可以让居民产生认同感和归属感，除了应有的现代化基础设施之外，主要在于它的历史文化。历史文化与城市空间经由居民共有的认知、记忆与生活经验，然后逐渐形成共同的场所精神。诺伯格 - 舒尔茨在《场所精神》一书中强调，一座伟大不朽的城市必须具备一种自我更新的能力，亦即每一个时代留下最经典、最具代表性的建筑，次一等的建筑由另一个时代的新建筑所取代。各个时代的建筑与城市空间得以和谐共存，才能形成一座城市特有的历史、性格与文化。这种城市特质不仅可以强化当地居民的认同感，吸引世界各地游客来访，同时可成为一个国家在文化上的竞争力。意大利许多城市均具有这些文化性格与特质。

# 中篇

西班牙 SPAIN

　　公元前 11 世纪至公元前 5 世纪,腓尼基人( Phoenician )与古希腊人先后到达今之西班牙、葡萄牙所在的伊比利亚半岛( Iberian Peninsula ),他们在此开垦,形成聚落。公元前 3 世纪至公元前 1 世纪,古罗马人到达伊比利亚半岛,建置军事基地后,开始发展城镇。如今,古罗马人开发的城镇多已消失,仅少部分城镇尚存留少数古罗马人建设的遗构。公元 1 世纪,基督教(天主教)已传遍了整个区域,使西班牙与相邻的葡萄牙均成为天主教信仰的国家。直至今日,西班牙仍有将近 50% 的人认为自己是天主教徒。一般而言,西方早期基督教泛指今之基督教、天主教、希腊正教,在宗教改革前(约 17 世纪),均以基督教统称。

　　西班牙位于法国南边,与相邻的葡萄牙一起是欧洲最南端的国家。西班牙东临地中海,西侧与葡萄牙为界,少部分地界临大西洋,南端临直布罗陀海峡( Strait of Gibraltar ),与北非摩洛哥( Morocco )跨海相对。西班牙与葡萄牙三面环海的地形称为伊比利亚半岛。伊比利亚半岛在地理上与非洲北部相近,从西班牙南端跨越海峡,到摩洛哥的距离不到 30 公里,跨越地中海到阿尔及利亚( Algeria )的距离约 150 公里。长久以来两地时有兵戎相见,武力征服,造成文化上的相互影响。在历史上,摩尔人( Moors )自 8 世纪开始,长久占领伊比利亚半岛中南部,在饮食、生活、语言、技艺、装饰、建筑等多方面,对西班牙与葡萄牙都有很深的影响。

　　摩尔人较明确的说法是阿拉伯人与北非柏柏尔人( Berbers )混血的民族,宗教信仰以伊斯兰教为主。对当时欧洲社会而言,摩尔人并非意指特定的种族,亦非某一族群的自称。中世纪时期,欧洲基督教社会为了区分非信仰基督教的异教徒,将居住在非洲北部、伊比利亚半岛、西西里岛等地区的伊斯兰教徒称为摩尔人,后期又将阿拉伯人亦称为摩尔人。公元 711 年,北非摩尔人渡海跨越直布罗陀海峡,占领了伊比利亚半岛,以伊斯兰教律法统治该地区。不同宗教信仰与文化习俗,使欧洲人与摩尔人不断发生冲突,历经数百年的挣扎,在 13、14 世纪,基督教军队逐渐收复伊比利亚半岛中部与南部的许多城镇。1492 年,基督教军队收复南部最后一个摩尔人统治的城镇格拉纳达( Granada ),北非摩尔人的势力全部被摧毁,西班牙再度成为一个完整的基督教国家。

　　1479 年,除了南方部分地区由摩尔所控制之外,西班牙已成为一个统一的国家。随着文艺复兴运动科学理性与人文艺术的发展,西班牙在天文、地理、工程、航海、艺术等各方面持续进步,国力逐渐茁壮。1492 年,收复格拉纳达的同年,航海家哥伦布( Christopher Columbus )率领西班牙舰队,发现美洲新大陆,美洲多数地区成为西班牙殖民地。直至今日,中南美洲多数地区仍使用西班牙语。从 1492—1588 年的百余年间,西班牙成为欧洲最强盛的国家之一,此时期西班牙除殖民中美洲、南美洲之外,还占领了意大利的那不勒斯、米兰,以及部分法国、德国与奥地利的土地,在亚洲的殖民地以菲律宾为主。史料显示,在西班牙最强盛时期,菲律宾的西班牙总督曾提出攻占中国的计划,最后未执行,由此显示当时西班牙国力之强盛。1588 年之后的百余年间,西班牙在与欧洲国家不断的争战中,国力逐渐衰退,航海霸权不再,占领、殖民他国的土地亦都失去。北美洲由英国殖民为主的美国率先独立，1813 年中南美洲的殖民地，如：乌拉圭、智利、哥伦比亚等，纷纷宣布独立，西班牙在中南美洲的势力因此消失。

20 世纪初，西班牙王室权力势微，虽已有议会政体，但社会动荡，政局不稳，政府对不同政治主张的团体强势压迫。1936 年 7 月，西班牙内战爆发，由弗朗哥将军（General Franco）率领的国家主义者（Nationalist）对抗掌权的社会共和党（Socialist Republican）。1939 年 1 月历经两年半的西班牙内战结束，国家主义者获胜，开启了弗朗哥极权统治的 36 年。内战期间，双方军队与平民死伤无数，城市乡镇的公共建设破坏殆尽，物资缺乏、经济萧条、百废待兴，西班牙因而成为欧洲最贫穷、最落后的国家之一。弗朗哥掌权期间，全力铲除异己，集政治、经济、军事权力于一身，西班牙的社会与经济发展，因而比欧洲其他大部分国家迟缓。

1975 年弗朗哥去世，卡洛斯王子（Don Juan Carlos）成为西班牙国王，1978 年卡洛斯国王颁布新的宪法，将西班牙建立成民主政体国家，王室不再有介入国家治理的权力。西班牙在经济、政治、社会各方面才开始积极发展，但比起西欧各国已落后许多。1986 年，西班牙成为欧洲经济体系的会员国，各方面开始快速发展，如今已成为发达国家。

西班牙是一个由众多山脉、丘陵所组成的国家，岩石山脉与丘陵的地形占据了大片土地，西班牙北边与法国相邻的边界，以及西边与葡萄牙相邻的土地多为山脉所环绕，南边的土地亦然。它是欧洲山脉第二多的国家，仅次于瑞士。因此在西班牙搭乘火车旅行，时常会不断穿越隧道和山洞，有时火车在坡道上行驶，速度变慢，交通时间较长。我到西班牙旅行时，西班牙的经济建设尚未全面开展，部分基础建设尚未完成，生活费用较低廉，但交通上并无困难，只是有点慢。旅行期间，我体验到西班牙人乐观随和的性格，包容友善的态度，以及悠闲自在的步调，令人印象深刻，使独行的我，从容自在。

# 第 11 章

# 巴塞罗那
# Barcelona

巴塞罗那（Barcelona）位于西班牙东北边，临地中海，它是加泰罗尼亚省（catalonia）的省会，亦为该省规模最大的城市。巴塞罗那是欧洲西南方在商业、文化、经济、金融、交通等方面的主要城市，同时是西班牙生物科技的研发中心。巴塞罗那是一个现代化的城市，居住人口密度很高，在市区内居住人口超过 160 万，若包含近郊的都会区，居住人口接近 500 万。

巴塞罗那在公元前 3 世纪已有聚落形成，公元前 15 年古罗马人在此建置军事基地，然后逐渐发展成城市。古罗马人的建设至今多已不存在，仅少部分遗构存留于旧城区内。5 世纪初，西哥特人征服巴塞罗那以及周边地区，建立了强盛的王国。8 世纪初，

BARCELONA
9/16/90 KING SQUARE

**图 2.1　巴塞罗那哥特区：国王广场保存中世纪尺度**

巴塞罗那被阿拉伯人占领。约 100 年后，801 年，查理曼大帝（Emperor Charlemagne）的儿子路易（Louis Ⅰ）攻占巴塞罗那，建立了一个由独立领主掌管的城市。独立领主的身份通常为伯爵。9 世纪开始，历任掌管巴塞罗那的伯爵励精图治，使城市成为独立自治的形态，并将领土扩增至今之加泰罗尼亚省大部分地区。1137 年，巴塞罗那与阿拉贡（Aragon）地区，借由婚姻结盟，成为一个联合政体，国力因而增强，领土范围不断扩大，几乎占有了沿地中海的大部分地区。1469 年，阿拉贡的斐迪南二世（Ferdinand Ⅱ）与卡斯蒂利亚

（Castile）的伊莎贝拉一世（Isabella）两个王室的联姻，使西班牙的政治中心转移至马德里（Madrid），巴塞罗那在西班牙的政经地位因而下降。

巴塞罗那保存了一部分历史城区（The Gothic Quarter，即哥特区），其余大部分城市均为 19 世纪末至 20 世纪初所兴建的现代城镇，以及第二次世界大战后兴建的商业办公楼。尽管如此，巴塞罗那仍有 8 处古迹被联合国教科文组织指定为世界文化遗产，这显示了巴塞罗那在文化、历史上的价值与意义。更令人惊异的是：这 8 处世界文化遗产中，就有 4 件是新艺术运动（Art Nouveau）大师高迪（Antoni Gaudi，1852—1926 年）的作品。许多游客到巴塞罗那主要参观的景点大多会包含高等的建筑作品，反之，巴塞罗那亦因高迪（Antoni Gaudi）的作品而名气大增。

# 1. 哥特区

哥特区（The Gothic Quarter）因区内有许多建筑物兴建于 13 至 15 世纪哥特时期而得名，有些残迹遗构甚至可推回至罗马帝国时代。哥特区位于旧城区的中心位置，哥特区大致是中世纪时期巴塞罗那的城镇范围。区内主要历史地标包括：哥特式主教堂（13 至 15 世纪）、城市博物馆（14 世纪）、议会厅（15 至 17 世纪）、王宫（12 世纪）等。整体而言，巴塞罗那是一座现代城市，只有哥特区不断提醒人们这座城市的过往陈迹与历史脉络。

哥特区因许多哥特式建筑的地标而得名，但并非所有此区的哥特式建筑均兴建于中世纪。与此相反，有许多是在 19 世纪末至 20 世纪初才以仿古方式兴建完成，部分古迹亦在此时期开始修复、整建。其主因是 1929 年巴塞罗那举办世界博览会，当时西班牙政局不稳，经济条件不佳，政府借由世界博览会，展现西班牙国家繁荣的景象，以及历史文化的深度。

图 2.2 巴塞罗那哥特区：保留了中世纪的街巷纹理，但许多建筑物多为后期仿作

图 2.3　巴塞罗那哥特区：狭窄曲折的街巷，缓慢悠闲的步调，令人思古怀旧

因此，刻意将旧城区老旧、破败、长久被弃置的场景，重新全面装修粉饰成保存良好之历史风貌的假象。过于残破和倒塌的建筑物均遭拆除，并以仿哥特式语汇于原地重新兴建，使哥特式建筑的街廓看起来较完整。这个曾经颓残、阴暗、乏人问津的区块，因政府抹粉活化的政策，转化成吸引观光客的历史文化园区。许多初到巴塞罗那的游客一定会到哥特区拜访，也都相信哥特区是巴塞罗那保存完整的历史城区，包括我在内。

　　哥特区四周被嘈杂繁忙的交通干道所环绕，林立多样的现代建筑使市街风貌有些杂乱，但走进哥特区，仿佛进入另一个世界，狭窄曲折的街巷，厚实砌筑的石墙，缓慢悠闲的步调，经历岁月风霜的街景，都令人产生一种思古幽情的心境。在老街上走了一阵子，突然间感觉有些不对劲，最初发现的问题是：何以古迹修复的新旧材料差异如此相似，然后看到一些哥特式建筑的立面完整，石块叠砌整齐，干净平滑，似乎没有历经沧桑的痕迹。我不是古迹修复专家，更非考古学者，但因在意大利旅行的经历提醒我古迹的真义和本质。很明显意大利的古迹修复技术比西班牙更有深度，意大利考古学者的能力亦必比西班牙强很多。另外一个想法是或许是因为工程预算有限，或者因修复工期不足，才造成历史建筑的修复工程显得有些粗糙。

　　回到住宿的旅店后，一方面补充在现场绘制的素描草图，一方面翻阅一下资料，才知道哥特区虽为巴塞罗那历史城区的核心部分，但除了市街纹理之外，多数建筑都在 20 世纪初才开始整建，甚至有许多仿古的新建工程在 1960 年才完工，巴塞罗那唯一的历史城区居然多数是仿作的建筑，令人有些失望和怅然。我花了许多时间在现场观察、拍照、素描，好像有些多余，心想如果不知道真相是否会好过一些？反之，如果巴塞罗那在 20 世纪初将城市历史核心的哥特区，破旧、损坏的古建筑全部拆除，改建成现代建筑，城市风貌和特质是否会更好？显然不会有确切的答案。毕竟一座城市的性格与特质，与它的历史、文化、政治、经济、社会等的发展都有密切关系，无法以单一价值观予以量评。

## 2. 新城区（埃桑普勒区）

埃桑普勒区（Eixample）兴建于 19 世纪末至 20 世纪初，它大致位于巴塞罗那市区中间偏东的区块（district），占地约 200 多个街区。埃桑普勒区是使巴塞罗那从老旧城市转化为现代城市的重要参考指标。巴塞罗那于中世纪早期，因蛮族入侵，曾在旧城区（哥特区）兴建过城墙。18 世纪，巴塞罗那城市范围已从旧城区向四面八方扩增好几倍，由于饱受外族侵略，于是在扩大城区的边界又建置了新的防御城墙。历经百余年现代化、工业化，19 世纪中叶后，巴塞罗那城区范围继续扩大，防御城墙成为城市发展的障碍。由于面对现代化、工业化的武器，砖石城墙并无多少防御能力，拆除城墙、健全城市发展的构想开始浮现。巴塞罗那市政府在民意与舆论的压力下，最后决定全面拆除城墙，经由市地重划，将早期传统聚落的狭窄曲折市街，以及拥挤老旧的木构、砖构建筑全部移除，将巴塞罗那建设成符合现代工业化的城市。巴塞罗那市政府期盼此一城市更新计划能使巴塞罗那成为一个现代化、有效率、有质量且宜居的城市。

埃桑普勒区由西班牙土木工程师塞尔达负责规划设计。他以现代城市功能的观念为出发点，将交通、运输、人行、景观、基础设施、居住、阳光、通风等多个面向纳入通盘考虑。他将每个十字路口街廓截角放大，以容许更多阳光和通风，此一做法可以增加绿地覆盖率和小区空间，同时提供当时马匹、马车短暂停留的空间，他将人行道放宽，种植大量乔木，使之成为林荫大道。这些做法都使巴塞罗那抛弃过去的陈迹，脱离历史的包袱，以焕然一新的姿态，成为当时欧洲最现代化的城市之一。

伊尔德方索·塞尔达（Ildefonso Cerdá）1815 年出生于加泰罗尼亚的一个小镇，长大后专攻土木工程，他曾经在西班牙不同城市的政府担任土木工程师。1848 年，他搬迁至巴塞罗那定居，逐渐开始对政治和城市计划产生兴趣。他曾经担任过市议员，使他与市议会关系良好，这对日后埃桑普勒规划设计通过审查，有很大的帮助。塞尔达除了新城区的整体规划之外，他对现代城市环境的基础设施，包括下水道、污水、瓦斯、电气等管线系统的设计均有完整的建置。他将老旧城市零碎的私人土地，以逻辑合理且系统化的方式进行城市土地整理，这是他另一个重要的贡献。塞尔达尽其后半生的精力全部投入新城区埃桑普勒的规划与建设，并尽力说服政府、议会、地主和利益团体接纳他的规划构想，这使他

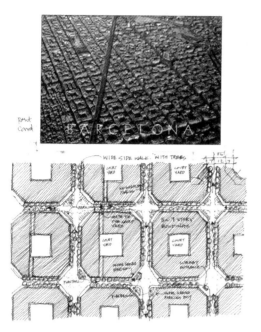

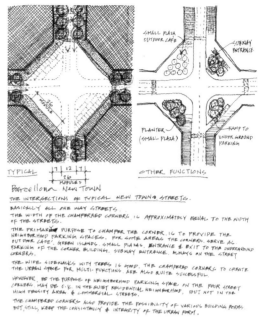

**图 2.4** 巴塞罗那新城区：19 世纪全新规划的现代城镇

**图 2.5** 巴塞罗那新城区：街区截角放大，作为公共空间使用

成为巴塞罗那城市现代化最主要的贡献者。

　　埃桑普勒区的城市规划，除了两条斜线道路之外，全区均以 90°角格状街道系统形成街廓，多数街廓长宽尺寸大致相同。格状道路街廓系统是 19 至 20 世纪，世界各地新兴城市与现代化城市的基本原型，从欧洲、美国，到亚洲均如此。埃桑普勒区与世界上其他同时期规划的现代城市间最大的差别是街道交叉的十字路口。塞尔达规划的十字路口街区转角都有大面积的退缩，其退缩方式是将街区转角以 45°角切成斜边，斜边几乎有 20 米长，使原本方形的街区看起来像是一个八角形的量体。十字路交叉口因斜边截角，成为一个宽敞的城市开放空间。这些截角开放空间提供多种城市功能，诸如：绿地植栽、邻里小广场、小区活动空间、地铁出入口（当时尚未施作）、小区停车场（昔日为马车停放）等多功能之使用空间。道路格状模式（Grid Pattern）和街角斜边所形成一连串的城市开放空间，使巴塞罗那拥有欧洲城市中独有的纹理与特质。

　　塞尔达对巴塞罗那的市街纹理，以及城市风貌有很大的贡献，但他的规划忽略了一个城市应有的多元、有机、丰富的变化，在后来亦遭致许多批判。首先，除了两条斜角道路所造成一些街区的差异之外，其余数百个八角形街区均相同，过多相同质感的街道，一方面使街景单调，另一方面使人容易失去方位感。第二，所有街区四向建筑立面均统一面对街道，内部以四合院的方式形塑庭院，形成内向封闭的空间，而非以三合院方式将中庭花园面对街道，增加城市空间的变化，同时也真正达到通风、采光的目的。第三，由数百个街廓组成的区块，已具一个小城市的规模，小区居民日常所需之公共设施，如市场、学校、

图 2.6　巴塞罗那新城区：树枝开展，
林荫浓密，漫步其间，悠然自在

医院等，居然未纳入全区的规划中，譬如市场摊贩只能直接在十字路口街角的开放空间摆摊，从一开始完工使用至今皆如此，凡此皆说明埃桑普勒区规划上之疏失。

　　埃桑普勒区内，因有数件高迪的建筑作品，包括圣家堂等，成为游客造访高迪作品必访之地。埃桑普勒区宽广的人行道与斜边截角，树枝开展，林荫浓密，使行人漫步其间，悠然自在，步调松闲。原先兴建的建筑物，有些已经拆除，重建成高层公寓，致使街道立面在设计语汇、构造材料、高度量体等方面参差不齐，有些紊乱，显示巴塞罗那市政府对城市设计的规范和控管不足，才会有此现象。这点，巴黎市街风貌的维护和管制显然比巴塞罗那高明许多。

## 3. 新艺术运动与高迪作品

　　新艺术运动（Art Nouveau）发生在 19 世纪末到 20 世纪初，全盛时期大约在 1895 年到 1910 年之间。一个历史样式只经过 15 年就开始式微算是很短暂，但是有些史学家却认为新艺术运动是走向现代设计运动的第一步。新艺术运动之所以发生在 19 世纪末期并非偶然。事实上，历史背景决定了这个"当代的产物"，因为它彻底脱离传统美学，并试图将当时之科学、技术与美学相结合。根据时代的历史背景与发展脉络，可以简略地探究新艺术运动形成的原因。

　　19 世纪末现代艺术、现代设计、现代建筑的曙光已越来越明亮，前卫的创作者尝试以各种新的形式诠释"现代"生活。虽然模仿抄袭古典语汇与样式的设计仍处处可见，美术学院的教条仍然固步自封，社会大众的文化品位仍保守顽强，但一群年轻艺术工作者却仍坚持抛弃传统，寻找创作自由，发现新的创作可能和新的创作语汇。回归自然，彰显自然的生命力，成为创作的一股原动力。

西方社会自 15 世纪文艺复兴运动以来，历经人文主义、启蒙思想、理性主义的发展，使自然与科学的探索，成为人类永无止境的驱动力。19 世纪，人类在天文、物理、生物、医学、光学、机械、力学等方面所累积的研究成果比过去中世纪 1000 年超越甚多，19 世纪亦造就了现代生活的基础。新艺术运动在这种时空背景下产生，自然有其历史的渊源与成因。新艺术运动产生的历史背景大致可归纳成以下几点。

## 达尔文的进化论

达尔文（Charles Robert Darwin，1809—1882 年）生于英国，发表的进化论成为当时人人谈论的话题。他认为所有生物都经过不断演化，历经物竞天择，才形成当时的有机模样，人类亦不例外。有关人类进化的观点间接否定了上帝创造人类，以及人类祖先是亚当、夏娃的基督教教义。教会欲置达尔文于死地，当代科学家亦大多反对其学术论点。诚然，进化论的许多观点在后来被推翻或修正，但是进化论对人类研究大自然却有不可磨灭与无法取代的影响力。进化论对人类究竟有多大的影响力不是本文探讨的主题，但因为当时社会对进化论骇人听闻的论点（特别是对基督徒与教会）所引发的两极争论，使当时社会大众对研究大自然生物产生好奇与兴趣。

## 生物科学的发展与普及

如果 15 世纪是文艺复兴"发现的年代"与"苏醒的年代"，18 世纪末至 19 世纪中是工业革命与机械启蒙的年代，那么 19 世纪中至 19 世纪末则是心理学与生物学的年代。除了生物学的达尔文，另一位知名心理学派鼻祖弗洛伊德（Sigmund Freud，1856—1939 年），亦是 19 世纪令人争议的人物。在当时推广生物学与科普教育领域，有两位学者黑克尔（Haeckel）与贝尔什（Bölsche）出版了一系列科学图解书籍，其中植物学的图解书籍尤其吸引人，坊间书店到处可见。植物学的种类繁多，使当时社会大众开始关心并了解生物世界的千变万化与神奇。从高山到平原、从寒带、温带到热带，乔木、灌木、花草、爬藤，甚至海底的藻类、植物，都被当时的社会

图2.7 高迪作品文森之家：多种材料拼贴组构成复杂多彩、花样百出的建筑造型

所关注。植物学家不停地发现新品种，不停地加以分类，亦不断公诸于世。整个社会因人类不断突破新的未知领域而兴奋不已，动物学的演进亦然。新的动、植物被发现，证明新的生命存在，亦意味着新造型与组织的存在。到了 19 世纪末，植物学与动物学的新知变成当时西方社会普遍的常识，其分类架构亦已大致完成。对新艺术运动者而言，使用植物与动物的造型来设计，可以脱离传统样式的限制。

## 显微镜与照相术的发明

显微镜与照相术的改进使植物学家可以观察、摄影并记录生长中的植物。从种子落地到开花结果；从表皮的纹理到内部组织与构造，都以图像的方式被记录下来，特别是快速成长的花卉与爬藤，更使植物学家可以每小时为单位的记录方式来观察生命的成长与变化。显微镜对微生物、细菌、细胞等之组织和构成的探索与了解，贡献甚巨。这些新发现的组织与模式（Pattern）因而成为新艺术运动者创作的源泉。

## 电影动画的发明

电影动画的发明对人类文明的发展具有重大的影响。对科学家而言，观察记录大自然，不仅多了一项有用的工具，在推广普及科学新知上更有效率。电影动画对研究大自然最大的影响是从静态的记录，变成动态的描述，其间之差异不仅是工具上的改变，而是观念上的突破。换言之，除了形体、组织与构造的解析与观察外，植物成长的律动（movement）与动物内部组织的运作（circulation）更表现出生物的生命力与生存的原理，这点对新艺术运动尤其有深远的影响。

## 机械与技术

19 世纪后半期，工业革命发展了近百年，机械与技术的进步与昔日相比已不可同日而语。新艺术运动者认为机械与技术是成功与进

图 2.8　高迪作品米拉之家：以不规则水平弧线，形成一种柔软、流动的有机感

步的象征。机械的运转靠着各构件环环相扣的张力与平衡,根据预先设定的目标,创造出预定的产品,像是大自然生命的有机体。机械本身的作业与运转,就是一种生命力的表现。一个机械设备是一个完整的运作系统,所有机械零件与组构都是机械律动(movement)的一部分,缺一不可,且无多余无用的构件。新艺术运动者从科学家的记录里发现了植物内部所蕴藏的机械原理与律动,这些艺术家于是将机械原理与植物命脉连在一起,他们相信机械与大自然两者之间具有互通的关系。

## 时代的趋势与风格

随着机械文明的进步与生物学领域不断的拓展,植物与动物等源自大自然的造型逐渐变成一种时代的风尚与潮流,生物学研究的结果开始对美术、工艺与设计有越来越多的影响。1870 年到 1917 年是生物学领域拓展最快的时期。1900 年,科学知识的推广达到一个高峰,导致此一时期的艺术家开始对生物科学感兴趣,亦开始紧随时代潮流。许多艺术家忙着利用新发现的植物形态与组织模式发展出新的设计图案与造型,并彼此互相学习,新艺术运动风格亦日趋成形。

新艺术运动的形式与风格虽然源自大自然生物的有机体,但各国使用的名称并不相同,法国与比利时直接用"新艺术"(Art Nouveau),在奥地利称为"分离派"(Secession),在德国称为"青年派"(Jugendstil)。在西班牙称为"现代主义"(Modernisme),不论何种称谓,基本上都有相似的设计理念。其中两个共同看法是:第一,坚决反对与当代毫无关联的新古典主义,彻底抛弃传统、陈腐的装饰艺术,以积极、自由的态度,创造符合时代的新型装饰艺术;第二,从大自然的现象中,找寻适合的形体,用几何原理转化成设计元素,强调大自然的生命力,以创造新的艺术形式和语汇。当这些设计者以"原创设计"自居后不久,过度的装饰细节开始遭到批判,其中

**图 2.9** 高迪作品米拉之家:内部大厅以自然有机体为素材,呈现一种充满生命力的场景

以"装饰即罪恶""新艺术是 20 世纪的黑死病"最为严厉。新艺术运动原创的理念和精神在后来甚少受到关注,追随者任意模仿自然形体,以满足市场立即的需求,最后变成纯粹的流行样式与风格。随着大众品位改变,它也日渐式微。

19 至 20 世纪初,新艺术运动在欧洲各国广为流行,其中以法国、比利时、西班牙三者最受当时社会大众所接纳。三者中又以西班牙存留的新艺术作品最丰富。西班牙新艺术运动的建筑作品多在巴塞罗那,而巴塞罗那最受瞩目的作品大多由安东尼·高迪(Antoni Gaudi,1852—1926 年)设计。高迪的建筑作品至今仍是巴塞罗那的主要参观景点,世界各地来的游客不论是否与建筑学有关,都会参访几个高迪原创、特殊、怪异、有机的建筑作品,尤其高迪未完成的圣家族大教堂(Sagrada Familia),简称圣家堂。高迪在巴塞罗那的作品中,有 4 个至今已被纳入世界文化遗产名录,此一殊荣亦使巴塞罗那人自认是一座欧洲重要的文化城市。

高迪 1852 年生于西班牙的一座小镇雷乌斯(Reus),父亲是一个铜匠。高迪 17 岁那年到巴塞罗那学建筑,在学校他并不是个好学生,思考设计的方式与当时其他年轻学子比起来有些怪异,他特立独行的看法使学校教师很难介入他的设计。高迪自求学开始至后来执业的过程中,一直不断寻求、探究自己的一套创作语言。而他所处的时代正是一个急骤变化与文化转型的年代,科学与技术迅速发展,医学与生物学成为热门话题,同时浪漫主义任意截取历史样式的做法仍在进行。高迪就在这种大环境之下,加上他自己特殊的性格,以及在数位热心业主的支持下,

**图 2.10** 高迪作品巴特罗之家:立面装饰看起来有点像是神奇鬼怪的幻影

**图 2.11** 高迪作品圣家堂:历经 40 余年圣家堂仍未完成,但它却是巴塞罗那最受瞩目的一件作品

成为新艺术运动时期最重要的一位建筑师。

　　高迪在找到自己的创作语言之前，也经过许多摸索。1883 年他同时开始的两个住宅设计都呈现许多北非摩尔人风格，这两幢住宅立面都使用了大量马赛克与瓷砖来进行拼花组合。1888—1889 年完成的特雷西亚学院（Colegio Teresiano）全部用砖材完成，瓷砖与装饰彩绘均未出现在此建筑的外观与内部。此时，高迪暂时抛弃了摩尔人风格，开始进入仿哥特时期。

　　高迪创作的尝试并未长久停留在过去，在不断的寻找与实验的过程中，哥特式的语汇逐渐消失，摩尔人的瓷砖与马赛克逐渐转化成他自己的语汇，融合新艺术运动的观念，最后创造出前无古人，后无来者的独特风格。在众多作品中，文森之家（Casa Vicens 1883—1888 年）、巴特罗之家（Casa Batlló 1904—1906 年）米拉之家（Casa Mila，1906—1910 年），古埃尔庄园（Guell Park，1900—1914 年）与圣家堂（Sagrada Familia，1883—1926 年）为其中最为人所熟知的作品。

　　1878 年，红砖与瓷砖制造商文森（Manuel Vicens）委托高迪为他设计一座度假住宅。1878 年高迪 26 岁时，没有多少工作经验的他即得到第一个可以表现自己设计构想的机会。这幢 3 层楼的住宅设计深受摩尔建筑影响，高迪从摩尔人的瓷砖艺术获得灵感，将其转化成自己的设计，其源头虽然来自摩尔装饰，但结果却有高度的原创性。文森之家以大量的瓷砖、红砖、石块为外墙面材，使此住宅拥有多种材料拼贴组构成的复杂多彩、花样百出立面的建筑造型。室内空间的装修比外观更加多元复杂。室内空间每一个房间的每一面墙都使用多种瓷砖、彩绘和木雕，一个房间 4 个墙面的装饰各自独立、全然不同，加上顶棚各种彩绘饰纹，令人眼花缭乱、头晕目眩、目不暇接。任何人想在室内待上一天，恐怕不太容易。走出文森之家，我忍不住思考，高迪这位天才的美学心智的确异于常人。

　　巴特罗之家是一幢原本平实的建筑物，高迪将其整修，加高成 6 层公寓楼。这座公寓大厦正立面是由大小不同、多种颜色的马赛克拼贴而成，仿佛是火龙身上的鳞片。外墙上出挑的阳台刻意做成人体头颅的骨骸，有点阴森，屋顶女儿墙做成曲线，镶上多种蓝绿的瓦片，仿佛是火龙的背脊。二层外露的支柱有如动物的骨骼，内部大厅亦都为模仿大自然的有机形体，整个场景看起来有点像是神奇鬼怪的幻影。

　　米拉之家位于街角，正立面有 3 个面向，不像巴特罗之家使用了多彩的马赛克和釉面瓦，米拉之家仅用了米白色的单一石材。这幢 6 层楼住宅以不规则的水平弧线作为建筑立面的主题，使原本厚重的石材拥有了柔软、流动的有机感。室内大厅同样以自然的有机体为主要素材，譬如：入口大门像是树叶叶脉的组织，中庭楼梯雨遮像是飞鸟的羽翼等。这些取自自然的形体，使整幢建筑物充满生命力。

　　圣家堂是高迪规模最庞大的作品，依他的说法，圣家堂的设计灵感源自森林的自然景象，每一根柱子就是一棵大树，柱子上端分叉成几根小柱支撑屋顶，象征着树干的分枝。整座教堂试图呈现森林的意象，墙上的浮雕可以看到昆虫走兽漫步于圣殿间。虽然圣家堂并未完成，但它仍是巴塞罗那最受欢迎的景点之一。

**图 2.12** 高迪作品观察与分析：从整体到局部均可看到源自大自然有机体的转化

  高迪一生中的主要作品大多在巴塞罗那，至今在巴塞罗那保存完好的作品尚有 18 件。其中圣家堂经过 40 余年的设计、施工、修改，至 1926 年高迪过世时仍尚未完成。史学家策布斯特（Rainer Zerbst）在其《安东尼·高迪》（*Antoni Gaudi*）一书中说：“圣家堂是高迪一生的事业。自 1883 年当高迪设计第一幢房子文森之家时，圣家堂已开始设计，自此每当高迪完成一个作品，就给圣家堂带来新的灵感与刺激。他并未有完整的施工图，在开始便未有明确的造型与空间，相反的，他是从施工构造过程中调整设计。高迪最初的计划是 10 年内完成该教堂，但经过 43 年后，圣家堂尚未完成原定计划的 1/3。”更不可思议的是：圣家堂的业主居然毫不在意施工期程的拖延，定期给付设计费与工程费，这显示圣家堂业主对高迪无限的支持与信心。

  1926 年高迪因一场车祸意外过世成为西班牙巴塞罗那最大的新闻事件。高迪的灵车经过数公里街道，市民夹道哀思悼别。未完成的圣家堂不仅是高迪个人的憾事，亦是全巴塞罗那市民共同的遗憾。未完成的圣家堂不仅为高迪个人天才的有志未成增添了许多神秘与浪漫色彩，传奇性的遗憾竟也使圣家堂不仅成为巴塞罗那最重要的城市地标，亦成为世界性的观光据点。高迪的作品与一生亦成为新艺术运动最重要的一段史诗。1926 年，在巴塞罗那市民仍热情地怀念高迪的同时，在西班牙北边相邻的法国，现代建筑与现代设计运动已如火如荼地展开。

  除了高迪之外，当时的巴塞罗那还有许多新艺术运动的设计者，只是这些设计者的成

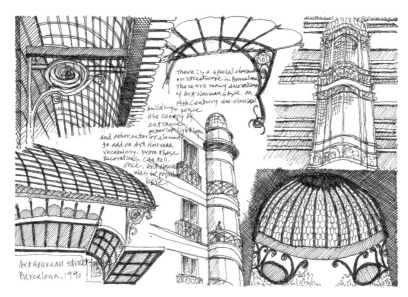

图 2.13　巴塞罗那：呈现
新艺术运动的城市性格特
质，许多老建筑均加装了
新艺术风格的装饰

就与光芒都被高迪所覆盖，但他们的许多作品也至今仍散布在巴塞罗那的各个角落。巴塞
罗那可以算是一座新艺术风格的城市，从路灯、指示标、公交车亭、地铁站出入口等，有
许多都使用新艺术风格的设计语汇。除此之外，许多新古典主义建筑为了迎合时尚，刻意
在入口雨遮、阳台、入口大厅等处修改采用新艺术风格的设计语汇。这些新古典主义建筑
的立面大多为厚重石材筑砌，为了迎合流行风潮，正立面刻意增添了大型弧线金属玻璃雨
遮。玻璃雨遮的金属框架以及出挑的结构支撑也刻意做成类似蔓藤卷曲的形状，以表现一
种生长蔓延的状态。玻璃雨遮最外缘通常以一片片弧线玻璃做悬挑，模拟花瓣的外形，这
些装饰都在强调自然界有机形体的意象。另一种做法是在石墙立面上直接外挂一组玻璃飘
窗，再将新艺术的装饰语汇用金属组构在飘窗外面。这些做法都显示了当时整个巴塞罗那
对新艺术运动的疯迷程度。这些在市街处处出现的新艺术设计和公共设施，使巴塞罗那因
而具备了一些城市特有的风貌与特质。

# 4. 巴塞罗那德国馆

　　1929 年，西班牙巴塞罗那举办世界博览会，主办单位在会场规划了数个巨大的展场建
筑，供各国参展使用。在法国、英国决定设置独立的国家馆之后，德国政府亦决定兴建独
幢的德国馆。1928 年，德国政府委托密斯设计巴塞罗那博览会的国家馆，但德国政府并未
明示国家馆展示的主题与内容，以及建筑形式。展示馆的主题，由里到外全部由密斯自行
决定。

　　密斯·凡·德·罗（Mies Van der Rohe，1886—1969 年，简称密斯）为现代建筑运动的
先驱者，在现代建筑史中占有重要的一席之地。密斯 1886 年出生于德国西部临荷兰边界

的一个小镇。1905 年，他毕业于当地的技术专科学校，随后在建筑师事务所担任绘图员，同年迁居柏林，开启了他职业生涯的第一步。1907 年，21 岁时，他在布鲁诺·保罗（Bruno Paul）建筑师事务所独自完成一幢小住宅设计，开始引起德国建筑界的注意。1909 年，他到德国建筑大师彼得·贝仑斯（Peter Behrens）事务所工作一段时间之后，即开始建筑师的执业工作。密斯与同时期的法国建筑师勒·柯布西耶（Le Corbusier）相似，均属自我学习、自我塑造的天才。

密斯在 1918—1968 年的 50 年职涯期间，完成许多精致前卫的作品，从桌椅家具、建筑设计到城市规划，总计约有 160 件作品。他早期有部分小住宅和公寓住宅是用砖砌构造和混凝土构造完成，但一般为人所熟知的经典作品多为钢构玻璃幕墙建筑。建筑史学家卡特（Peter Carter）在《密斯·凡·德·罗建筑设计作品集》（*Mies Van Der Rohe at Work*）一书中写道："密斯相信建筑的最高价值反映了一个时代的动力（driving forces）；时代动力包括：科学、技术、工业、经济等，这些动力呈现于一个时代的社会形态，而社会形态亦促成这些动力的发展。"密斯曾说："我努力使建筑成为科技社会的一部分……我使建筑的每一部分看起来都合理且清晰（reasonable and clear）。"合理清晰是密斯设计的主要理念，为了实践此一理念，建筑构造（construction）成为一种核心价值观。密斯的建筑设计构想，不论办公大楼、公寓大厦、市政厅、美术馆、学校建筑，甚至是小住宅，均以清楚的构造系统作为设计准则，亦即以一种标准化尺寸的"模度"（modules）为平面、空间、材料、结构系统，以及各种建筑元素的整合和依据。

密斯认为钢构材料和大片玻璃最能具体呈现当代的工业技术，因此他主要以这两种材料表现他的建筑作品。史学家卡特说："密斯常用'语言'（language）一词用来比喻他惯用的构造系统。"密斯将语言的应用分成 3 个层次，第一种是人们每日相互沟通的平凡语言；第二种是有涵养的人使用的优雅语言；第三种是精通语言的人，可以成为诗人，这 3 种不同的层次均来自相同的语言与文字，但却有不同的内涵与表达方式。钢构玻璃建筑亦然，它可以是纯粹功能的呈现，亦可以到诗意的情境。密斯一生借由严谨的构造逻辑，以及精致的建筑细节追求建筑诗意的最高境界。

密斯另一个建筑理念是将结构系统与墙体完全分开，结构支柱是独立的系统，建筑幕墙和内部隔间墙是另外一个系统，其目的是使建筑空间保持最大的使用弹性。密斯曾经说："建筑物的使用目的时常改变，但我们不能因此不断拆除建筑物原地重建。"每个时代都会产生许多不同的功能需求，密斯看到此一普遍性的趋势，因此将不可改变的结构系统、管道间、电梯、楼梯等，予以谨慎设计和固定，主要空间保持通透、流畅，以满足多元功能的使用需求。密斯对建筑的热爱，使他不太在乎作品的大小，从办公大楼到小住宅，只要能实现他的设计理念，他都接受，巴塞罗那德国馆是其中一个规模较小的设计案例。

1930 年，密斯接任包豪斯（Bauhaus）设计学院校长一职，认真投入现代建筑和现代设计教育。在希特勒成为国家总理、纳粹控制德国大部分地区之后，包豪斯的教育理念无

Mies work
Barcelon Pavilion
Barcelon, 1990.
International Exposition in 1929

**图 2.14** 巴塞罗那德国馆: 现代建筑的经典作品

法兼容于执政当局，因此被强制关闭。1937 年，密斯移居美国，在伊利诺伊州芝加哥市（Chicago）落脚，他一方面在伊利诺伊理工大学（Ilinois Institute of Technology，简称 IIT）建筑学院任教，另一方面开启建筑师的设计业务。密斯将在欧洲实践多年的现代建筑思想、观念和技术引进美国，使美国成为现代建筑实践与发扬的场所，造就了美国各地区的城市风貌与性格。

　　1928 年，密斯时年 42 岁，在他接受德国政府设计巴塞罗那世界博览会场馆的委托时，已完成 28 个小住宅、8 个高层住宅与办公楼、10 余个不同功能建筑的设计方案，总数超过 46 件，他此时已是一个经验丰富，作品质量与数量均在线的建筑师。密斯在接受政府委托后，开始认真思考如何设计一座具现代理念、前瞻性，同时能代表德国精神本质的国家馆，整个构想成为密斯当时最大的挑战。1928 年，密斯同时有好几个设计案在进行，博览会德国馆的设计比其他设计占去了密斯更多时间，他绘制大量草图，来回评估。他最后完成的作品是一个极度简化、干净、通透的建筑物。严格来说，它不具有任何使用功能，只是一座拥有精致、抽象立体的空间。巴塞罗那德国馆，不仅成为密斯一生的代表作，同时是现代建筑的经典作品之一。

　　1928 年，现代建筑运动在法国、德国等地如火如荼地展开之际，整个欧洲社会与各国政府对现代建筑的推动仍持保留态度，尚未普及接纳。许多现代建筑运动者会以不同策略和方法推动现代建筑运动。譬如：法国的勒·柯布西耶不断以书写论述和批判文章的方式，大声疾呼，推广现代建筑。密斯与此相反，他在执业生涯中很少书写论述文章。他更关心的是系统性地解决设计上实际遇到的问题，而非无法实践的空洞理论。他坚信作品本身可以呈现他的设计理念和构想，由观者和使用者自行体验建筑。巴塞罗那德国馆可以说是密斯执业生涯成熟期的代表作，他以造型、空间、工业技术、设计细节等具体呈现他个人建

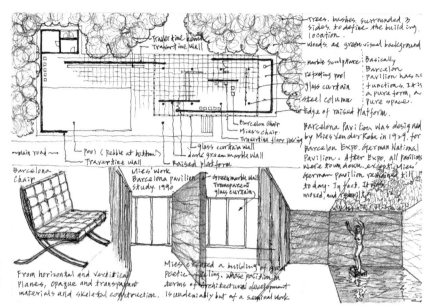

图 2.15 巴塞罗那德国馆：平面与空间现况观察和分析

筑理念与思想。

　　巴塞罗那德国馆是一幢 1 层楼平屋顶的建筑物，坐落在一个长方形的基地上，基地长 53 米、宽 23 米，面积 1200 余平方米。密斯将基地架高约 1.2 米，形成一个平台基座。展览馆为长方形，配置于平台西北侧，东南边为开放空间，以一个长 21 米、宽 9 米的长方形水池为主要景观元素，东南边以 "ㄇ" 字形实墙界定基地范围。展览馆外墙主要由透明玻璃幕墙组成，玻璃幕墙与一组 "ㄇ" 字形实墙结合，使虚体与实体共构。室内空间由 6 支独立钢柱支撑钢构屋顶，两座大理石实墙直接坐落于内部空间，将室内分隔成不同尺度层次的空间，这些大小不同的空间并无明确用途，只是一组可连接的空间系列。深绿色大理石实墙与大片透明玻璃的外墙形成强烈的对比。密斯使结构与空间、水平与垂直、实体与虚空、封闭与透明，均巧妙地连成一体，形成一种简约、宁静、抽象、诗意的场景和氛围。

　　一般博览会的展览馆，建筑是一个主角，内部展场的内容是另一个主题，密斯将二者合一，使空荡的空间本身成为一个展示主题，德国政府居然也能接受此一构想，实为不易。德国展览馆的室内空间，除了两座深色实墙外，只有密斯为博览会设计的两张座椅（Barcelona Chair）和几张板凳，其他均空无一物。密斯为博览会设计的巴塞罗那座椅由两组不锈钢钢板以弧线交叉组成座椅靠背和坐垫支撑，支撑钢板曲线柔顺优美，干净简洁，堪称现代家具设计之经典。至 2022 年，巴塞罗那座椅已问世 93 年，此座椅至今仍历久弥新，它一直是现代家具前卫、高雅和品位的象征，它的地位尚无其他设计者的作品能超越。

　　密斯设计的德国馆并非一般所认知的展览会场，而是密斯的现代主义宣言，是他对现代新生活的一种诠释。他以工业科技的准确精致呈现极度简约的形体和空间，作为对当时尚未过时的折中主义、古典主义雕凿装饰的一种对抗（虽然他从未说过）。密斯的德国馆并无任何功能可言，它最终呈现的是一个纯粹、干净、简洁、通透流畅的构造物，一个抽象、空灵的造型和空间。在博览会开幕后，当地新闻报道说："许多到德国馆参观的一般民众，认为该建筑物很难理解，不知该场馆在展示什么？而少数现代建筑的爱好者则看到了一个惊叹的经典作品。……博览会拥挤嘈杂的现场，使参观者在走进德国馆时，瞬间体验到一种安静、清爽、祥和的感觉。"

巴塞罗那德国馆具体呈现了密斯一生贯彻的哲理名言："少即是多"（Less is more）、"上帝在细节里呈现"（God is in the details）。尽管如此，1930 年 1 月博览会结束后，像各国展览馆一样，德国馆亦迅速被拆除，钢构架拆解后被当场卖掉，会场一切回归原状。博览会自 1929 年 5 月开幕，至 1930 年 1 月结束，这幢现代建筑的经典作品，寿命居然只有 8 个月。而鉴于巴塞罗那博览会德国馆是现代建筑史的代表作，半个世纪后，巴塞罗那建筑师协会决定另寻一处重新兴建德国馆（仿作建筑物似乎是巴塞罗那人的习惯）。1986 年重新仿作的德国馆完成，虽非旅游景点，但却成为现代建筑爱好者到巴塞罗那旅行的必访之地，包括我，亦不远千里跑来朝圣。密斯地下有知，应感欣慰。

# 5. 圣玛丽亚修道院

圣玛丽亚修道院（Santa Maria de Montserrat Abbey）位于巴塞罗那西北方约 48km 的地方，车行时间不到一小时即可到达。圣玛丽亚修道院兴建于高山峻岭的峡谷中，地势险要，在各种旅游指南中均有专页介绍其壮丽的景观，非常吸引人。报道中说，加泰罗尼亚省居民的一生中，每人至少会到圣玛丽亚修道院参访一次。在弗朗哥元帅独裁统治期间，圣玛丽亚修道院发生过几次争取人权的和平示威，因此该修道院不仅具有宗教意涵，同时是争取人权的发扬地。由于巴塞罗那许多旅馆均有搭乘游览车外加导游来回半日游的行程，因此我便报名参加了此参观旅程。

圣玛丽亚修道院坐落于蒙特塞拉特山（Montserrat）的谷地中，西班牙的"蒙特塞拉特"意指"锯齿形状"，亦即此山脉是由一连串曲折的岩石体块组成。圣玛丽亚修道院的基地在海拔高度约 1236 米的位置，修道院周边 3 面被陡峭的岩壁所环绕，另一面可以看到开阔的山丘、原野地景。蒙特塞拉特之圣玛丽亚修道院不仅是加泰罗尼亚省的知名旅游景点，同时是该省宗教信仰的圣地，以及族群文化认同的地标。

圣玛丽亚修道院的源起可推回至中世纪中期，依当地传说，约在 880 年前后，有人在蒙特塞拉特山发现了圣母雕像，当地人开始到山上膜拜圣母，随后有隐士在此修建草屋作为修道之所。蒙特塞拉特何时有了有规模完整的修道院史料并无记载，只知道大约在 1011 年前后，里波利（Ripoll）修道院派遣修士到蒙特塞拉特修道院管理院内工作。1082 年，圣玛丽亚成为蒙特塞拉特修道院院长，这里在自力更生的努力下，成为独立运作的修道院，不再受里波利修道院的管辖与资助。

圣玛丽亚修道院自 11 世纪初成立至今，已经历千余年的岁月，修道院在这漫长的时间里经过多次整建、增建、新建，形成今日宏伟的规模。1082 年时期简朴苦修的修道院形式与规模已不可考。修道院及其相关必要的附属设施多于后期兴建，且有些建筑物是在 19 至 20 世纪才又拆除重建，只有少部分遗迹，如雕刻、壁画、墙基等，残留其间。因此旅游书上所称圣玛丽亚修道院有千余年的历史并不正确，只能说该修道院奠基于千余年前。

修道院附属教堂兴建于 16 世纪文艺复兴时期，现有教堂长 68.3 米、宽 21.5 米、高 33.3 米，它虽被称为巴西利卡（Basilica，聚会所之意），实际上是一座颇具宏伟规模的大教堂。教堂历经 200 余年使用，因拿破仑军

图 2.16　圣玛利亚修道院：建筑群顺应地形，坐落在岩石山壁形成的谷地中

队入侵而严重受创，许多文物、艺术品亦遭拿破仑军队掠夺，教堂于 1811 年拆除重建。西班牙内战期间，教堂再度遭到破坏。1942—1968 年，教堂整建了全新的正立面。1991—1995 年，正立面再度进行整修工程，16 世纪始建时期的教堂形貌已完全不在。教堂内外的雕像、墙上浮雕与装饰所设置的年代，从 16 世纪到 20 世纪中叶（1956 年）都有，且 20 世纪才安装的仿古雕刻亦不少，环绕于教堂周边的小礼拜堂内外的雕刻、装饰亦然，它们在 1886—1980 年的 100 年间，被分成 10 个时期装修完成，装饰形式和语汇杂然并存，新旧不分。西班牙这种修复古迹的态度和思维，与欧洲其他国家实在有很大的差异。

修道院神职人员每日进食的膳厅兴建于 17 世纪，历经 300 余年使用，建筑物各部分开始损坏，或许修道院认为修复工程旷日费时，或许受限于工程经费不足，1925 年将膳厅全部拆除，以仿古方式重新进行了兴建。蒙特塞拉特山最具历史意涵与代表性的修道院建筑的命运亦不例外，1811 年、1812 年，修道院发生二次火灾，造成部分建筑损毁，加上拿破仑军队的掠夺破坏，导致最重要的修道院建筑亦遭拆除、重建，至 20 世纪才兴建完成。我从巴塞罗那的哥特区（旧城区）一路走来，心中一直困惑着，西班牙政府、社会和文史工作者对古迹和历史文物的态度和观点究竟是什么？何以在 19、20 世纪还会拆除这么多老房子，在原地新建仿古的建筑物，这在意大利和法国都很少见。

圣玛丽亚修道院经过多次整建、重建后，如今完整的坐落在蒙特塞拉特山的谷地中。修道院建筑群的整体外观大致模仿成 16 世纪文艺复兴时期的意象。建筑群顺应地势崁入

图 2.17　圣玛利亚修道院：拥有千余年的传奇历史，承载着共有的生活记忆

不同高度的地形中，形成多种不同高程的平面。建筑群在山边与岩石山壁结合，并由高耸崎岖嶙峋的岩山所环绕，形成人为构造与自然环境共构、共存的场景。这些特质都是本地人与外来游客喜爱来此一游的主因。另外一个特别受本地人欢迎的场景是从 1200 余米高的平台俯瞰加泰罗尼亚的丘陵、群山和草原，此处视野开阔，一望无际。许多本地人来此看日落，并可在修道院的旅店过夜。这里成为加泰罗尼亚人一生中必来的景点。

　　我漫步在园区里，一方面欣赏壮丽高耸的岩壁，一方面凝望开展辽阔的地景，再穿梭于修道院的建筑群之间，非常遐逸。偶然走进一间由酒窖和储藏室重新整建、再利用的餐厅，看到由红砖一块一块叠砌、构筑的弧拱屋顶，非常惊奇。红砖弧拱既是构造体，亦为完成面的材料，红砖弧拱多处斑驳，砖块间的石灰缝不甚整齐，看起来有些朴实粗糙。古老朴拙的砖拱与墙面细腻的白灰粉光，以及餐桌优雅的桌布和餐具形成强烈的对比，可以说是一个很好的再利用设计。更令人惊奇的是餐厅的角落居然有一大块崎岖的岩壁，部分红砖弧拱直接坐落在粗犷岩壁上，此景显示原有酒窖的构筑是与岩石山壁结合。我想在此用餐应该是一种很特别的体验。

　　离开蒙特塞拉特山，回头再望一眼傲然的岩山和建筑群，突然意识到圣玛丽亚修道院从文化资产的定义和内涵讨论是否可将其纳入古迹范畴根本不是一个重点，重点在于圣玛丽亚修道院拥有加泰罗尼亚地区千余年的传奇和历史，承载着当地人共有的生活记忆和信仰，在宗教、社会、政治、休闲、生活，以及族群认同上，都有其特有的意义与内涵，使

once it was wine cellar or storage
in the basements mountain rock
is part of bearing wall and
interior space. Now. become
a luxurious restaurant.
Santa Maria de Montserrat, 1990

**图 2.18** 圣玛丽亚修道院：斑驳红砖弧拱，洁白石灰墙，崎岖岩块，形成一个特殊风貌的餐厅

之成为当地居民长恒怀念与归属的地方，因而具体呈现了地方的场所精神。

# 6. 结语

　　巴塞罗那拥有源远流长的建城历史，其港口亦为地中海古老且繁忙的港口之一，15 世纪哥伦布航行大西洋，发现美洲新大陆，最后返航的终点站即为巴塞罗那港。令人意外的是巴塞罗那存留下来的历史建筑与城镇纹理甚少，即使哥特区被称为是巴塞罗那保存最完整的旧城区，实际上也是 20 世纪初才开始以现代工法进行修复而成的，有许多看似中世纪哥特式的建筑，亦为重新仿作。19 世纪末至 20 世纪初兴建的埃桑普勒区（新城区），将旧有城镇纹理、老旧建筑全部拆除，经由市地重划，使大片土地成为整齐划一、格状系统的现代城市。因此巴塞罗那存留的老街、古道甚少，此种情形是欧洲著名城市中少有的。更何况，西班牙在 15 世纪中叶，已逐渐发展成航海霸权国家，至 16 世纪已是欧洲最强盛的国家之一，但城市的历史脉络却相对薄弱。

　　市区内看到早期的公共建筑，包括：市政厅、歌剧院、博物馆，甚至教堂，大多为兴建于 18、19 世纪的新古典主义建筑，或折中主义建筑，即使少数更早期的建筑也是在 19 世纪末、20 世纪初整建的，原味尽失。巴塞罗那虽有规划特定的商业区作为现代高层建筑

集中兴建的区块，但实际上除了该区之外，高层住宅和办公大楼到处林立。巴塞罗那在现代城市设计与天际线的管制上，明显比不上罗马、纽约和巴黎。

巴塞罗那市政府有感于城市风貌的紊乱，以及市容观瞻不佳，于 1980 年开始推动为期 10 年的城市更新计划。经由百座公园、广场的置入、街道绿化的增加、大量公共建筑的设置、滨海步道的规划、老旧建筑的整建，以及公共设施、基础设施的兴建，使整座城市绿覆率大为增加，城市景观风貌大幅改善，使此一曾经杂乱的工业港都焕然一新。巴塞罗那因而成为一座生活、工作、交通、休闲均宜人的现代化城市。优质的基础建设和城市风貌，吸引世界各地的跨国公司和银行在巴塞罗那成立办公处，巴塞罗那亦因此成为西班牙最国际化的大都会。

巴塞罗那可算是一座实践新艺术运动的城市。除高迪多个令人惊叹神奇的建筑作品之外，许多早期完成的建筑物为了迎向当时流行的样式均试图在建筑立面、入口大厅、楼梯间等部位，装饰一些新艺术运动的设计语汇，以符合时代潮流。许多路灯、街牌、公车站、公园座椅与凉亭亦随之跟进，因此，新艺术运动的设计语汇亦成为巴塞罗那城市风貌的一部分。除了高迪这位天才建筑师之外，巴塞罗那还孕育了多位伟大的艺术家，如：毕加索（Pablo Picasso，1881—1973 年）、米罗（Joan Miro，1893—1983 年）、达利（Salvador Dali，1904—1989 年）等人，这使巴塞罗那还多了一个孕育杰出艺术家之都的美名。

在走访过西班牙其他城市之后，发现巴塞罗那人因历史渊源，有较明显的自我意识，以及自我认同感，因此除了加泰罗尼亚省，他们有些不认同西班牙其他地区的人。他们自认为是更纯粹的欧洲人，而西班牙中南部和南部，如格拉纳达（Granada）、科尔多瓦（Cordoba）、赛维雷（Seville）等地的人较像不同文化的非洲人，大概是因为这些地区都曾经被北非摩尔人占领统治过数百年。这些南部地区在建筑、历史城区、生活习惯、饮食习惯与北方的巴塞罗那都有明显差异。

在西班牙内战期间，因加泰罗尼亚省及其省会的巴塞罗那市支持当时掌权的社会共和党，对抗弗朗哥将军领导的国家主义者。在弗朗哥战胜并取得政权后，加泰罗尼亚省和巴塞罗那遭到弗朗哥政权在各方面的压迫将近 40 年，直至 1975 年弗朗哥去世为止。两年后，1977 年 9 月，加泰罗尼亚地区的人民在巴塞罗那集结，超过百万人在巴塞罗那市区和平示威，要求民主自治权（过去省长和市长均为官派），不到 1 个月，西班牙中央政府即接受此一要求，省长和市长均改为民选。2010 年至今，加泰罗尼亚省以巴塞罗那为核心，不断要求脱离西班牙，独立建国，至今尚未停止。由此可知巴塞罗那人强烈的自主意识。

# 第12章

# 马德里
## Madrid

从巴塞罗那到马德里的直线距离约 500 公里，搭上火车后，沿途看到延绵不断的丘陵。有时火车在峻峭石壁中穿梭，有时从一条隧道穿过另一条隧道，成百上千的石峰，远远近近，交替出现。地形的崎岖使铁路迂回，搭乘火车的时间比想象中长久很多。我在早上 10 时左右离开巴塞罗那，到达马德里已近黄昏。

马德里（Madrid）是西班牙首都，它位于西班牙国土范围的中心位置，城市范围的土地海拔标高约 646 米，是全欧洲海拔标高最高的首都。马德里市区居住人口约 340 万人，都会区人口约 670 万人，是欧洲居住人口第二大城市，仅次于德国柏林。在国内生产总值方面，它是欧盟所有国家中位居第三的城市。因此，它在政治、经济、金融、文化、科技、娱乐、旅游各方面，在欧洲都具有举足轻重的地位，它与巴塞罗那相似，是西班牙另一个十足国际化的大都会。但回顾城市发展史，马德里比起许多其他欧洲主要城市的发展历程都较缓慢且艰辛许多。

马德里形成聚落的年代虽可推回至古罗马时期，但马德里并未存留任何古罗马人建设的构造物，只存留极少的遗迹，无法辨识古罗马人曾经在此的生活形态。虽然自 1 世纪开始，基督教已传遍西班牙与葡萄牙的伊比利亚半岛，在中世纪 1000 年的历史长河中，马德里同样没有存留任何城镇纹理与建筑物，如：教堂、修道院、王宫、城堡等。文艺复兴后期，西班牙已逐渐成为欧洲航海霸权国家，马德里仍旧没有存留任何文艺复兴建筑。或许是因为马德里位处内陆中心位置且被群山环绕，交通不便，是其发展迟缓的原因。

马德里有历史文献的记载大约在 9 世纪，此时期在马德里居住的族群以伊斯兰教徒为主。他们的统治者在城镇周边兴建城墙，增强防御工事，此举一方面为抵挡基督教军队入侵，另一方面为保护其南方的托莱多（Toledo）城镇，再一方面希望以马德里为军事基地扩展领土。9 世纪已是欧洲基督教信仰的全盛时期，欧洲主要城市均大量兴建教堂、修道院，是基督教信仰成为生活重心的年代，但马德里却仍属伊斯兰教徒统治之地。

1085 年，基督教军队攻占马德里，将伊斯兰教徒和犹太人驱赶至郊区，马德里终于成为基督教城市。从 1085 年至 16 世纪中叶，马德里就在周邻王国的不断侵略、占领下，度过了将近 500 年，直至 1561 年国王费利佩二世（Felip Ⅱ）将马德里定为王国首都，一切才逐渐趋于稳定，人口亦开始快速成长。依史料记载，1561 年马德里人口数约 16000 人，至 1598 年快速增长至 8 万余人，已成为规模完整的城镇。17 世纪开始，马德里在战争纷扰中，更换了几个领主，国力衰退，社会进步又趋减缓。18 世纪中叶，马德里连外交通系统开始建设，费利佩五世（Felip Ⅴ）兴建王宫、皇家学院。接任的查理三世（Charles Ⅲ）大幅建设现代化城市基础设施，包括：排水系统、街道照明系统、公共墓园，以及一些纪念物和文化设施，使马德里具备了首都的形貌，亦为马德里今日的模样奠定了基础。1808 年以后，马德里才在政治、社会的稳定下，开始现代化、工业化的发展。许多纪念性建筑和公共建设在此时期完成，但比起欧洲其他主要城市仍落后许多。或许这是马德里在欧洲城市中，看起来较像个新兴城市，古迹、历史建筑较少的主因之一。

马德里的整体意象是一座现代城市。初到马德里，可以看见现代化的商业大楼和公寓大厦占去了大片的天际线，较早期兴建的大楼高度较低，质量较普通，越晚期兴建的大楼高度越高，质量亦较佳。马德里保存的历史建筑和广场，大多以 18、19 世纪古典主义和折中主义为主，这为此一历史较短的城市添增了一些纪念性的地标和意象。马德里处处宽广的林荫大道，翠绿的草地和公园，宏伟纪念性的古典主义建筑和广场，加上现代化的摩天大楼，使之具有欧洲国家首都的意象。

# 1. 马德里主广场

马德里主广场（Plaza Mayor，又称马约尔广场）位于马德里旧城区的核心位置。15 世纪时，它是马德里市集的所在地，许多蔬果、肉类、日用品的商家和摊贩密集分布在此开放土地。它成为当时城市居民每日的造访之地，亦为生活必经之处，具体呈现为市民采买、餐饮、休闲、社交的生活场所。16 世纪末期，国王费利佩二世开始计划整建市集空间，他的构想是将拥挤的市集空间改造成宽敞的城市广场，以符合西班牙首都的城市景观。1617 年，继任的费利佩三世开始进行市集空间改造，1619 年完工启用。当时完成的城市广场由四面建筑群所界定，广场设置多处进出口，以方便市民在此休闲活动。

1619—1790 年的 100 余年，马德里主广场发生过 3 次重大火灾，每次火灾过后，广场存留的建筑构造体均被拆除，重新兴建，致使始建时期文艺复兴式的建筑无从考证。现今，环绕于广场周边的建筑群是在第 3 次火灾后，才又全面兴建的构造物。一般而言，早期兴建的广场建筑大多为砖石构造，只有楼板和屋顶的屋架才用木料施作，大火过后，原有的砖石构造体应可整修再使用，但从巴塞罗那一路走来，发现西班牙对修复古建筑并无太多兴趣，不论仿古与否，宁可重新建造，较为省时省力，马德里主广场亦然。第 3 次火灾后重新建造的广场建筑大约在 1854 年完成，整座广场与建筑群因此呈现了 19 世纪中期的意

Plaza Mayor is like other open spaces in the old town of Madrid, always crowded. Visitors, local residents, business men, wandering around there. Social activities are happened every corner on the plaza. which reflects the spirit of the sense of place.

Plaza Mayor, Madrid Spain, 1992, Hung

图 2.19　马德里主广场：人群在此穿梭、休闲和互动，形成一种生活的场所

象，虽然它是在 17 世纪初就已完成。

　　目前保存的广场呈长方形，其长度 124 米，宽度 94 米，面积达 12126 平方米，约为现今两座运动场的规模，堪称一个宽广壮观的城市开放空间。界定广场四周的建筑物，其地面层多为商业空间，二层楼以上为公寓住宅。商品从昂贵精品到一般日用品均有，餐厅、咖啡店、酒馆更处处都是。广场有 10 个进出口连通周边的主要道路，行人可以从不同方向轻易进入广场。从车辆拥挤、交通繁杂的道路进入宽广的广场，顿时感到舒展，心情放松。

　　广场从早到晚都有许多人在其间停留或闲逛，尤其在黄昏到夜晚时间，广场几乎挤满了人。在广场上，可以看到身穿套装的男女上班族，穿着休闲服装的当地居民，以及各地慕名而来的观光客，三三两两，相聚聊天，似乎大家都喜欢这种人潮热闹的场景。朵朵阳伞下坐满喝咖啡、红酒的人，他们在广场上交换讯息、分享生活、闲话家常，闲扯整个下午，或晚上。日复一日，乐此不疲，使原本宏伟、纪念性的广场，因人群的穿梭、休闲和互动，成为生活的场所。生活的场所不仅仅是一个城市空间，更重要的是当地居民共有的生活经验与记忆，经由时间的累积，形成一种文化特质。

　　建筑史学家诺伯格—舒尔茨在《场所精神》一书中说："从历史上可以了解许多艺术家和文学家作品中所描绘的情景往往取自于地方的性格和特质，这说明了每天生活的现象和艺术的现象其实是相关的。如果我们要认识欧洲，我们必须从欧洲人的生活方式开始，观察他们在小区或邻里广场慢慢地品尝红酒和奶酪，以及体验不同地区特有的风貌和性格。从这些观察和体验我们会逐渐了解一种文化形成的特殊因子，更重要的是一种场所精神。现代的旅游业证明人类的主要乐趣之一是体验不同地方的风土人情，人们很少会去一个没有文化特色和地方性格的地区旅游。"诺伯格—舒尔茨的观点可以从欧洲许多生活广场中得到验证，尤其是西班牙。

我在广场上停留许久，看着各种族群的社交活动，体验当地人的休闲生活，满是享受。但我忍不住问自己如果广场保存了 17 世纪初的建筑是否应该更有历史感。然而离开时，我突然觉得，广场界面保存原有 17 世纪的建筑或是 19 世纪古典建筑已非观察重点，当地居民与生活场所的结合所呈现的文化特质才是主要乐趣。

## 2. 太阳门广场与市政广场

太阳门广场（Puerta del Sol）位于马德里旧城区的核心位置，与位于西南方的主广场只隔数个街区。太阳门广场及其相邻街区是马德里交通与商业最繁忙的区域之一。由于此广场位于马德里中心位置，有多条交通干道以此为核心，呈放射状通往城市其他区域，所有道路的里程计算都以广场中心点为 0，向外累计。广场中央位置镶有一块指针牌，标示各方向道路的起点位置，此标示牌居然是在 1857 年就已设置完成。

15 世纪时，马德里是由防御城墙所环绕和界定。城墙四边均有进入市区的城门，其中一座城门朝东，每日清晨太阳正对城门升起，因而被称为太阳门。后来马德里防御城墙拆除，但太阳门所在的地理名称一直沿用至今。17 至 19 世纪，太阳门广场设置了马德里的邮政总局，太阳门广场因而成为一个车水马龙的地方。邮政总局由法国建筑师于 1768 年兴建完成，弗朗哥将军统治期间，这里曾作为西班牙内政部和国家安全局办公室，目前是马德里自治地区的办公室。除此之外，尚有十几个社会组织的办事处设置在太阳门广场的建筑群内。比起主广场，太阳门广场因此增添了较多政治和社会运动的色彩。

主广场是由连续的建筑体围塑而成，进出广场的门户大多设置于建筑物内的地面层，太阳门广场则是由一群个别的建筑物共同形成一个城市开放空间，个别建筑物之间，均

图 2.20 马德里太阳门广场：成为当地居民共有的生活与记忆，最终形成一种文化特质

为单独的连外道路，因此有时候也会看到车辆进出广场。广场边界建筑群的一层大多为商店和餐厅，二层楼以上的空间使用方式较多元，包括：公寓住宅、办公空间、政府机构、社会组织等。太阳门广场与主广场一样，每天都有许多人于其中穿梭、停留、闲聊，似乎当地居民都喜欢到城市开放空间闲逛，使广场真正成为当地居民会面交流的场所（meeting place）。

太阳门广场及相邻街区有许多精品店、高级服饰店，以及百货公司，是一个高密度商业区，因此，此区充满购物、逛街的人潮。黄昏时刻，喝完下午茶和咖啡的人，加入采购行列使此区愈发繁荣热闹。整体而言，太阳门广场因位于高密度商业区，感觉上较喧嚣嘈杂、机动活络。主广场因较内向封闭，且未临商业区，感觉上较使人悠闲自在、步

图 2.21　市政广场入口：界定广场空间的门户

调平缓，亦较具地方的场所精神。两个相距不远的广场，却呈现不同的场景和氛围，此亦为马德里令人着迷的地方。

市政广场（Plaza de la Villa）位于旧城区的核心位置，它坐落于主广场西边约200米处。市政广场尺度较小，是一个由历史建筑群环绕所形成的开放空间。这些历史建筑群包括：市政厅、美术馆、私人宅院等，市政厅于16世纪完成，是广场建筑群存留最早的建筑物，其余建筑物亦多为16世纪前后完成，使此区成为马德里较古老的历史街区。

市政广场的源起可推回至15世纪，1463年亨利四世容许市民每周一次在城堡前的广场摆设市集，开启了市民广场的雏形。16世纪市政厅完成，广场的公共性愈趋明显。在此之前，圣萨尔瓦多教堂拆除时，广场已全面开放。整体而言，市

图 2.22　马德里圣马丁广场：一个小区交会的场所

政广场相邻的建筑群保存了较完整的历史原貌,并非不断原地重建成 19 世纪仿古典折中样式的建筑,因而广场具有较深刻的历史意涵。但因广场相邻建筑多为博物馆、美术馆等静态展览的古迹,广场的活动亦因此较沉寂。

马德里在各个区块中均保存或设置了许多广场,如圣马丁广场(Plaza de San Martin)等,这些广场不仅是城市的开放空间,更是居民休闲、社交的场所,此亦为马德里城市规划较成功的地方。

## 3. 马德里皇宫

马德里皇宫(Palacio Real de Madrid)位于旧城区西北侧,距离主广场约 550 米,为昔日西班牙皇家在马德里的官邸。皇宫目前收归国有,平时作为博物馆向民众开放参观,偶尔为国家庆典所使用。这座 18 世纪兴建完成的皇宫,除了宽广的庭园之外,总建筑面积达 13.5 万平方米,共有 3418 个房间,是全欧洲总建筑面积最大的皇宫。皇宫内众多房间功能丰富,包括:宴会厅、皇家餐厅、会议室、国王寝室、皇后寝室、皇家成员寝室、外国使节宾馆、来宾旅馆、图书馆、美术馆、博物馆、音乐厅、医院、医药所、修道院、教堂、工作人员宿舍、禁卫军营舍等,以及其他必要的附属空间,马德里皇宫因而成为欧洲功能最多、最复杂的皇宫。

图 2.23  马德里皇宫:多次重建、增建,成为欧洲功能最多、最复杂的皇宫

马德里皇宫所在地最初是由摩尔人穆罕默德一世（Muhammad Ⅰ）于 860—880 年兴建的城堡。11 世纪，摩尔人被基督教军队驱离至西班牙中部地区，基督教军队占领城堡后，维持了最初的原防御功能，直至约翰二世（John Ⅱ）时才将其修建成皇室居所。1476 年，城堡在与邻邦的战争中遭到严重损坏而遭弃置。1537 年卡洛斯五世将此残破的城堡进行整建、扩建。尔后，费利佩二世继续整建城堡，历经 100 余年的修建、增建，形成一座颇具规模的城堡。1700 年，费利佩五世将其再度整建、扩建，并正式成为皇宫。

1734 年，皇宫遭受严重火灾，大火持续燃烧了 4 天，皇家典藏的艺术品全毁，建筑屋顶和楼板全部烧毁坍塌，只留下砖石构造的墙体。1738 年，皇宫残存的构造体全部移除，并聘任意大利建筑师进行新皇宫的设计。新皇宫的设计一开始即设定为大规模、大空间、宏伟尺度的构想。1760 年，查理三世再度聘请意大利新古典主义建筑师扩大皇宫的建筑规模。1764 年，火灾过后 30 年，查理三世正式搬入新皇宫居住。19 世纪，皇宫再度进行大规模整建装修，将原有意大利传统风格的皇宫，整修成法国式装饰雕凿的风格。这就是何以马德里皇宫原本 400 多年历史的建筑，最后却变成 19 世纪仿古典建筑的矫饰风格。

皇宫正立面以新古典主义样式呈现对称形式。主入口位于立面正中央，由 4 组柱列支撑二层突出的阳台，使主入口内缩，形成进入大厅前的中介空间。地面层以石材制成厚实基座，用以支撑第二、三层的建筑量体。二、三层立面的柱体外露，每一层楼的柱与柱之间，开一组窗扇，柱与柱的距离相同，形成节奏规律的标准化尺寸。此新古典形式建筑风格有点像是模仿文艺复兴式的建筑语汇，在另一方面又呈现了一种古典、庄重、纪念性的意象。室内空间因经过 19 世纪的全面整建、装修，因而与规律性的外形差异甚大。皇宫内部空间有许多细致繁复的雕刻、繁华富丽的装饰、多彩丰富的彩绘、昂贵奢侈的家具，以及大量典藏的艺术品，使之成为世界级的博物馆。建筑外形与室内空间形式上的落差，无损于皇宫作为西班牙国家文化资产的重要性。

马德里皇宫像许多欧洲早期兴建的重要城堡、宫殿、教堂一样，都经过战争破坏、弃置荒废、整建修复、拆除重建等漫长历程，最后形成今日的模样。今日存留的古迹与始建时期的建筑样貌相比，有些较接近原貌，有些则落差很大，这种结果大部分是由于人为因素，有时则是历史成因，或两者都有。西班牙古迹遭受破坏以拆除重建为主，而非以修复方式再现，清楚显示了人为的判断和价值观。

# 4. 德波神庙

漫步在马德里街上，偶然看到一个绿意盎然的公园，就顺道进去逛逛，借此休息一会儿，同时看看马德里公园的景观风貌。在穿过一段林荫步道后，突然看到大片开阔的长方形水池，水池正中央有一座埃及神庙，令我有些困惑。在历史上，古希腊人与古罗马人曾经征服过埃及，19 世纪拿破仑军队亦曾跨越埃及沙漠，但西班牙的势力从未到达此区域，不知何以埃及神庙与西班牙会有任何关联。

这座名为德波神庙（Templo de Debod）的建筑兴建于公元前 200 年至公元前 150 年。它最初位于埃及努比亚（Nubia）地区阿斯旺（Aswan）以南约 15 公里处。德波神庙主要供奉伊西斯（Isis）女神。伊西斯被称为魔法女神（Godess of Magic），她同时掌管人与动物的生殖和繁衍，在古埃及是一位很重要的神祇。德波神庙会从埃及努比亚地区，搬迁至西班牙的马德里，牵扯到一个国际社会的历史事件，此事件可以使往后国际社会对各区域古迹的保存、修复有一个相对更明确的观点和规范，值得分析和讨论。

20 世纪 50 年代，埃及这个文明古国，从 5000 年的沙漠文明中试图迈向现代化，在当时苏联的协助下，埃及计划兴建全世界最大的水库工程。此一计划是在埃及南边靠近苏丹的尼罗河上建造一座超大型的水坝，拦截自南往北流的河水，形成一个超大面积的人工湖。在当时的政经背景下，此一水力发电厂带来的为数可观的电力，可促使经济、产业的升级，提高国民所得，改善生活质量。人工蓄水湖的兴建可以稳定水源，汛泛期避免河水暴涨、造成洪患，并使每年的旱季有足够的饮用水和灌溉水。似乎水坝计划所带来的效益全是正面，且充满愿景和希望，并将为埃及带来现代化的愿景，但它同时也使世界震惊。

早在 1898—1902 年，英国已经在阿斯旺附近修建了一个储水坝，作为每年旱季时期的灌溉水和饮用水。1960 年兴建的大水坝，动用 3 万埃及工人和许多苏联工程师，历经 10 年完成，可容纳水量为原水库的 3000 倍，水力发电的电量亦是当时埃及全国生产的总电量的 2 倍，"现代化埃及"因而诞生（当时的纳瑟总统宣称）。水坝的完成，创造了全世

图 2.24　德波神殿：成为一座西班牙曾经参与抢救埃及世界文化遗产的纪念碑

界最大的人工湖，长达 500km，它能达到的功能包括：观光、航运、发电、灌溉、防洪等。

埃及政府声称新亚斯文水坝具有多重正面效益，但其负面影响亦甚巨，其负面的冲击至少包括下列三点。首先，新亚斯文大水坝的兴建或许使尼罗河下游的水流趋于稳定，但使数千年来尼罗河因涨、退潮所囤积的肥沃淤泥完全消失，土地的贫瘠迫使农作物改用化学肥料，埃及人数千年来与尼罗河共生、共存的局面完全被改变；其次，兴建大水坝的努比亚地区数千年来，世世代代在此聚居的十几万努比亚人被迫迁离家园；最后，举世震惊的是努比亚地区有好几百座神殿，以及墓穴、王宫等人类文明史的遗址，加起来有上千座，这些数千年的遗址，将随着新水库的兴建全部沉入湖底。在埃及政府的坚持下，1954 年全世界都知道埃及新亚斯文大水坝的兴建已不可避免，联合国教科文组织（UNESCO）呼吁全世界共同抢救这些纪念物，最后 UNESCO 组织了一个由 50 个国家组成的团队共同参与。1960 年 3 月 8 日联合国教科文组织总干事维隆尼歇（Victorino Veronese）宣称"这是一个建立在全人类智慧与道德团结上的和平任务"（a work of peace on the intellectual and moral solidarity of all mankind）。

1954 年大水坝兴建计划提出，1960 年大水坝动工兴建，1970 年 6 月 21 日正式完工启用。几年间要抢救千年累积的古文明遗迹实为不可能，有许多尚未考古登录，有许多只知其位置，但尚未挖掘，有许多甚至不知埋在何处。在多方努力下，最后只顺利迁建 22 座纪念物和建筑群，许多文物，雕像纳入博物馆，其余的神殿、陵寝则由西方国家自由认养。美国、西班牙、荷兰、德国等分别带走一至数个神殿，其余大部分来不及迁移、挖掘、登录的古遗迹、遗址、文物，都在现代化的脚步下，永久地沉入水底。人类文明史的证物、遗迹，亦出现一个永远无法弥补的缺憾。

新亚斯文大水坝的兴建，直接影响了世界各国对古文明遗址保存看法。在埃及亚斯文水坝完成两年后，1972 年 11 月，联合国教科文组织由会员国共同签署，正式成立《世界遗产公约》，整个人类历史和自然遗产的保护才开始受到重视。埃及古文明虽与西班牙的历史文化无关，但德波神庙的存在，可以成为西班牙曾经参与抢救世界文化遗产的纪念碑。

# 5. 埃斯科里亚尔宫

埃斯科里亚尔宫（El Escorial）位于圣罗兰左地区（San Lorenzo）的埃斯科里亚尔的高原，距离马德里西北约 45 公里。在西班牙国王费利佩二世决定选址兴建皇宫之前，埃斯科里亚尔只是一个默默无闻、荒凉贫瘠的村落。如今，每年有数十万游客前来此参观这座世界驰名的皇宫。埃斯科里亚尔宫又名埃斯科里亚尔修道院，或称埃斯科里亚尔宫与修道院，大概是因为修道院占去了大片的建筑面积。

1557 年，费利佩二世亲率西班牙军队在皮卡地（Picardy）的圣昆丁（Sant-Quentin）打败法国军队，获得期盼已久的胜利，此战役亦使西班牙国力进入鼎盛时期。为了庆祝和纪念西班牙的胜利，费利佩二世决定兴建一座宏伟的修道院和教堂，以供奉上帝，同时作为王室居所。这座庞大复杂的建筑物除了上述 3 个主要空间之外，还包括：图书馆、医院、美术馆、神学院、王室陵寝等多项功能的空间。兴建大型王室陵寝的主要目的是安厝费利佩二世的父母、查理一世与伊莎贝拉皇后的骨骸。埃斯科里亚尔宫完成后的数百年期间，多数的西班牙国王以及王室成员均埋葬于此。

费利佩二世是一位虔诚的基督教徒，比起历代国王，他堪称一个禁欲主义者，在当时有人戏称他为"戴着皇冠的修士"。兴建皇宫和修道院虽由兴建委员会和前后两任建筑师负责，但整个建筑形式和空间计划均由费利佩二世所主导。他一开始即确定要兴建一座西班牙文艺复兴式建筑，且建筑主体必须坚固耐用，但外观不需有浮华装饰。这座庞大建筑物的兴建动用了 1500 个工作人员，于 1563 年开工，1584 年完成，如此庞大的建筑物兴建期程不到 21 年，在当时算是非常有效率。1584 年后，费利佩二世搬进皇宫居住、执政，直至 1598 年逝世。

这座方形建筑物长 224 米、宽 153 米，基地面积达 45000 平方米，整幢建筑由厚重的

图 2.25　埃斯科里亚尔宫：门窗横直对齐，形成一种朴实庄重的意象

**图 2.26** 埃斯科里亚尔宫：西班牙文艺复兴式建筑最具规模和典范的作品

花岗石构筑而成。这座庞大的建筑物设有 1200 扇门、2600 扇窗，门窗虽有不同尺寸，但基本上都是横直对齐，整齐划一，连斜屋顶的阁楼飘窗亦与立面上的窗扇对齐，用现代建筑的用语可称为"标准模具化"（module）。埃斯科里亚尔宫四向立面的形式大致相似，入口处除设置了形体简洁的多立克（Doric）柱列强调入口意象之外，并无任何雕像、浮雕等装饰。建筑外观非常规律统一，平坦无华，呈现一种干净、简约、朴实、庄重的意象，整幢建筑形体散发出一种高尚而不浮夸、庄严而不炫耀的内敛性格。许多史学家认为这种建筑形貌与费利佩二世个人严谨的人格特质颇为相近。

埃斯科里亚尔宫是世界上规模最大、最宏伟的文艺复兴式建筑。除了四角高耸的塔楼，以及教堂圆顶穹隆之外，主要建筑高度均为 5 层楼，平坦整齐的窗洞看起来颇为严肃，甚至有些禁欲的意象，初看之下，一点都不像皇宫或修道院，而像是一座防御城堡。埃斯科里亚尔宫运用方形几何严谨的逻辑设计平面与立面，以中轴对称方式，将主要空间分成 5 个区块，从中轴线主大门进入大中庭（国王广场），广场左侧为神学院，右侧为修道院，广场尽头为教堂正立和入口。教堂左侧为皇室居所，右侧为教堂附属空间，这 5 个功能不同的大空间借由回廊，以及十几个大小不同的方形中庭和广场，整合成一座庞大的建筑物。二层楼以上的空间作为医院、图书馆、修士宿舍，以及其他皇室所需的空间。这座复杂多功能的建筑物，却能以简单的平面和立面完成，可以算是一个了不起的设计。

从巴塞罗那到马德里一路走来，看到的古迹和历史建筑，都是经过多次整修和仿作的建筑。马德里从皇宫到广场建筑，每遭受一次火灾或破坏，就原地全面拆除重建，致使历史纹理和样态无法延续和保存，造成城市的历史风貌大多停留在 18、19 世纪时期。埃斯科里亚尔宫自 1584 年完工至今，历经 400 余年的使用，虽经过多次战争，所幸大致维持原貌。此为埃斯科里亚尔宫最具文化价值的一部分，它同时是西班牙文艺复兴式建筑最具

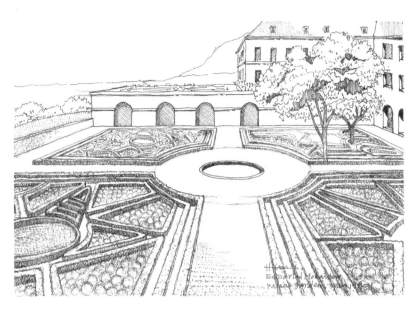

**图 2.27** 埃斯科里亚尔宫花园：一个典型文艺复兴式的庭园，至今空间纹理保持完整

规模和代表性的作品。1984 年，埃斯科里亚尔宫被联合国教科文组织指定为世界文化遗产，正式肯定了其作为建筑的成就，以及艺术与文化的价值。

# 6. 结语

　　马德里城市发展的历史比起其他欧洲城市，甚至部分西班牙城市，都相对较晚。马德里内陆的区位，又因缺少河运交通，16 世纪中叶的居住人口才 16000 余人，比同时期许多其他城市的人口均少。18 世纪中叶以后，马德里才开始积极进行各项公共建设，奠定了现代化城市的基础。20 世纪西班牙内战之后，整个国家的建设遭到严重破坏，经济产业萧条，物资缺乏。1975 年弗朗哥将军去世后，西班牙成为民主政体国家，政治、社会、经济各方面才开始积极发展。如今，西班牙已成为发达国家，亦为欧盟的主要成员国。马德里在 18 世纪城市发展的基础上，在 1975 年以后继续发展建设，使马德里不仅具有西班牙首都之意象，亦为西班牙人口最多、国内生产总值最高的城市。走在马德里街道上，看着壮观的新古典主义建筑、处处林立的商业大楼，以及繁华热闹、熙来攘往的景象，完全没有曾经历尽沧桑的历史痕迹。

# 第13章

# 萨拉曼卡
# Salamanca

　　萨拉曼卡（Salamanca）位于西班牙中西部，是萨拉曼卡省的省会，人口数约 14 万。比起巴塞罗那、马德里都会区数百万的居住人口，他只能算是一座小镇，但即便如此，它还是具有极高的知名度。萨拉曼卡是一座从中世纪存留下来的城镇，城镇顺应山坡地形，呈不规则形状。城镇东西向最长距离约 1500m，南北向最长距离约 1300m，漫步其间，不到半个小时就可出城。城镇以主广场（Plaza Mayor）为核心，街道环绕于主广场，以不规则形态向四周散布。走在狭窄、曲折、蜿蜒的古道上，两侧厚实斑驳的古墙，简朴质实的民居，都不断诉说着这古老城镇源远流长的历史。但它具有世界知名度的原因不仅因其是中世纪城镇，还有萨拉曼卡大学（Salamanca University）。萨拉曼卡大学成立于 1218 年，是世界上最古老的大学之一，它与相邻的神学院共同形成一座古老的大学城，一直至今。目前萨拉曼卡大学，包含来自世界各地的国际学生，约有 3 万多人。大学生与教职人员为这座古老城镇注入了人文气质与活力。大学学费、师生消费，以及观光客的停留，成为萨拉曼卡城市的主要经济来源之一。

　　萨拉曼卡建城历史比西班牙许多其他城市都早，公元前 3 世纪萨拉曼卡被迦太基的汉尼拔（Hannibal）征服，后来古罗马人进占此区，使之成为区域的商业中心。古罗马人在此建构城镇以及公共设施，1 世纪建构完成的罗马桥（Roman bridge），跨过城镇南边的托尔梅斯河（Tormes），已由石块构筑成的圆拱罗马桥连通罗马公路，该桥一直保存至今，成为古罗马殖民此区的历史证物。5 世纪罗马帝国衰亡后，西哥特人进占此区，此时期萨拉曼卡已是一个由主教制度掌管的基督教城市。随后的数百年，萨拉曼卡就在基督教王国与伊斯兰教统治者的、来回征战、交替占领、纷乱动荡中度过，直至 10 世纪此区才逐渐稳定，成为一个真正的基督教城镇。1218 年，萨拉曼卡大学正式成立，不久之后即成为欧洲最重要、最有声望的学术中心，亦成为中世纪时期，欧洲人文、思想、哲学、理性等方面发展的重镇。

　　在 1218 年大学正式成立之前，约 1130 年，萨拉曼卡已经存在正式的教育机构，这是在中世纪欧洲较少有的现象。中世纪时期，只有王宫贵族和教会神职人员才能接受教育，

Part of city view. Salamanca. Spain, 1996. Hung. Salamanca is a university town. The University was founded in 1215. It is one of the oldest universities around the world. Salamanca is a nice scale town, very cozy, pleasant, comfortable, and mainly, cultural, and historic place.

图 2.28　萨拉曼卡城市风貌：中世纪建构的街巷纹理成为人们生活的路径和场所

　　寻常百姓大多是文盲，但萨拉曼卡却在 1130 年就开始有书院式的教育。16 世纪，萨拉曼卡城镇因大学卓越的发展，达到一个辉煌、灿烂的时期。这段时间，萨拉曼卡大学网罗了当时最知名的学者，以及学术精英在大学任教，吸引了各地来此求知的学生，包括法国、意大利等地的年轻人。当时，学校聘任了 70 名知名教授，学生达 12000 人，使此小镇在当时成为人们进行学术交流，充满活络生机与浓厚人文气息的大学城。

　　大学教育的提升象征着中世纪一切以宗教为依归、为规范之固有方式的逐渐式微。萨拉曼卡大学在此时期建构一套新的道德观与生活价值观，强调了人性本质的意义。这些观念包括：身体意识（人的生存权）、经济权（拥有私人财产的权利）、精神权（包含自由思考、人本尊严的权利）等。这些观念在当时具有高度的前瞻性，是今日现代公民基本权利的一部分。因此，萨拉曼卡大学的教育理念，在人类文明史上亦有一定的意义与价值。

　　欧洲以宗教为主体意识的思想影响社会各个层面，在历史上有一个有关宗教信仰与学术研究冲突的公案，成为萨拉曼卡大学的信念和成就之一。1551 年，神圣罗马帝国皇帝查理五世（Charles V）接受教会提出的指控，下令调查、审判一位知名医生和解剖学研究者维萨里（Andreas Vesalius），就其所作所为是否违背基督教的教义，来为其定罪，于是维萨里便被送到萨拉曼卡大学接受调查和起诉。大学成立的委员会既未受到教会势力的影响，亦无视皇帝的威权，经过审慎评估和分析，认定维萨里所作的人体解剖纯属医学上的学术研究，正式宣告维萨里无罪。查理五世原本欲加之罪的念头因而作罢。此历史事件明示了3 个重点，第一，即使当时的皇帝位高权重，仍不敢随意以宗教教义治罪于人，必须经过有公信力的学术机构确认，才敢决定；第二，萨拉曼卡大学当时已在欧洲建立了卓越的学术地位与荣誉，拥有高度的公信力；第三，萨拉曼卡大学在当时不仅具有卓越的学术地位，而且重视并坚持学术自由与人本权利，此亦为萨拉曼卡大学持续拥有学术自由与优良传统的主因之一。

　　萨拉曼卡因设立大学而成名，反之，大学追求真理，长久传承的学术风气，亦使萨拉曼卡成为文化底蕴深厚、人文气息浓郁的大学城。此大学校园并无校内、校外之分，学校既无边界，亦无围墙，走在街道上，随时可能穿越校园，也可能随时离开校园，学校建筑、城镇建筑、聚落民居基本上都融合在一起。虽然导览地图上列出了几个城镇代表性的参观景点，如主广场（Plaza Mayor）、贝壳之家（The House of Shells）、大学广场（The School's square）、新主教堂（New Cathedral）、老主教堂（Old Cathedral）、罗马桥（Roman Bridge）等，这些景点的确都有特色与文化资产价值，但多数游客前来此处并非只为体验这些个别的景点，而是为了大学城保存完整的历史风貌。萨拉曼卡的历史街区与古老大学共同融合、形塑成一个具有独特风格的历史名城，此亦为它最吸引人的地方。

　　整座城镇最主要的开放空间是主广场（Plaza Mayor），主广场是城镇居民日常生活、休闲、社交的活动空间。主广场兴建缘由，是在西班牙王位继承的战争中，萨拉曼卡城镇支持费利佩五世（Philip Ⅴ）取得王位，并在其取得王位后决定由王室出资兴建一座具规模的广场以回报萨拉曼卡城镇的支持。主广场大致位于城镇中心位置，是城镇规模最完整、尺度最宽敞的广场空间。广场由 4 层楼的建筑物所环绕，建筑物地面层设有多处进出口，

**图 2.29** 萨拉曼卡主广场：成为居民共有的生活经验与记忆，是代代相传的生活场所

连接周边道路与广场空间。主广场接近正方形，地面层由圆拱柱列形成拱廊，作为一楼商店与广场的中介空间。地面层以上 3 层楼的建筑立面均为标准化的开窗模式，上层窗洞与一层拱券对齐，使整个建筑立面在实与虚之间，呈现一种规则明快的韵律。像许多其他西班牙城市的广场一样，萨拉曼卡的主广场每天都有许多人在此停留。广场上，有三五成群的人在站着聊天，有人纯粹闲逛，也有许多人每天在相同时间，在广场固定的角落啜饮咖啡、红酒，闲话家常，日复一日，年复一年。主广场成为城镇居民共有的生活经验与记忆，是代代相传的生活场所。

萨拉曼卡保存有两座主教堂，一座是旧主教堂（Old Cathedral），另一座是新主教堂（New Cathedral）。旧主教堂兴建于 12 世纪，其尖拱和圆顶穹隆，以及环绕在立面的柱列，显示其为仿罗马式（Romanesque）建筑。旧主教堂经历数百年的使用，或因使用空间不足，或因流行样式的改变，旧主教堂被原地保留，在其邻地兴建新的主教堂。新主教堂于 1560 年完成，部分增建工程一直延续至 18 世纪才完工。新主教堂兴建的年代是文艺复兴的全盛时期，但新主教堂却混合了哥特式的塔尖形式与文艺复兴的水平线条。新旧主教堂诚然比不上意大利、法国大城市主教堂的规模与华丽，但两座主教堂仍为城镇的主要历史地标，长久以来主导萨拉曼卡的天际线，一直至今。新旧主教堂展现了城镇场所精神的主要一部分。

图 2.30　萨拉曼卡市街：山城市街保持悠闲自在的步调

图 2.31　萨拉曼卡大学：长久维持学术自由与尊重人权的优良传统

走在古老街道上，突然看到一座 3 层楼的住宅建筑，建筑物的量体颇大，外墙以粉红色石材叠砌而成。平坦的外墙开窗不多，呈现一种内向封闭，又略带防卫性的实体。整个外墙几乎没有装饰浮雕，只在二层有四扇类似哥特式建筑的窗扇，以及转角上有一座狮头的浮雕。这座看似平凡的住宅建筑却被城镇当局推荐成旅游景点，其主因是这座建筑的外墙镶嵌了约 300 多个以石材雕刻而成的海扇贝壳。海扇贝壳以等距、交叉方式，成排地突出于墙面，形成一种怪异的墙面装饰，以及特有的光影效果。当地人因其立面装饰，将它称为"贝壳之家"（The House of Shells）。贝壳之家兴建于 15 世纪（约 1493—1517 年），正值西方文艺复兴运动全面开展的时期，但此建筑的设计构想和表现方式，竟与时代背景和潮流毫无关联。萨拉曼卡位处内陆区域，与海洋相去甚

图 2.32 贝壳之家：以 300 多个海扇贝壳装饰立面，一幢神秘又浪漫的地标

远，此建筑何以使用历史上不曾出现过的贝壳作为立面装饰，令人不解。贝壳之家的兴建者与设计者无史料可寻 [ 另一种说法是由萨拉曼卡的教授，同时是一位骑士，马尔多纳多（R.Maldonado）所兴建 ]，它因此成为城镇一座神秘又浪漫的地标。

萨拉曼卡是一座独特的城镇，非常值得来此一游，只有身临其境才能深刻体会其丰厚的历史场景。萨拉曼卡是一座累积了层层叠叠历史的城镇，虽然原有城墙早已拆除，但建构在城墙遗址的环区道路仍清楚界定旧城区的范围。粗拙古朴的民居坐落在古道两旁，简易单纯的形体呈现一种坚毅自在的长恒感，在斜阳下显得特别的宁静。1 世纪完成的罗马拱桥至今仍矗立在托尔梅斯河上，坚固优雅的形体倒映在河面上，千年来默默凝望着流水，始终如一。存留的古罗马残迹静静伫立于城镇一隅，被小心地维护。中世纪时期兴建的仿罗马建筑、哥特式建筑仍高耸于天空，指引着返家的游子，以及漂泊的过客。中世纪时期建构的街巷纹理交错于城镇间，成为人们日常生活的路径和场所。文艺复兴时期至 18 世纪的建筑和开放空间，混合了摩尔人残存的遗构，形成一种不同文化累积的场景。萨拉曼卡大学优良的学术传统、前瞻性的教育理念，以及深厚的人文底蕴，不仅使该大学声誉卓著，同时为整座城镇增添了文化气息。大学与城镇因互动、联结，形成共同的命脉与城镇风貌。由于萨拉曼卡保存了完整的城镇历史发展脉络，呈现历史上各时期的建筑，并和谐共存于城镇环境，1988 年，整座旧城区被联合国教科文组织指定为世界文化遗产。

Roman bridge built by
Roman in the 7c. Be.
The stone arch constr
stands on the river
Tormes more than two
thousand years. It's
amazing and impressive
The bridge maintained
very well. Salamanca
1990.

图 2.33　萨拉曼卡罗马桥：坚固优雅的形体千年来默默凝望着流水，始终如一

Old town, old neighborhood
Salamanca Spain 1990

图 2.34　萨拉曼卡民居：粗拙古朴的民居坐落在古道旁，简易单纯的形体呈现一种坚毅自在的长恒感

第 14 章

# 托莱多
## Toledo

托莱多（Toledo）位于马德里南方，直线距离约 70 公里，大致位于伊比利亚半岛的中间位置。一早从马德里搭乘火车，不到 1 小时就到了托莱多。从火车站出来，首先看到的是大片地形起伏的向日葵农田。向日葵前些日子收割完后，留下大片干枯褐黄的地景，远处修剪成粗短的橄榄树园，显得特别翠绿。顺着道路指标方向前进，不久即看到一座坐落在山冈上的历史城市。托莱多的城墙与建筑主要由淡棕色的花岗石构筑而成，从远处观看城市全景，在耀阳下，仿佛看到一座金黄色般的城市坐落在高地上。

**图 2.35** 托莱多城市风貌：整座城市建构在岩盘山冈上，城市顺应地形与河流，形成一座防御坚固的山城

托莱多整座城市建构在岩盘山岗上，城市外围土地大多为起伏多变的丘陵，城市顺应地形与河流，使曲折边界大致形成一个圆环的形状。环形城市的 3 个面向由塔霍河（River Tajo）所环绕，河岸两侧地形较高的部分由高耸崎岖的岩壁所界定。岩壁形成峡谷，峡谷不仅成为城市的边界，同时是防御上的天然屏障。另一个面向的边界与起伏的丘陵相邻，自古即建构了厚实的城墙，以抵御外来侵略。从整座城市配置的城墙和碉堡，即知自古以来所有的城市的建设都必须先设想外患来临时的防卫措施。城市的建筑顺应山坡地形，紧邻密集、层层叠叠的构筑，犹如一个错综复杂的有机体。教堂的钟楼、圆顶穹隆，以及皇宫的尖塔耸立天空，形成城市天际的轮廓，千百年来未曾改变。初到托莱多立刻可以感受到环绕城市边界的峡谷和城墙，跨越峡谷的拱桥和碉堡，溪流传来千年不变的潺潺水声，以及四周长恒相似的丘陵田野，仿佛一切都凝结在历史的场景中。

托莱多有人居住的历史大致可推回到公元前 6 世纪，依古文献记载，公元前 590 年左右，犹太人已在托莱多地区居住，形成数个村落。古罗马史学家于公元前 190 年记载了托莱多城镇的形态与规模，这些文献显示托莱多于公元前已形成完整的聚落。古罗马人看到托莱多地理位置和地形上的优势条件，决定在托莱多建构城镇和军事基地。190 年，古罗马人占领托莱多，开始建造防御城墙、住宅、公共设施等，形成罗马城镇。5 世纪罗马帝国国力式微，托莱多落入蛮族手中。569 年，西哥特人驱离蛮族，进占托莱多，并将其建设成西哥特人在西班牙的首都。在西哥特人的统治下，托雷多度过了 100 余年平安繁荣的岁月。712 年，信仰伊斯兰教的摩尔人占领托莱多，带来不同的宗教信仰、文化、生活与艺术。摩尔人在城内建设清真寺、宫殿、住宅等豪华装饰的伊斯兰教建筑，并增固城墙等防御工事，更重要的是容许犹太教徒和基督教徒继续居住在城内。

摩尔人在托莱多生活了 300 多年后，1085 年信仰基督教的国王阿方索六世（Alfonso Ⅵ）征服了托莱多。两年后，1087年托莱多成为阿方索王国首都，开启了一段繁荣富庶的岁月。阿方索六世是一位知识丰富、深具谋略的英明国王，他一方面加强城市防御工事，一方面努力增加人口，他鼓励外地的神职人员、知识分子、社会精英搬迁至托莱多居住，以提升城市的文化水平。更重要的是他容许摩尔人和犹太人继续居住在城内，使不同种族、不同宗教信仰的区域共同融合于王国首都内。依史料记载，12 世纪

**图 2.36** 托莱多城门：许多通行管制的城门各有独特的命名，代表其特有的历史背景和意涵

初居住于托莱多地区的犹太人超过 12000 人。继任的阿方索七世（Alfonso Ⅶ）由教廷认可加冕登基后，托莱多正式成为西班牙首都。到了阿方索十世时期，托莱多已成为西班牙最重要的文化重镇。在阿方索十世的支持下，托莱多在此时期成立了语言翻译学院，培养了许多博学多闻、地位崇高的学者。这些学者精通阿拉伯文、犹太文与西班牙文，对三者的宗教教义均有深入的了解。此时期，古希腊哲学家亚里士多德的实证主义哲学亦被翻译成西班牙文，对欧洲哲学思想的启蒙与发展有重大的影响。

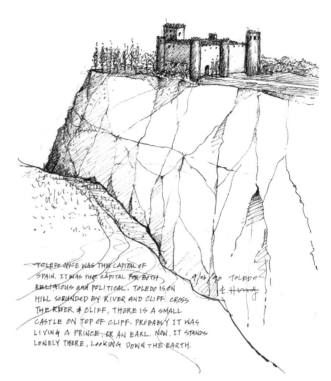

图 2.37　托莱多城堡：建构在山岗上的防御堡垒，千年来默默守护着托莱多城

在梵蒂冈教廷认可托莱多为西班牙首都之后，1227 年托莱多开始兴建主教堂，由教廷指派主教出使、管理城市宗教事务。1476 年开始兴建修道院，使托莱多成为教廷在西班牙中部的宣教中心。1492 年查理五世将 13 世纪兴建的城堡整建成皇宫，使托莱多成为具有规模和气势的皇城与首都。托莱多成为西班牙首都后，各项公共建设和防御工事全面开展，使皇城首都享有 300 余年太平繁荣的岁月，直至 1561 年。1561 年，继位不久的费利佩二世（Philip Ⅱ）决定将王国首都迁移至马德里，托莱多失去首都的地位，加上文武百官的迁移，托莱多的鼎盛辉煌不再，进而逐渐暗淡萧条。

托莱多给人的第一印象是山丘上城市的整体风貌，然后看到的是历代不断增强、扩大的城墙和碉堡，这些城墙顺应地形，绵延无尽，形成一种具体的历史证物和场景。厚实的城墙建构许多通行管制的城门，众多城门中较为人所熟知的有 6 座，兴建年代自 12 至 19 世纪都有，城门形式有多种，伊斯兰教马蹄形拱门亦为其中之一。每座城门各有独特的命名，代表其特有的历史背景和意涵。城区内的建筑同样呈现不同种族、不同文化的特色与风貌。

托莱多旅游局提供的观光导览地图列出了 32 个值得参观的景点。32 个景点中，城门和桥梁占有 8 处，其余多为教堂、城堡、博物馆和皇宫，走过的这些具深厚历史的景点中，其中有几处令我印象较深刻，如主教堂（Cathedral）、皇宫（Palace）、犹太教堂（Synagogue）、圣塞尔万多城堡（Castillo de San Servando）等。这几个景点令我印象深刻，并非因其建筑的宏伟或艺术价值，而是其实体之外的历史意涵。

图 2.38　托莱多城墙：城墙顺应地形，与地势结合，形成一座易守难攻的城镇

　　主教堂于 1227 年开始兴建，1493 年完成，历时 266 年。主教堂开始兴建的年代是哥特建筑的全盛时期，兴建完成的年代，已是文艺复兴运动的高峰期间。主教堂的构造方式与装饰细节，包括面对正立面左侧的钟楼以及建筑构造全部是哥特式建筑，而正立面右侧有一个文艺复兴式的圆顶穹隆，与哥特式教堂的形式有些格格不入，但也是承载了不同时期历史的证物。托莱多主教堂长 113 米、宽 53 米，主厅高度 45 米，是西班牙规模最宏伟的主教堂，亦为世界上最具代表性的哥特式教堂之一。主教堂对我的吸引力并非其哥特式教堂的宏伟，亦非其繁华富丽的装饰，而是主教堂基地上曾经发生过基督教与伊斯兰教冲突与和解的历史事件。

　　587 年，主教堂所在的基地上已有西哥特人建造的圣玛丽亚教堂，8 世纪摩尔人占领托莱多后，将教堂整建成清真寺，作为伊斯兰教徒信仰的中心。1085 年，阿方索六世征服托莱多后，容许摩尔人继续居住于城内，并尊重摩尔人在清真寺举办礼拜和仪式的习俗。这是国王阿方索六世为了减轻进攻城市造成的惨重的死伤并要求摩尔人投降所立下的誓言和承诺。1087 年，阿方索六世国王因故出城，王后与主教利用此机会将摩尔人驱离清真寺，并着手拆除此伊斯兰教殿堂，以彰显对天主虔诚的信仰。同一时间，一位伊斯兰教领袖阿布—瓦利德（el Alfaqui Abu-Walid）迅速出城，寻找国王解决问题。在途中遇见阿方索六世，他要求国王遵守承诺，并阻止事态扩大。外出的国王闻风后，立即快速赶回托莱多，以挽救局势，并惩罚肇事者。国王给予真诚的道歉，公开指责肇事者，并将事件平息。摩尔人因而可以继续保有自己的清真寺，并继续以往的宗教仪式。这件事发生于 1087 年 1 月 24 日，此日从此被定为圣玛丽和平纪念日（Our Lady of Peace）。140 年后，1227 年，教会和后代子孙并未遵守阿方索六世的承诺，清真寺还是被拆除，并原地兴建了主教堂。为了表达一点歉意，兴建者在主教堂侧边的圣堂（Sanctuary）柱列中立了一座摩尔人雕像，用来纪念伊斯兰教领袖阿布—瓦利德英勇的表现和事迹。这种将异教徒雕像置入主教堂中，与耶稣和圣徒雕像并列，是少有的事情。

我倾听导游指着摩尔人雕像所述的历史故事，陷入感慨与沉思。在来到托莱多之前，从来没听过阿方索六世这位国王，这位卓越英明、观念开放的国王对异教徒的包容，以及信守承诺的信念，令人佩服。感慨的是自 1087 年至今，人类文明又经历了千年的发展与演进，何以至今以宗教信仰为名，所发动的战争仍处处皆是。

托莱多皇宫（Alcazar）是城市最明显的地标，自古以来，皇宫基地因位于城市山岗的最高处，而成为城市最后一个防御据点。古罗马人、西哥特人、摩尔人，历代的统治者都在此兴建城堡，以作为统治者最终的避难所。阿方索六世征服托莱多之后，同样将摩尔人兴建的城堡加以修复，继续使用。16 世纪，查理五世决定将城堡改建成皇家居所。皇宫几乎呈正方形，4 个角为外突的塔楼，建筑以对称形式设计，外立面并无雕刻装饰，窗户整齐划一地排列，像是一幢简约平实的文艺复兴建筑。

**图 2.39** 托莱多市街：伊斯兰教马蹄形拱门对应着古道，刻印着昔日摩尔人在此生活的痕迹

**图 2.40** 托莱多市街：蜿蜒曲折的古道，可以看到主教堂的钟楼

托莱多皇宫并非兴建完成后即依原貌保存至今，事实上它经过多次的被破坏、倒塌、重建的过程，才形成今日的模样。1710 年，英国和葡萄牙联军攻占托莱多并烧毁皇宫，皇宫修缮后，1810 年，拿破仑军队进入此区，再度烧毁皇宫。拿破仑军队撤离，西班牙政府才进行皇宫整建，直到 1867 年才修复完成。1882 年，皇宫整建成军事学院使用。1936 年，西班牙内战爆发，驻守在皇宫的军队与敌对进攻的军队展开了一场血腥的战斗，皇宫在进攻军队的不断炮击之下几乎全毁。内战过后，皇宫重建成最初查理五世兴建完成的形式和规模，并作为博物馆和内战纪念馆一直沿用至今。

皇宫自兴建之初至今已将近 500 年，但现今看似如原貌的皇宫实际上是 20 世纪中叶才仿旧兴建完成，是一幢名副其实的"假古董"。托莱多是一座历史名城，城市山冈上最

**图 2.41** 托莱多犹太教堂：外观平实，室内像座清真寺的犹太教堂，显示犹太人客居他乡的谨慎

明显、规模最大的地标建筑居然是 20 世仿古的产物。从另一个角度思考，该基地自罗马帝国时期就是一座高耸的城堡，历代统治者都在使用该基地，该基地 2000 年来一直是城市的目标所在地，它早已成为城市纹理和地标的主要部分。如果将毁坏的皇宫移除，作为城市公园或广场是否更恰当？或者重建成钢筋混凝土构造的现代建筑是否更适宜？这些问题并无标准答案，只有从托莱多的历史、文化、城市风貌、文化资产的意涵，以及居民共有的生活记忆方面，进行通盘的考虑，或可以获得较平衡的选择，抑或至少可以用较宽容的胸襟视之。

另外一个令我印象深刻的是外观平凡的犹太教堂，白色圣玛丽亚犹太教堂（Synagogue of Santa Maria La Blanca）兴建于 12 世纪，自 12 世纪初即为犹太人在此礼拜上帝的地方。犹太教堂外观是大片平实的淡红砖石墙壁，平坦的外墙没有任何雕刻装饰，只有一扇简易的门和三四扇毫无线脚饰纹的小窗，初看之下，以为是一幢简易的仓库。我从平凡朴实的大门进入，才发现里面别有洞天。室内空间相对宽敞，由 32 根八角形柱体撑起的 28 个马蹄形圆拱（月形拱）是整个内部空间的主体元素。马蹄形圆拱属于摩尔伊斯兰教建筑惯用的构造形式。柱体与圆拱相交的柱头，并非西方建筑常用的"五种柱式"之一，而是较接近摩尔人的装饰语汇。白灰墙上由几何线条构成的浮雕纹样亦为伊斯兰教建筑经常使用的几何形图案，木质天花板构组方式，同样呈现伊斯兰教建筑的趣味性。

这座犹太教堂的外观和内部空间以全然不同的面貌呈现，教堂从外到里完全没有犹太教堂传统上应有的装饰和意象。从这座犹太教堂所表露的意象，可以理解犹太人数千年来漂泊流浪世界的辛酸。历史上，宗教迫害与种族歧视发生在世界上各个时期、各个地区与种族之间，犹太人亦不例外。由于犹太人客居他乡，他们一方面要保存自己的文化、信仰与民族命脉，另一方面必须与主政者、当地人维持良好关系，因此建筑外观必须以低调方式处理，教堂内部采用托莱多常见的摩尔式空间，亦可减少争议。这种因地制宜与当地性相结合的做法，是许多犹太教堂的特色，譬如后来我在捷克布拉格看到的犹太教堂，其外观与周边捷克的哥特式建筑几乎相同。

托莱多的犹太小区自阿方索六世至阿方索十世的主政期间都受到妥善保护，到了15世纪初就没有那么幸运了。白色圣玛丽亚犹太教堂首先遭到教会的破坏，犹太人被驱离后，被改为天主教教堂使用，并更名为"圣玛丽亚教堂"，此名一直沿用至今。1550年，教堂改成女性罪犯收容所，18世纪改成军队营舍，直至19世纪末才进行修复，使原貌重现。

我在犹太教堂内看到的游客几乎全是各地方来参访的犹太人，他们来此凭吊追思先民膜拜上帝的遗址，以一种慎终追远、庄严肃穆的心境融入其间。犹太族群有一种强韧的生命力，以及强烈的族群认同感与向心力，这种特质使他们历经数千年的漂泊，仍能维持旺盛的族群命脉。他们来托莱多寻找祖先留下的足迹和烙印，是一种情怀，也是一种使命。

中世纪1000年到文艺复兴时期，不同种族、不同宗教信仰的人，在托莱多共同生活，形成各自存在的生活方式和民俗技艺，经年累月，相互学习，融合成一种特有的艺术、建筑与城市风貌。摩尔人用砖块叠砌的构造系统，结合白石灰装饰的浮雕，以及木材精致的雕刻，影响了当地的民居，也影响了皇宫与教堂的建造。中世纪末期，约13、14世纪，经过整修的建筑，往往可以看到仿罗马式、哥特式，以及摩尔人伊斯兰教式共存于一幢建筑之上。

走在曲折迂回如网络般的小径，仿佛进入一座永无尽头的迷宫，但又清楚看到中世纪城镇的防卫系统。城镇小径两侧可以看到中世纪存留的朴实粗拙民居，亦可看到雕梁画栋、华丽多彩的摩尔人住家。小径转折点常常出现的窄门，有哥特式的尖拱门、伊斯兰教的马蹄形拱门、文艺复兴式的圆拱门等，这些不同形式的拱门成为城市独特的节点，共同串接城市路径的网络。这些都是托莱多引人入胜、令人着迷的地方。

托莱多层层叠叠、多元丰富的建筑形态，呈现多种文化累积而成的结晶，承载着许多西班牙人、摩尔人、犹太人曾经共同生活的历史。这些不同文化的族群，以他们的技艺和智慧，共同形塑了托莱多城市的性格与特质，成为人类少有的城市景观与文化资产。1986年，联合国教科文组织因托莱多这些累积丰富的历史风貌，将整座城市纳入世界文化遗产名录。

第 15 章

# 科尔多瓦
## Córdoba

　　科尔多瓦（Córdoba）是一座位于西班牙南部的历史城市，它与其西南边的塞维利亚（Seville）、东南边的格拉纳达（Granada），同为伊斯兰教信仰的摩尔人长久统治的城市。这些城市因而保存了许多传统伊斯兰教建筑，以及混合着西班牙式与摩尔式的民居。在饮食方面，因受伊斯兰教徒饮食习惯的影响，西班牙南部的食物较常使用花椒、辣椒，以及各种香料作为食物佐料，生活习惯与北方的巴塞罗那差异甚大。在西班牙南部城市可以体验到较多元文化的风情与生活形态，同时亦可看到较多的北非人居住于此。整体而言，南方人较北方人随和友善，生活步调亦较悠闲缓慢，他们喜欢三五成群坐在住家门口或人行道上聊天，乐观、真诚、直率的生活观使他们言谈的声音较大，这些都是南方城镇居民的一些特质。

　　科尔多瓦的城市风貌清楚划分为旧城区、新城区、工商区 3 个部分。科尔多瓦在 20 世纪即全力发展现代工业，城市边缘土地主要作为工业区与办公区使用，工商区成为城市经济发展的主力军。新城区位于旧城区的东北边，区内较多 20 世纪初以后兴建的建筑物，沿街面多为商店、餐厅，商业招牌林立，道路较宽阔、人车较多、街景混杂，是一个人口较集中的现代化区域。旧城区位于城市西南边，是科尔多瓦早期城镇的发源地。旧城区内拥有世界知名的清真寺与主教堂共构的地标建筑、文艺复兴式皇宫，以及中世纪存留的狭窄街巷和民居。旧城区内充满历史场景，区内干净安宁，民居朴实简约，步调悠闲缓慢，与新城区的热闹嘈杂形成强烈对比。

　　科尔多瓦有人居住的历史甚早，考古遗址发现旧石器时代此区已有人居住的痕迹，后期挖掘出来的铜器、银器显示，公元前 8 世纪此区已有村落形成。公元前 206 年，古罗马人到达此区屯垦。公元 45 年，罗马帝国凯萨与庞培两大巨头的战争，迫使各地殖民城市选择支持的对象，科尔多瓦因效忠庞培，在庞培战败后，凯萨军团掠夺、摧毁了科尔多瓦。在凯萨遇刺身亡后，奥古斯都的军团到达此区，重新建造、修复城市，使科尔多瓦成为一座规模完整的古罗马城镇。至今，科尔多瓦仍保存着完整的罗马拱桥和大陵寝，以及罗马神殿、剧场、斗兽场、庄园等残迹，成为科尔多瓦城市历史发展的证物。

5 世纪罗马帝国衰亡后，科尔多瓦已是一个由基督教教会主导的城市。6 世纪末期，科尔多瓦被信仰基督教的西哥特人征服。8 世纪初，约 711—712 年，信仰伊斯兰教的摩尔人攻占此区，使科尔多瓦成为由阿拉伯律法控管的城市达 500 余年之久，直至 1236 年基督教军队光复科尔多瓦为止。

约 8 世纪中期，伊斯兰教统治者阿布德·阿尔—拉赫曼（Abdar-Rahman）尊重不同种族、不同宗教的需求，将原有基督教圣文森特教堂（Saint Vicent Church）分成两部分，分配给基督教徒和伊斯兰教徒，作为礼拜之用，使两种不同宗教的信仰者都有礼拜空间，直至阿尔—拉赫曼决定在教堂原址上兴建清真寺为止。阿尔—拉赫曼为了尊重基督教徒并减少纷争，他容许基督教徒重建教堂，并同意支付使用圣文森特教堂土地的费用。此时期，伊斯兰教徒与基督教徒各自崇拜自己的天主，但仍能相互尊重，西班牙人与摩尔人因此能和平相处。科尔多瓦就在这样社会稳定的条件下，日趋繁荣。依史学家推估，公元 800 年，科尔多瓦居住人口超过 20 万，成为当时欧洲居住人口最多的城市之一。多种族群和平相处、共同生活，使之成为一个文化大熔炉，同时成为文明荟萃之地。

由于社会安定，人口增加，经济活动日趋活络，在随后的 200 余年间，科尔多瓦外销了大量的皮革、金饰、纺织品、草药、香料等，使城市繁荣，生活富庶。在 10 至 11 世纪，科尔多瓦已成为世界上少有的文明城市。它在产业、经济、文化、政治、教育等多方面，均有卓越的发展。以教育为例，科尔多瓦在此时期拥有数十座书院和图书馆，书院供民众学习医学、数学、天文学、植物学等。这种教育多元普及的现象，超越中世纪大部分的欧洲城市。为应知识推广与教育普及，书本成为一个主要媒介，繁荣的"书市""书街"成为当时欧洲城市的一个奇景，科尔多瓦亦因此成为周边区域的印刷与出版中心。

1070 年以后，西班牙中部和南部各城市的伊斯兰教统治者开始争权夺利，互相争战，造成各城市领主更替，城市势力开始衰退。科尔多瓦历经了 200 多年的动荡起伏，城市荣景不再。1236 年，西班牙国王斐迪南三世（Ferdinand Ⅲ）率领军

**图 2.42** 科尔多瓦旧城区民居：洁白的墙面、整齐深凹的窗洞，形成一种单纯又丰富的节奏

队进入科尔多瓦，科尔多瓦再度成为基督教城市。斐迪南三世征服科尔多瓦后，根据托莱多回归西班牙的经验法则，容许摩尔人继续居住在城内，并容许伊斯兰教信仰的存在。随后，他开始在城区中心位置兴建多座教堂，亦将城内最大清真寺的一部分改造成主教堂，使伊斯兰教清真寺和主教堂成为共存的构造体。

科尔多瓦旧城区值得参访体验的空间有 3 部分，分别为皇宫、历史街区，以及清真寺与主教堂共构的宏伟建筑。科尔多瓦皇宫兴建于 14 世纪，正值中世纪末期的哥特时期，但皇宫建筑并非单纯的哥特形式，而是像许多西班牙南部的建筑一样，混合了一些摩尔人惯用的传统建筑语汇。皇宫内院中庭水池的摆设和瓷砖装饰都清楚呈现摩尔传统建筑的趣味性，花园的阳台、喷泉、植栽、景观则是阿拉伯庭园的风格。这些都说

图 2.43 科尔多瓦旧城区民居：干净洁白的民居、弯曲狭窄的小径、清净祥和的场景，仿佛进入了另一个世界

明科尔多瓦皇宫的设计深受不同文化和艺匠的影响，使之与欧洲及西班牙其他城市的皇宫在形式上差异甚大的主因。

旧城区与主教堂和清真寺相邻，从现代、宽阔、嘈杂的街道走进旧城区，立刻可以感受到完全不同的城镇性格和特质，仿佛进入另一个世界。干净洁白的民居、弯曲狭窄的小径、清净祥和的场景，一再提醒人们这是一座历史悠久的城镇。这里的民居大多为两层楼的建筑，街道两侧连续的建筑立面全部以白石灰墙构筑而成。洁白的墙面内嵌着整齐深凹的窗洞，形成一种既单纯又丰富的节奏和韵律。街道两侧虽由连续的外墙所界定，但住宅的内部则呈现不同的面貌。每幢住宅都有一个前院，前院通常由细致的植栽景观构成。除了前院之外，还有许多不同小尺度的中庭置入其间，使每户住宅都有良好的通风、日照和绿意。这里的居民大多喜欢种植花草，每一个小小的入口、中庭、走道、阶梯、墙上，以及窗洞外挂的铁架，都种植了鲜艳的盆栽，为白净平坦的外墙与简洁素雅的庭院增添了五彩缤纷的景象。

旧城区的街道宽度不到 2 米，街道两侧以平坦厚实的石板铺设，中间以大小不规则的卵石崁入，形成一种怀旧的风貌和质感。曲折迂回的小径偶尔在转折处出现一个小花圃，有一种柳暗花明的惊喜。早期此区属犹太人居住的地方，但串接的中庭，以及中庭的柱廊、

拱廊，彩色拼贴的地砖，木梁上的雕花，都清楚显示受到摩尔风格的影响。

我因住在旧城区内一幢由民居改装的民宿里，有机会仔细体验这些受摩尔风格影响的民居，实在是一种特别的体验。我深刻感受到建筑的一种平凡、真实和美好，一种舒适宜人的空间尺度。这种民居建筑通常是世代居民生活经验累积的成果，而非学院建筑师所设计。我从事建筑工作多年，每天都在处理设计细节，如今有幸住在这种优质的市民生活空间里，感到特别亲切与温馨。

清真寺与主教堂（Mosque-Cathedral）兴建在同一基地上，两座宗教建筑的构造与空间相互连接，形成一座全然异质的共构体。这座宏伟壮丽的清真寺与主教堂不仅是世界上独一无二的建筑物，亦为人类早期不同宗教营造共同空间的特有案例。自古以来，不同种族的宗教信仰，大多具有高度的排他性，"信仰独一无二的真神"成为历代各王国发起宗教战争的借口，亦为破坏、摧毁异教徒圣殿的最佳理由，科尔多瓦清真寺与主教堂并存一处，历经千余年仍安然矗立，可算是一种奇迹。

考古学者对伊斯兰教徒和基督教徒共享教堂的说法、何时兴建清真寺，以及清真寺后期不断增建的年代等历史，因数据和证物的不同，始终存在着争议。较普遍的说法是 8 世纪初摩尔人占领科尔多瓦后，将原有之圣文森特教堂分为两部分，分别给伊斯兰教徒和基督教徒使用。随着伊斯兰教徒人口的增加，原有空间不符使用，供伊斯兰教信仰的教堂开始不断增建空间，使教堂外形和空间日趋杂乱和零碎。785 年，科尔多瓦统治者阿尔一

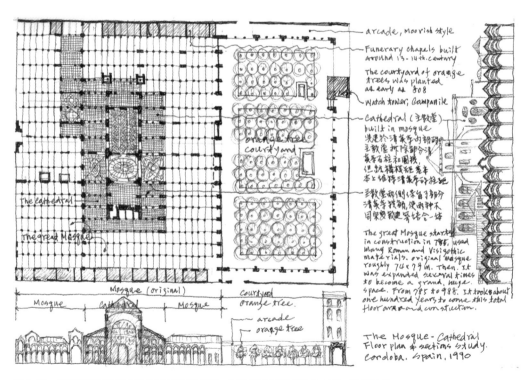

图 2.44　主教堂与清真寺平面图与剖面图分析：主教堂兴建于清真寺内部，两者共构

拉赫曼决定在教堂原址上兴建一座清真寺。清真寺最初兴建的规模虽然不小，但体量仅为现有清真寺的 1/5。史学家大多认为第一期清真寺的兴建，采用了许多原有教堂，以及古罗马时期遗留的石柱，这些石柱经过调整后，成为清真寺结构体的一部分，此亦为清真寺的石材柱体呈现多种材质与颜色的主因。从现场观察，这些排列整齐、多彩密集的石柱强化了整体空间的连续性，同时增加了一些空间节奏上的趣味。

清真寺自 786 年最初完成算起，至 988 年，总共增建 4 次，每次增建面积约与原始清真寺面积相似，使清真寺面积以倍数扩大。清真寺大量圆形石柱的尺寸大致相同，但花岗石支柱的颜色和质感则有多种。石柱与石柱之间支撑的马蹄形圆拱是由白色与红色大理石交替组构而成。为了增加屋顶高度，在柱与

**图 2.45** 科尔多瓦清真寺：原先将近 980 组的双层圆拱，使清真寺成为非常宏伟壮丽的空间

柱之间的马蹄形圆拱上，再加一组圆拱，使室内空间高度增加。清真寺历经 200 年的增建过程，马蹄形圆拱的形式、材质、尺寸却始终保持一致，最后完成的石柱和圆拱将近 980 组。垂直叠砌的双层圆拱，水平延伸的柱列和相互交错的拱券，在天光的投射下，形成一种光影幻化的景象，一种宏伟壮丽的空间，以及略带静谧沉思的氛围。排列整齐、绵延无尽的柱列使空间感更加深远，看起来像是一座森林，因此清真寺的柱列亦被称为"柱林"。

1236 年，西班牙国王斐迪南三世收复科尔多瓦之后，清真寺改为教堂使用。由于清真寺特殊构造系统所形成的庄严神圣的空间，初期作为教堂使用时，原有清真寺的结构体和空间并未经过多少改变。教会的使用方式是在原有巨大空间里，以隔间墙方式施作几间小礼拜堂和信徒墓穴，这些整修工作多由当地的伊斯兰教工匠施作，因此在装饰细节具有一定的连贯性。随后的百年间，清真寺内部的边墙又增设了一些举办告别式的小型追思礼拜堂，但清真寺的整体空间仍大致维持原状。1371 年，清真寺内部兴建了一座提供较多人使用的礼拜堂，导致部分原有石柱和圆拱被拆除。百余年后，1489 年礼拜堂正厅再扩大，并增加了一些哥特式的尖拱，部分原有石柱和圆拱再度被拆除。

1523 年，应地区主教要求，教堂大兴土木，兴建成文艺复兴式主教堂，并在南侧增建了哥特式尖拱，更多原有石柱和圆拱被拆除。当国王查理五世到现场参观完工的主教堂时，

以失望和不悦的口吻说:"你们摧毁了一个世上独特卓越的构造物,却制造一个平凡庸俗的空间。"由此评论可以知道在查理五世心目中,科尔多瓦清真寺是何等卓越经典的建筑作品。

1547年、1589年,一直到18世纪,主教堂经过多次整建、扩建,形成今日的模样,原有清真寺的石柱和圆拱亦多次遭到破坏。尽管如此,清真寺至今仍保存约500多组的石柱和圆拱,约为全盛时期的60%,此为不幸中的大幸。不幸的是原有宏伟壮观的清真寺因主教堂置入其间,原有风貌大为折损。幸运的是尚有半数以上的石柱和圆拱保存,使后世人有机会看到摩尔人建筑的奇观。我后来在土耳其、摩洛哥旅行,看到许多清真寺,这些清真寺大多为大跨距高耸的建筑物,从未看到类似以绵密柱列和拱廊形成的巨大空间,实为一种特别的体验。反之,卓越的哥特式、文艺复兴式建筑在意大利、法国、德国,以及欧洲其他许多国家都有,实在不必到科尔多瓦看主教堂,因此清真寺有资格作为科尔多瓦的文化地标。

**图2.46** 科尔多瓦清真寺:双层圆拱经由天光的漫射形成一种神圣静谧的空间

离开科尔多瓦,顺着来程的老街往回走,沿途上看着摩尔式与西班牙式混合的民居,心中出现了一些疑惑。以往阅读的历史信息、看到的电影情节,总是在诉说着西方从古至今,一直不停地产生宗教歧视、宗教迫害,以及针对异教徒发起的战争。1至3世纪残害基督徒的历史、13世纪以上帝为名的十字军东征、17世纪法国的宗教战争,以及近代中东区域与以色列、美国的紧张局势,都一再提醒人们自古以来不同宗教之间的排他性和敌对性。但发生在西班牙托莱多、科尔多瓦、格拉纳达等城市发展的历史,却不是这么一回事。信仰伊斯兰教的摩尔人与信仰基督教的西班牙人,在历史上多次互相争战,却仍能在同一座城镇拥有各自的宗教信仰,同时和平相处多年。他们以不同的信仰和文化,共同创造、形塑特有的城镇风貌,成为西班牙独有的世界文化遗产。这些城镇加上另一种宗教与习俗的犹太族群的置入,更使城镇风貌多元丰富。这是我在西班牙中部和南部旅行最深刻的体验,亦为最大的收获。

科尔多瓦因其城镇发展历史所沉淀出丰厚的文化资产和遗迹,1984年联合国教科文组织将科尔多瓦整个旧城区指定为世界文化遗产。其中清真寺和主教堂、皇宫等,再分别指

**图 2.47** 科尔多瓦清真寺：清真寺特有的构造和形式与主教堂形成强烈对比

**图 2.48** 科尔多瓦主教堂：主教堂嵌入清真寺的空间，破坏了原有许多石柱和圆拱

定为世界文化遗产建筑，使科尔多瓦这座小城市就拥有三四个世界文化遗产的头衔。对我而言，来科尔多瓦仅观察体验清真寺就很值得。清真寺不仅是座古迹，同时是一座由卓越构造系统形成的经典建筑，更是人类文明的结晶。

　　尽管如此，来科尔多瓦旅行的游客不多，旧城区有些部分干净明朗，舒适安全，有些部分则显得暗淡萧条、破败荒凉，使得这座历史小城有些落寞感。城镇昔日光辉的历史被无情的岁月给遗忘。走在曲径上，看着古道斜阳，只有我一个旅人默默独行，使这些历经沧桑的小径显得更加孤寂。

# 第 16 章

# 塞维利亚
## Seville, Sevilla

塞维利亚（Seville 或 Sevilla）位于西班牙西南部，在科尔多瓦（Cordoba）以西偏南方向，直线距离约 130 公里。因靠近大西洋，自古即为西班牙重要的河港城镇。塞维利亚与科尔多瓦历史背景相似，均曾经由摩尔人统治 500 余年后，再回到西班牙成为王国的一部分。城市的发展不仅包含摩尔人的历史，亦保存了许多摩尔伊斯兰教建筑。塞维利亚虽有悠久历史，后因发展工业，成为工商发达的城市，历史风貌因而较不明显。塞维利亚拥有皇宫、主教堂等 3 处世界文化遗产，保存了一些摩尔伊斯兰教建筑、文艺复兴至 19 世纪的建筑，以及环绕城市的旧城墙，但因分布较稀疏，整座城市较像现代化的城市，而非历史城镇。目前市区内约有 70 万人居住，若包含整个都会区，则有超过 150 万的人口，相较之下，科尔多瓦只算得上是一座小城镇。

从考古遗址发现，塞维利亚的人居痕迹甚早，但真正有历史记载，是从古罗马人在此建立城镇开始。古罗马人在塞维利亚的数百年间并未留下任何完整的构造物，只存留一些残迹遗构，提醒人们他们曾在此殖民。城市的城墙最早由古罗马人兴建，后期由摩尔人重新构筑，一直保存至今。约 5 世纪西哥特人进占塞维利亚，使之成为基督教信仰的城市，在 200 余年统治期间，西哥特人同样没有存留建设痕迹。

712 年，摩尔人进入塞维利亚，716 年正式开始统治此城镇。在摩尔人统治期间，西班牙人和犹太人居住在城内，并保有自己的宗教信仰，城内甚至有主教在掌管、领导教会的事务。摩尔人与城镇内不同种族和不同宗教信仰的居民和平相处了数百年。11、12 世纪不同城镇的摩尔统治者相互征战，塞维利亚数次更换伊斯兰教统治者，城市势力逐渐衰弱。1247 年西班牙国王斐迪南三世攻打塞维利亚，经过一年多的围城，1248 年 11 月，伊斯兰教统治者宣告投降，塞维利亚成为西班牙王国的一部分。

西班牙人进入塞维利亚后，开始积极建设城镇，许多哥特式教堂在此时期着手兴建，摩尔人的清真寺被改成教堂或供教会使用，摩尔皇宫成为西班牙皇室居所，摩尔伊斯兰教城镇逐渐转化为基督教城镇。1492 年，西班牙航海家哥伦布发现美洲新大陆后，1503 年塞维利亚成为西班牙南部对外航运的总部，它成为西班牙通往大西洋的唯一主要港口门户。临海的港口可以直接连接陆地和海洋，航运交通较便利，但塞维利亚的河港船只必须先在河道上航行 80 公里才能到达大西洋，河港城市的优点是使当时陆路交通和货运时间减少，因此仍可降低运费。此一优点使塞维利亚成为一个交通繁忙，经济活络的河港城镇达 200 年之久，此时期塞维利亚亦成为西班牙南部人口最多的城镇。

西班牙殖民美洲期间，进出美洲新大陆的货物，以及欧洲、非洲的物品多由大西洋进入河道，到达塞维利亚，再由陆路运送到西班牙各地，塞维利亚因而有一段经济繁荣的黄金时代。16 世纪末期，位于南端，临大西洋的加的斯（Cadiz）奉准成立海港码头。17 世纪加的斯海港开始营运后，塞维利亚垄断海上运输的局面不再，航运地位降低，17 世纪中叶以后更加式微，到了 18 世纪已无国际航运船只进出，城镇人口减半，经济活动大幅衰退。18 世纪国王查理三世（Charles Ⅲ）决定将塞维利亚发展成现代化工业的城镇，并于 1728 年成立了皇家烟草工厂，以及其他产业，以挽救逐渐衰退的城镇。1825 年塞维利亚开始进行城市规划，将部分道路截弯取直，老建筑拆除或整建，以符合现代化工业城市的需求。1870 年前后，铁道交通延伸至塞维利亚，部分古老的城墙遭拆除，塞维利亚城市现代化大致底定，城市的空间、纹理和脉络一直维持至今。

塞维利亚的主要城市历史地标包含主教堂、皇宫等建筑。主教堂和皇宫相邻，两者均位于城市南边，大致是城镇早期发展的核心区。主教堂基地原为摩尔伊斯兰教清真寺所在地，清真寺兴建于 12 世纪，为当时塞维利亚规模最宏伟的建筑物。清真寺的塔楼高度将近 100 米，为城市最高耸的地标，自 12 世纪兴建完成至今，一直是引导城市方位的重要地标。1248 年，斐迪南三世进入塞维利亚后，清真寺被改作教堂之用途。历经 160 余年的使用，1401 年教会决定将清真寺拆除，在原址上兴建一座真正属于上帝的主教堂。清真寺的塔楼高度将近 100 米，高大坚固，雕刻细致，可作为主教堂钟楼，因而被保留至今。主教堂自 1401 年开始兴建，1519 年完工，历时 118 年。

塞维利亚主教堂长 130 米、宽 76 米，

图 2.49　塞维利亚主教堂：1401 年在清真寺原址上兴建的主教堂，保存了 12 世纪清真寺的塔楼

其层层架高的飞扶壁（buttress）、圆形玫瑰花窗和彩绘玻璃、屋顶环绕的塔尖，以及尖拱的开窗和大门，清楚呈现了哥特式建筑的构造系统和特征。塞维利亚主教堂是欧洲最大的哥特式教堂，在尺度和规模上则为第三大教堂，仅次于罗马圣彼得大教堂和伦敦圣保罗大教堂。主教堂三面为道路所环绕，其东南边为皇宫，腹地较小，不像欧洲其他主教堂的主入口都有一个大广场，即使如此，主教堂的外观仍极为宏伟壮丽。

走进主教堂内部，崇高、庄严、壮观的空间使凡人深刻地感受到自身的渺小，以及上帝无垠的伟大。室内成排厚重的石柱顶端延伸的肋拱（rib vault）交叉、组合成支撑屋顶的结构系统，呈现哥特式建筑特有的构造方式。部分空间的天花板将肋拱做成繁复雕凿、华丽细致的纹样，其装饰性远多于结构系统所需，墙面复杂的浮雕装饰亦然。这种富丽堂皇的雕刻装饰是后期哥特建筑惯用的设计表现与语汇，不像早期哥特建筑，更着重于构造逻辑与空间情境。

在教堂的一角，看到一座令人深思的雕刻群像，石构基座高度约 1 米，基座上有 4 座雕像，象征西班牙的 4 位国王。此 4 位国王肩膀上抬着一个铜棺，铜棺内部为航海家哥伦布的遗骸。此铜棺雕像令人深思的理由是哥伦布只是一介平民，并无皇家血统，但因其发现美洲新大陆，对西班牙与欧洲均有不可磨灭的贡献。因其伟大贡献，便有 4 位国王永远高举他的铜棺，以示尊敬。对我而言，塞维利亚主教堂的宏伟与艺术成就虽然重要，但它象征着该城市曾经有过的繁荣岁月，见证着该城市发展的黄金时代，因此更具历史意涵与价值。

塞维利亚另一个历史地标是皇宫，皇宫位于主教堂东南边，两者相邻。皇宫所在地最早是古罗马时期兴建的公共建筑，西哥特人占领此区后，在古罗马建筑的基地上重建统治者的官邸。摩尔人到达此区后，又将其重建成摩尔统治者的皇宫。摩尔皇宫于 1181 年兴建，完工后不久，1248 年塞维利亚即成为西班牙统治的城市，随后的领主搬进摩尔皇宫，又对其进行多次整建、增建，一直到 17 世纪末才完成。基督教领主入住皇宫，并未将摩尔伊斯兰教信仰的浮雕装饰拆除，合院、拱廊、喷泉，空间亦都维持原貌，只在部分墙壁上添加圣母玛利亚的壁画，以及圣哲浮雕。14 至 17 世纪增建的空间亦敦聘摩尔匠师设计和施作，维持了摩尔人最初的设计空间和建筑语汇。走进皇宫，漫步于雕凿空间与明朗中庭之际，穿梭于亮暗交替的回廊与回廊之间，很难想象前 50 年由摩尔人兴建的伊斯兰教建筑，后 450 余年由西班牙整建、扩建的构造物，居然在建筑空间、装饰语汇、构造系统等，与始建时期风格如此相似。

皇宫花园占地面积很广，因不同时期的施作，而有不同的景观分区，包含小部分文艺复兴时期几何形状的庭园。17 世纪皇宫花园经过较大幅度的整修，并未将当时盛行的巴洛克庭园纳入其间。皇宫花园虽声称有不同分区，实际上仍有很清楚的整体风貌，大量的棕榈树、柑橘树和柠檬树，以及非洲北部的灌木、草花等，都呈现明显的热带风情。整体情境较像北非摩尔人、阿拉伯人的花园，而非欧洲中部和北部以文艺复兴、巴洛克风格为主的庭园景观。目前皇宫花园已开放为城市公园，使绿地、公园不多的塞维利亚，有了一座供市民休闲散步的绿地空间。

**图 2.50** 塞维利亚皇宫：由摩尔人兴建的伊斯兰教宫殿，基督教国王进驻后，并未经过多少改变，基本上维持伊斯兰教建筑原貌

**图 2.51** 塞维利亚皇宫花园：整体景观较像摩尔人、阿拉伯人的花园

第 17 章

# 格拉纳达
## Granada

格拉纳达（Granada）位于科尔多瓦（Córdoba）东南方，直线距离约 130 公里，距离南边的地中海约 50km。它与塞维利亚（Seville）、科尔多瓦（Córdoba）在地理位置上，呈不等边三角形的关系。三者都是曾经由摩尔人长久统治的城市，只是格拉纳达被统治的时间更久，这 3 座城市均保有许多摩尔伊斯兰教建筑，使城市混合了西班牙和北非摩尔的风貌，但 3 座城市保存的摩尔建筑形式和规模又差异很大，使 3 座城市呈现各自的特质和自明性（identity）。格拉

纳达整座城市建构在 3 座山丘上，城市土地平均海拔高度 738 米，是一座地形高低多变，空间曲折丰富的山城。它因具有规模宏伟壮丽的伊斯兰教经典艺术建筑阿尔罕布拉宫（Alhambra），而具有很高的名声，吸引了世界各地的游客来访。山城绵延起伏的石板步道与阶梯，摩尔人、西班牙各具特色的传统民居，以及两者互相影响、混合的居住空间，不断的提醒人们，格拉纳达曾经历过一段漫长的岁月，在那个时期不同族群、不同宗教、不同习俗的人们，共同生活在同一座城市，互相尊重和包容的历史。

公元前 1 世纪古罗马人进入伊比利亚半岛后，格拉纳达成为古罗马人建构的其中一座城镇。5 世纪西哥特人进入此区，使格拉纳达成为一座

图 2.52 阿尔罕布拉宫：从城市各个面向都可以看到其壮丽身影，使之成为城市永恒的地标

172

图 2.53 阿尔罕布拉宫：皇宫和城堡坐落在山顶的台地上，坚实城墙顺应地形构筑，形成一座易守难攻的城堡

信仰基督教的城镇。711 年，北非摩尔人攻占格拉纳达，开启了长达近 800 年的统治时代。摩尔人不只是进占格拉纳达这座小城，同时占领了大半个伊比利亚半岛的土地。此后，将近 800 年的岁月，西班牙基督徒不断为夺回失去的领土而战斗。1085 年，由基督教军队光复的托莱多，成为最早回归西班牙国土的城市。1236 年，斐迪南三世征服科尔多瓦，1248 年再攻占塞维利亚，整个西班牙仅剩格拉纳达仍由摩尔回教徒统治。在科尔多瓦被基督教军队攻陷后，格拉纳达的伊斯兰教君主为求自保，与斐迪南三世达成协议，将格拉纳达献给西班牙王国当成属地，每年进贡财物，以维持伊斯兰教君主在格拉纳达的统治权。

格拉纳达君主与斐迪南三世达成的协议，使摩尔人继续统治格拉纳达达 200 余年。在此期间，城市成为西班牙南部对外的贸易中心，高价值的产品，如黄金首饰，外销到欧洲其他城市，以及阿拉伯地区。随着经济繁荣和社会安定，人口亦不断增长。除了商业活络之外，在穆罕默德五世统治期间，格拉纳达亦成为伊斯兰知识和文化的中心。在 1350 年前后，成为一个自给自足，经济与文化均富足的伊斯兰教王国。

后期王朝的继任者开始不断与西班牙王国有纷争，1492 年 1 月 2 日伊斯兰教军队在格拉纳达战役失败后，最后一位伊斯兰教君主穆罕默德十二世，又称波伯迪尔（Boabdil），向西班牙投降，交出了伊斯兰教徒在西班牙统治的最后一个据点，军队和文武百官撤回北非摩洛哥高原。历经近 800 年伊斯兰教摩尔人的统治，格拉纳达再度回到西班牙基督教王国。

自 11 世纪伊斯兰教君主将托莱多交付给基督教军队时，即明示为了减少双方军队以及城内居民伤亡才开城投降。西班牙政府会遵照协议，同意回教徒可以在城内自由居住和举行宗教信仰活动，同时住在城内的犹太人也会受到保护。科尔多瓦与塞维利亚二城市伊斯兰教君主的投降，西班牙政府和教会均依照协议，使摩尔人和犹太人得以无恐惧地依他们的习俗和信仰生活于城内。但 1492 年西班牙军队进入格拉纳达却完全不依照惯例和协议行事。西班牙政府和教会强迫摩尔人和犹太人改信基督教，归化为西班牙人，不从者予以驱逐，甚至迫害。1501 年，西班牙政府正式宣布"投降协议"无法律效力，所有不同种族和信仰的人，只能选择归依或离去。自 11 世纪，西班牙政府和教会尊重不同种族、不同宗教的伟大信念和政策，至 15 世纪末竟完全背离初衷，彻底消失。从中世纪到文艺复兴，随着人文主义、个人主义的兴起，宗教的意识形态变得较不强烈，尊重他人信仰的趋势愈发明显。西班牙却在托莱多收复后的 400 年，居然退回到宗教正确性的意识形态，一切以宗教信仰为依归，令人意外。所幸伊斯兰教建筑的经典作品阿尔罕布拉宫从外观到内部空间，以及装饰雕刻等，半数以上未遭到破坏，此宫殿城堡才有机会成为今日格拉纳达最重要的文化资产。

这座在 1984 年被指定为世界文化遗产的阿尔罕布拉宫是格拉纳达最具代表性和象征意义的纪念性建筑，亦为西班牙最多人造访的景点之一。在以基督教信仰为主的西班牙王国里，却有一座规模完整、宏伟壮观、华丽光辉的伊斯兰教艺术作品，象征着回教徒曾经统治西班牙的一段光荣历史。同时也验证了历史上摩尔伊斯兰教徒卓越的工程成就，以及精湛的工匠技艺。

阿尔罕布拉宫位于城市东南边，坐落在阿萨比卡峡谷（Assabica Valley）山顶的台地上。厚实坚固的城墙顺应地形构筑，以陡峭山壁作为天然屏障，形成一座易守难攻的大型城堡。因其位于山丘高地上，宏伟高大的量体，从格拉纳达的各个面向都可看到其壮丽的身影，使阿尔罕布拉宫成为格拉纳达永恒的地标。

13 世纪，约 1238 年，即位的穆罕默德一世决定将防御城堡范围扩大，一方面为军队防御之用，另一方面将皇宫兴建于城堡内。他将要塞城墙重建于两侧山顶，中间较平坦部分作为皇宫使用。穆罕默德一世接着兴建引导杜罗河（Douro River）上游的水道工程，将河水引入城堡与皇宫所在的位置。使原本干枯荒漠的山顶，因水源的引入成为绿荫覆盖，果树、花草、水池满布的花园。精致殿堂、绿树与水池相互辉映，成为当今世界知名的西班牙文化遗产。穆罕默德一世并未目睹宫殿的完成即过世，继任的穆罕默德二世继续施作各式各样富丽堂皇的宫殿和巨大的环状城墙。到了 13 世纪后半期，阿尔罕布拉宫已成

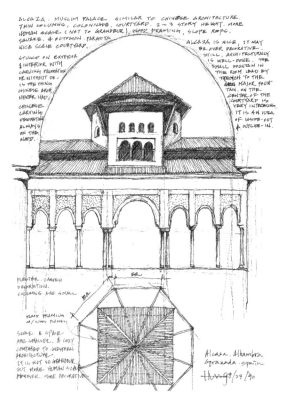

图 2.54　阿尔罕布拉宫：建筑群是由一连串开放空间串接而成，中庭通常以拱廊围塑和界定，提供良好的通风采光

为一座设备完善的坚固要塞和皇宫，四周城墙有 24 座高耸的瞭望塔楼（现存有 8 座），中间还有一座大型阅兵广场。整座由皇宫、城堡、要塞、城墙环绕的阿尔罕布拉宫占地 75 公顷，里面居住的人除了皇室成员、政府官员、工作人员，还有禁卫军等，俨然像是一个独立的小城镇。

穆罕默德二世后过世后，继任的优素福一世（Yusuf Ⅰ，任期 1333—1354 年），以及后续接任的穆罕默德五世（Muhammad Ⅴ，任期 1362—1391 年）均醉心于继续扩建宫殿和城堡。皇宫许多华丽的厅堂和空间和金碧辉煌的大殿，共使用超过 150 种不同拼花纹样的浮雕。这些精美细致的浮雕，呈现一个时代伊斯兰教艺术的伟大结晶，体现了摩尔匠师巧夺天工的技艺。

阿尔罕布拉宫庞大的建筑群是由一

图 2.55　阿尔罕布拉宫狮子中庭：室内空间因细长剔透的流水，增添了一丝清凉和宁静

连串开放空间串接而成，这些中庭通常以拱廊围塑和界定，提供良好的通风和采光，同时作为景观开放空间。这些中庭大小不一，虽然尺度都不大，但景观风貌却有多种，呈现不同的庭院意境。有的中庭只铺设草坪，呈现一片绿意；有的中庭以石板作铺面，中间有一个几何形小水池，水池中间有一处低矮小喷泉，呈现潺潺流水的意象；有的中庭设置大型长方形水池，浅薄清静的水面映衬着精致拱廊的倒影，格外祥和宁静。这些中庭使游客在体验繁华富丽的宫殿过程中，借由穿越静谧空灵的开放空间，在视觉上获得片刻的休息和舒缓，犹如聆听华丽音乐时中途所出现的休止符一样。

在诸多中庭中，最为人所熟知的是"狮子中庭"（Patio de los Leones）。狮子中庭长 29 米、宽 16 米，是整座皇宫第二大中庭。此中庭中间有一个直径 5 米的圆形水池，水池周边环绕着 12 座石狮雕像，石狮口中喷出水柱，流入池中，水池设有浅浅的引水渠道流向四方，直接穿过拱廊，导入室内空间。中庭四周环绕着精雕细凿的马蹄形拱廊，拱廊内侧壁面的基座使用多彩的马赛克瓷砖，以复杂的几何图案组构而成。中庭四周布满草花，优雅舒畅，它曾经是历代王公贵族散步、休闲，享受阳光、绿意的地方，如今成为游客到皇宫一游必然造访的景点。对我而言，从阳光耀眼的景观中庭、明亮透空的拱廊空间，转换到柔和幽暗的室内场景，形成 3 种不同的情境和氛围。借由中庭水道的引入，室内空间因细长剔透的流水，增添了一丝清凉和宁静。从狮子中庭、水池、水道和建筑空间的精巧设置，我深刻感受到了伊斯兰教建筑的品质和意境。

1492 年，基督教军队进入格拉纳达后，阿尔罕布拉宫成为国王斐迪南与王后伊莎贝拉的皇宫。此处亦为航海家哥伦布提出远航冒险计划、向皇室请求财务支持，并在皇室同意支持后，探索、发现美洲新大陆计划的起点。国王斐迪南虽对原有皇宫进行了一些整修，但基本上建筑形式、空间与雕刻装饰改变不大。1527 年神圣罗马帝国皇帝查理五世（Charles Ⅴ，任期 1519—1556 年），同时又称为西班牙国王卡洛斯一世（Carlos Ⅰ，任期 1515—1556 年），在位期间重建、拆除部分摩尔皇宫，使部分宫殿建筑改变和消失。1810—1812 年的半岛战争，拿破仑军队占领格拉纳达，将阿尔罕布拉宫大肆破坏，几座高耸的城塔亦因此永久消失。此时期皇宫许多地方梁柱断裂、屋檐弯曲、墙面装饰浮雕剥落，中庭杂草蔓生。昔日雕龙画栋、光鲜亮丽的皇宫变成荒废破败的地方。1833 年，西班牙国王斐迪南七世（Ferdinand Ⅶ）的王妃玛丽亚·克里斯蒂娜（Maria Christina，1806—1878 年）开始抢救、整修腐朽的阿尔罕布拉宫，历经 15 年修复完成。

查理五世父子在兴建这座文艺复兴宫殿时，拆毁了穆罕默德五世所兴建的豪华宫殿两端侧翼的建筑，所幸其余大部分被保留下来，所以今日游客才有机会看到伊斯兰教皇宫建筑的样貌。查理五世兴建的皇宫是文艺复兴建筑的代表作之一，这座长宽 63 米的正方形

图 2.56　查理五世皇宫中庭：正圆形中庭由 32 支多立克（Doric）石柱环绕界定，中庭因太阳角的改变，而出现各种光影变化，非常生动

建筑，高 2 层，外形以粗犷外突的石块叠砌而成，外墙并无多余的雕刻装饰，其标准化开窗方式结合厚重石材所呈现的外形，与相邻的阿尔罕布拉宫繁华富丽的设计风格完全不同。穿过主入口大厅看到一个正圆形的中庭，此中庭直径 31 米，由 32 支多立克（Doric）石柱环绕的回廊所界定。圆形的中庭有如古罗马的环形剧场。从另一个面向思考查理五世皇宫，一个正方形量体内部嵌入一个正圆形的回廊，形塑一个圆形的开放空间，颇具现代感。圆形回廊与中庭因季节变迁和太阳轨迹运行，使阳光与阴影出现各种变化，非常生动。查理五世皇宫的内部并无太多的彩绘装饰，同样以朴实简约的方式呈现。查理五世皇宫在文艺复兴建筑史上有它的一席之地，

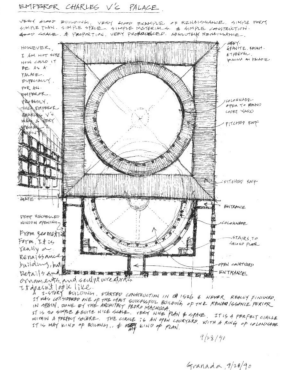

**图 2.57** 查理五世皇宫平面图：空间与平面的观察和分析

但对所有游客而言，阿尔罕布拉宫就是指摩尔人的皇宫。所有人是为摩尔皇宫而来，而非基督徒的皇宫，查理五世皇宫只是壮丽摩尔皇宫旁的一个配角。

摩尔皇宫在城墙范围内有不同形式的中庭和花园，但真正具代表性的是设置在北侧城墙外顺应山坡地形的皇家花园（Generalite）。皇家花园最初由君主穆罕默德三世于 1302 年开始兴建，1313 年继任的君主继续扩建美化，花园形式采用伊斯兰庭园风格。皇家花园占地面积甚广，因不同时期的施作而有不同的景观分区，包含小部分文艺复兴时期的几何形庭园。17 世纪皇家花园经过较大幅度的整修，致使最初兴建的花园形式消失，但 17 世纪整修的皇家花园，并未将当时欧洲普遍流行的巴洛克庭园置入，而是保留了较接近热带的景观风情。因此皇家花园虽有不同分区，实际上整体风貌仍很清晰，大量棕榈树、柑橘、柠檬树，以及热带灌木和草花，使之较像北非摩尔人的花园，而非欧洲中部或北部的庭园景观。这座曾经是庶民禁地的皇家花园，目前已开放为城市公园，所有城市居民和游客均可自由进出这座历史悠久、绿意盎然的皇家花园。1984 年，皇家花园被纳入阿尔罕布拉宫范围，一起被指定为世界文化遗产，是城市公园少有的殊荣。

阿尔罕布拉宫和城堡虽曾数次遭受破坏，但它仍奇迹般地存活下来，并以原有风貌重现于世人，但位于原城镇中心的清真寺就没有那么幸运了。始建于 11 世纪的清真寺，历经多年兴建，成为一座宏伟华丽的伊斯兰教圣殿，16 世纪初被全面拆除，在原地上兴建了一座结合西班牙风格的文艺复兴式主教堂。格拉纳达主教堂看起来平凡无奇，不具任何时代

的特点，旅游导览书上甚至未将其列为参观对象。如果早期兴建的清真寺仍保留完好，是否会变成全然不同的局面不得而知，毕竟建筑亦有它自己存废的命运。

离开阿尔罕布拉宫，顺着山坡道路而下，途中看到一位老妇人正在打扫庭院，与庭院相接的是一座斑驳红砖的老旧建筑，不甚起眼。老妇人看到我经过，直接问我是否要参观该建筑物，我进去一看，才知道是一座摩尔人的公共澡堂。这座兴建于 11 世纪的公共澡堂，曾经是此区居民每日洗澡、社交、娱乐的地方，因生活习惯改变而遭弃置，如今已在此默然孤立了数百年。澡堂建筑规模不大，全部由厚实红砖叠砌构筑而成，澡堂因历经长久使

**图 2.58** 摩尔公共澡堂：幽暗的空间因通气孔天光的引入，非常戏剧性

用，砖墙表面多有污渍，部分墙体有些剥落残缺，但整体空间尚称完整。澡堂中间大厅以红砖墙叠砌成半圆桶形的屋顶，屋顶有 3 排蒸气通气孔，直接对天，使此幽暗的大厅空间，因孔天光的引入，而呈现强烈的明暗对比，非常戏剧性。大厅两侧各有几组砖构拱券分别通往数个泡澡的房间，每个房间设有热水池，可提供 10 多人同时泡澡。这座公共澡堂当然无法与规模宏大的罗马澡堂相比，但仍可依稀想象昔日摩尔市民生活的场景。

在西班牙内战之后，一直到 20 世纪 60 年代，格拉纳达是西班牙最贫穷的地区之一，城市没落萧条了一段很长的时间。随着阿尔罕布拉宫、城堡、皇家花园的文化遗产价值普受肯定之后，世界各地来访的游客不断增加，观光产业成为城市经济收入的主要一部分，城市因而复苏。我在山脚下的城镇远望矗立在山顶上的城堡、城墙，以及周边翠绿的山景，忍不住想着，这座曾经经历过繁华、战乱、凋零、重生的历史之城，道尽人间的繁华得意与沧桑没落，如今却因阿尔罕布拉宫的存留，而得以复苏，成为一个国际旅游的重镇。此一历程令人感怀与深思。

第 18 章

# 伊维萨岛
## Ibiza

 

 

完成格拉纳达的旅程后，我在西班牙最后一个旅游重点是位于地中海的伊维萨岛（Ibiza）。不论搭乘飞机或客船，从西班牙中部邻地中海的巴伦西亚（Valencia）出发，都是前往伊维萨最便捷的途径。从格拉纳达到巴伦西亚的直线距离约 380 公里（实际车程不确定），但搭火车居然需要 8 小时 45 分钟，实在难以想象，而且火车在中午还要休息半小时，才继续行驶。心想这段旅程必然是漫长且枯燥的，但没想到旅程中却发生了一些有趣的事情，令我难以忘怀。

我搭上火车找到座位，发现与我同座的是两位在巴塞罗那读书的女大学生，以及一位格拉纳达的老农夫。两位女生看起来单纯、有礼貌，没什么特别，比较特殊的是那位一辈子在格拉纳达农村生活工作的老农夫。我从他的言行判断，搞不好这是他这辈子第一次搭乘火车。不知为什么，火车开动后，他就一直找我讲话，他讲话很大声且连续不断，车厢的人都为之侧目。心想我要跟这个人坐在一起一天不知怎么办，然后我发现他讲话的内容听起来好像随意无题，但实际上是对我这位陌生的独行旅人表达了一些关心之意。在中午火车休息的半小时，他坚持替两位女生和我买午餐，他还不断强调年轻人不应该饿肚子。吃完午餐后，居然在火车上的禁烟区开始抽烟，还与其他乘客争吵。他主动去找火车管理员抱怨，以似是而非的论点争辩："为什么不能抽烟？如果不能抽烟，为什么政府准许卖烟？"下午 3 点半左右，他认为喝咖啡时间到了，他又请大家喝咖啡。随后他说他有 14 个孩子，以及 2 个孙子，目前生活过得很惬意。临下车前，我先向两位女学生致意，感谢他们一路为我做翻译，然后我送了农夫两支签字笔为礼物，他则送我一束他种植的胡椒作回礼。当我背上行囊时，他突然站起来紧抱着我，提醒我一路小心，就像是在向挚爱的亲人告别一样。俗话说："天涯若比邻"，今天的事确实就这样发生了，但我也明白这一生大概不会再有机会碰见他。

走出车站，我一边寻找住宿的地方，一边想着巴塞罗那人不认同南方人的粗糙确有其因，我也终于领略一二，但我真正感怀的，是一位饱经风霜、一生与大地为伍的农人自然流露的朴实、单纯、憨厚与快乐。这是现代城市忙碌的白领阶层所缺乏的特质，毕竟在社会上打滚久了，多数人每多一份成熟，就少一份纯真。住进旅店，回想今日火车上发生的事情，心中的感慨难以形容，不断想着这位在西班牙内战炮火中度过童年岁月，然后在格拉纳达最贫穷时期成为年轻人，又在经济复苏后步入老年的农夫，虔诚地祝福他永远憨厚、真诚和快乐。

比起南部其他几座历史城市，巴伦西亚算是一座现代化的工业城市，因此交通相对拥挤，人口亦较密集，它是西班牙第三大城市，居住人口仅次于马德里和巴塞罗那。巴伦西亚是地中海最繁忙的货柜港口，亦为欧洲第五大商港，从海岸密集的高塔起重机，即可看出港口忙碌的程度。巴伦西亚城市发展的历史与西班牙中部和南部的城市有些类似。巴伦西亚早期由古罗马人在此建城，然后是西哥特人在此建立基督教城市，714 年摩尔人占领巴伦西亚，直至 1238 年基督教军队征服此区为止。巴伦西亚几乎没有存留具规模的摩尔伊斯兰教建筑，很难想象这是由摩尔人统治 500 余年的城市。早期城镇范围内尚存一些哥特式主教堂、皇宫，以及 15 至 18 世纪的教堂、修道院和公共建筑，但由于这些老建筑较分散，且被后期兴建的建筑物所环绕，无法形成历史城区的意象。整体而言，比起西班牙的其他历史城市，巴伦西亚的城市自明性不高，城市性格和特质亦较不明显，实难算是一个观光城市。

一早离开巴伦西亚，搭飞机前往伊维萨岛。伊维萨距西班牙东海岸巴伦西亚的直线距离约 150 公里。这座地中海上的小岛土地面积为 572.56 平方公里，岛上最高海拔约 475 米，从海上看小岛，仿佛是一座海上的山城。伊维萨因其地理位置，自古地中海沿岸的文明古国都曾先后进驻伊维萨，将其作为进入非洲与欧洲船只停泊的中继站。公元前 654 年，腓尼基人首先到达伊维萨岛，将其建设成海港，他们在这里生产盐、鱼、羊毛和染料，再运往其他地方。公元前 400 年，伊维萨岛已成为地中海重要的商港和贸易据点，当时地中海沿岸的航海民族都想争取此一海上基地。在腓尼基人势力衰退后，亚述人进占了伊维萨岛，然后是迦太基人和古罗马人。902 年，摩尔人占领伊维萨岛，直至 1235 年基督教军队征服伊维萨岛为止。伊维萨岛自此拥有独立自治权达 400 多年，直至 1715 年西班牙国王费利佩五世（Philip V）废除自治条款为止。

伊维萨岛的旧城区至今仍可看见腓尼基人和古罗马人建设的遗迹，哥特式教堂仍矗立于岛上高处，文艺复兴时期兴建的厚实城墙和碉堡清楚地界定城区范围，顺应山坡的街道纹理和民居仍历历可循，因其特有的历史渊源和历史风貌，1999 年伊维萨岛旧城区和相邻土地范围被联合国教科文组织指定为世界文化遗产。对我而言，伊维萨岛是否被指定为世界文化遗产没有那么重要，真正吸引我的是伊维萨岛的民居和街巷纹理。这些民居顺应山坡地形，由历代居民不断调整、建构成今日的形态，非常吸引人。

从巴伦西亚搭乘飞机到伊维萨岛只需 20 余分钟，当飞机到达岛沿岸上空时，我看到地面上每幢度假别墅都有一个游泳池，像是富人退休之后会移居的地方，有点像是美国迈

Hwang
10/2/90
IBIZA, spain

**图 2.59**　伊维萨岛
天际线：保存完整的
山城意象

阿密，或中美洲加勒比海小岛。我开始疑惑自己是否选择了适合的旅游景点。当我离开机
场，坐上巴士后，沿途发生的事情又是另一个令人惊奇的体验。巴士两侧是长条木板座位，
车上坐着几位中老年妇女，微胖的身材带着单纯的笑容，他们聊天的嗓门都很大声。司机
上车后，随即豪爽地跟乘客打招呼，就像是碰到多年好友一样。我才意识到这位体型宽大
的司机，满口金牙。这位司机大概开着同样一台老车30年了，他边开车边唱歌，又跟车
上乘客打情骂俏，逗得车上的妇女们开怀大笑。沿途看到的多是简易老旧房屋，有些是住宅，
有些是摆设杂物的店铺，有些不太好的路面，因巴士通过扬起大片灰尘。这地区大概是伊
维萨岛的偏远郊外，但又有点像是回到我童年时代的中国台湾乡村的景象。公交车司机有
时会临时停车，打开车门，与熟识的店家老板打招呼，闲聊两句，再继续开车。有时候甚
至有居民托付司机带东西，要司机到下两站交给他外嫁的女儿。乘客下车前大多会先与司
机闲扯两句才离开，一切都是那么自然、亲切和乡土。

最后巴士到达终点站，也就是伊维萨岛的市中心，巴士司机对我指指点点说了一堆话，我不懂西班牙文，从他的表情看出，他在告诉我应该去参观的景点，同时祝我旅途愉快。这不禁让我想起前一天在火车上"比邻"而坐的农夫，同样率真、友善、朴实和快乐。

从市中心往北走3个街区即为港口，水边停满大大小小的游艇，沿着水岸的椰林大道可以看到林立的现代公寓和旅馆，一瞬间以为到了夏威夷海边。直到旧城区，看到山城的街巷纹理和地中海式的传统民居才感觉自在些。

伊维萨岛的山城聚落发源甚早，经历千百年的建构和发展，形成今日的样态。山城最高处为主教堂和公共建筑，规模较大，构造亦较考究。最低处为沿海岸线的房屋，昔日为港口设施空间，如今多为餐厅、酒吧和民宿。介于高处与低处之间的主要为民居聚落，街道分成垂直等高线和平行等高线两种，垂直等高线的步道都是阶梯，平行等高线的道路较平缓。部分沿着等高线的街道大概是因大量游客的到来，而形成礼品店和餐厅的商店街。由于聚落四面均为坡地，因此几乎没有汽车、机车通行其间，走在蜿蜒曲径上，步调悠闲自在、舒适轻松。

民居顺应山势地形构筑，不论是连续街屋、独幢房屋，甚或教堂，都有类似的构造、形式和面材。或许是终年气候温和干燥，雨量不多，多数建筑物使用白石灰外墙，屋顶多为平屋顶，或坡度很缓的斜屋顶，走在山坡阶梯上很容

图 2.60　伊维萨岛聚落：民居观察速写（一）

图 2.61　伊维萨岛聚落：民居观察速写（二）

易踏上民居平屋顶。虽然民居建筑乍看之下好像有些相似，实际上在量体和开窗方式充满了多种趣味性的变化。几乎每幢房屋都有其独特的开窗方式，一般房屋开窗不多，窗扇不大，几个零星的小窗洞任意散布在大片洁白的外墙上，形成一种特有的韵律和节奏。这些看似不规则，又带些随机性而开设的不同大小的窗洞，实际上反映了内部空间的需求。由于地中海耀眼的阳光，使居民从明亮的户外环境进入房屋内部时，需要的是一个安静柔和的空间，少许的窗洞主要作通风之用，而非采光。我后来去希腊旅游，希腊沿地中海岸边的民居，以及离岛上的聚落都有类似的形式与风格，或许部分原因来自地中海的气候，另外亦可能是因为文化和血缘的交流。

**图 2.62 伊维萨岛聚落：民居观察速写（三）**

透过纽约友人的介绍，我有机会去参观一幢民居，这幢民居有 2 层楼，坐落于树林边，洁白的四面外墙点缀着几个大小不一的小窗洞，外墙微微向内倾斜，显示墙体的厚度下宽上窄。从阳光普照的草地进入室内，顿时觉得昏暗许多，窗洞成为明亮的光点，将光线散射于室内，使室内光线非常柔和。墙体因上下厚度不同，窗洞的高低位置亦使光线的引入有所差异，加上太阳角的变化，散射于室内的光线亦随之改变，充满光影的戏剧性。离开这幢民居，再回头望其外观，感觉好像是法国现代建筑大师勒·柯布西耶（Le Corbusier）的廊香教堂（Ronchamp），只是尺度上微小许多，但外墙形式和捕光的概念很类似，忍不住怀疑勒·柯布西耶曾到过地中海旅游，廊香教堂是否亦是受到地中海民居的影响。勒·柯布西耶的著作，以及他一生的作品，都在强调工业化与机械化的重要性。但廊香教堂不只是开窗方式毫无规则，倾斜的外墙亦以传统工匠施作白石灰面材，这些似乎与他一生的信念背道而驰，但却与地中海的民居和教堂相似。

伊维萨岛有许多教堂，这些教堂尺度和规模不大，教堂形式通常有两种，一种是西班牙式的教堂，另一种有点像希腊正教，或者是受摩尔清真寺影响的教堂。西班牙式教堂以白石灰作墙面，四向墙面散布着零星的窗洞，与岛上的民居有些类似。主入口通常在正立面中间位置，正立面的正上方有一座钟塔和十字架，非常简约朴实。另一种教堂在屋顶上有突出之圆顶穹隆，屋面以陶瓦铺设。陶瓦圆顶的教堂是希腊正教教堂惯用的形式，但同时亦为摩尔清真寺常用的语汇，由于摩尔人曾在伊维萨岛统治了 300 余年，推测教堂有可能是受到摩尔清真寺的影响。

岛上后期兴建的4、5层楼的住宅，窗扇的设置稍微整齐一些，但偶尔也会出现一些任意的窗洞。这些后期兴建的住宅量体较方正，但外墙同样以白石灰为面材，亦多为平屋顶，因此能与传统民居融合。整体而言，后期兴建的住宅，虽然楼层数较高，但其形式和设计语汇基本延续了民居传统，因此仍能融入传统聚落中，与民居聚落和谐一致。

我花了一个下午的时间，漫步于传统聚落的街巷，穿梭于层层阶梯与曲折步道间，以轻松的步调，观察、体验民居建筑的特色和差异，另一方面信手绘制民居建筑的形式和开窗方式，颇为悠闲自在。在我速写、观察民居的过程中，总能发现新的惊奇和丰富多变的趣味，使我欲罢不能。

图 2.63　伊维萨岛聚落：民居观察速写（四）

伊维萨岛因其纯朴的居住环境，松散悠闲的生活步调，干爽宜人的气候条件，以及优美自然的海岸景观，自20世纪70年代即吸引大批欧洲人来岛上度假，有些厌倦城市文明的人甚至长久住在岛上。除了上述几个吸引游客的因素之外，伊维萨岛还设置了多处裸体日光浴的海滩，沙滩上可以看到成群男女赤身露体，悠闲自在地晒太阳。沙滩上也常会看到年轻夫妇带着小孩，全家一丝不挂地嬉戏、野餐。在这里身体没有什么神秘感，一切都以崇尚回归自然为主，此亦为欧洲人特别喜欢来伊维萨岛的主因之一。

依西班牙政府的人口统计，1971年岛上居民约45000人，但该年游客有数十万人，2011年岛上居住人口，包括长久居住的外国人，共达133500余人，年度游客增长至数百万。随着每年游客不断增加，游客消费的夜总会、赌场、餐厅、大型旅馆、商店街、游艇码头、度假别墅等纷纷设立。原本保留的大片树林、原始海滩、自然坡地都不断被开发成旅游设施，致使原本朴实自然的伊维萨岛越来越拥挤，也越趋商业化，原味慢慢流失。所幸，旧城区因受到世界文化遗产公约的约束，尚能维持原貌。山城市街纹理和民居亦都保持原有状态，使逐渐变调的伊维萨岛仍能顽强地坚持保留一些历史风貌。伊维萨岛政府应该要有足够的远见和计划，有效限制土地开发，才能使伊维萨岛独有的性格和特质得以长存。

从伊维萨岛搭乘飞机到巴塞罗那，再换乘大众运输直接到国际机场返回纽约，计划许

**图 2.64**　伊维萨岛聚落：民居顺应山坡地形，由历代居民建构而成

久的 22 天西班牙行程就此结束。西班牙之旅的收获颇为可观，与旅游意大利的体验非常
不同，虽然两者都是具有深厚基督教文明的国家，但因西班牙曾经受到北非摩尔人的统治，
因此呈现不同的生活、文化与建筑，值得来此一游。

# 尾声
## Epilogue

从西班牙城市发展历程可以知悉，每当建筑物遭受灾害或战争破坏时，西班牙政府和社会很习惯将其全面拆除，重新建造成新的建筑物，或仿作成旧的形式，致使部分城市的历史层次较低，这是欧洲其他国家较少发生的现象。西班牙与其他欧洲国家最大的差异是它拥有许多北非摩尔人兴建的伊斯兰教建筑，以及基督教与伊斯兰教混合形态的建筑，使之拥有独一无二的城市风貌与特色。此特色刻画了西班牙与摩尔人曾经在相同的土地上共同生活的一段历史，它同时成为西班牙与伊斯兰教世界可贵的文化遗产。

马德里、巴塞罗那等主要城市，虽有其建城的历史渊源，但仍属较近代的城市，因此处处都设置林荫大道、公园和广场，这些城市对绿化很重视，连广场上亦种植成排的大树。反之，意大利的罗马、佛罗伦萨等，大多为历史悠久的城市，道路较狭窄，几乎没有林荫大道。许多广场因其长远的历史背景，广场主要为喷泉和雕像，而非树木。这些都显示这两个国家城市风貌和性格上的差异。西班牙与意大利较类似的生活场景是大家都喜欢在户外餐饮社交，两国城市都处处是户外咖啡座和用餐区，包括人行道、街角、广场都常常坐满了人，从早到晚均如此，好像大家都很悠闲，都不需要为工作而烦恼。

在生活文化方面，西班牙的食物较难分辨其特色，他们对饮食好像不太讲究，与朋友在酒吧或户外座位区聊天似乎更重要。西班牙人很喜欢吃橄榄，每天、每餐都吃，连叫一杯啤酒都得配上一小盘橄榄。橄榄酸涩，对我而言，实在不习惯。西班牙人对身体的裸露似乎习以为常，他们不仅在海滩上自在地裸露身体，连电视节目、电视广告、平面广告，女性袒胸露乳，男性露出臀部都很平常，与后来在法国看到的情形很类似。或许他们认为身体只是自然的一部分，并无多少神秘可言。

西班牙像许多北半球的国家，在全面成为发达国家之前，南部与北部在人文、历史、经济、产业等方面，都有很大的差异，纬度越高的国家越明显。任何一个国家的南部，比起同一个国家的北部，气候相对温暖，阳光日照较多，因此南部的土地用途多以种植农作物为主，而北部的土地多以发展工业为主。工业带动相关企业发展，因此企业家、工程师、知识分子、银行家、服务业等，大多集中在工业发展的地区。西班牙整个国土已是欧洲最南方的区域，整体气候相对温暖，但南方与北方在生活、文化等方面仍有明显差异。南方因较靠近非洲北部，又因长久受到北非摩尔人的统治，在饮食方面与北方差异颇大，在建筑方面亦呈现较多瓷砖和木雕的装饰。整体而言，南方人较朴实敦厚、真诚直率，北方人较含蓄冷淡、沉稳内敛。

1936 年 7 月至 1939 年 1 月的西班牙内战使西班牙许多城市毁于炮火，军民死伤数万人，造成整个国家在很长一段时间经济困顿，物资缺乏。1975 年，独裁者弗朗哥去世后，西班牙才从专制政体下解放。在政府和民间共同努力下，西班牙逐渐迈向民主政体、经济政策逐渐开放，如今已进入发达国家的行列。在西班牙旅行，丝毫感受不到曾经的苦难岁月，似乎一切从来都是自由繁荣的景象。所幸 20 世纪后半期，西班牙在全面社会经济发展的过程中，萨拉曼卡、托莱多、科尔多瓦、格拉纳达、伊维萨岛等历史名城可以完整保存，均成为世界文化遗产的一部分。对我而言，这些历史城镇是本次西班牙之旅令我体验最深，且收获最多的地方。

下篇

法国 FRANCE

计划走遍欧洲的"壮游"（Grand tour）我知道需要很多年才能完成，或者永远无法完成。走完意大利和西班牙之后，不久即开始收集资料，准备赴法国旅行，但因故却先去了英国。英国是一个值得参访的国家，只是最初的计划并非第三顺位，但因那年夏天几家航空公司推出纽约到伦敦的优惠机票，因而改去英国旅行。

大部分欧洲国家我都仅去过一次，但因缘际会，我总共去过法国3次。第一次是以英国为主要目的地，旅行结束后，由英国搭乘渡轮跨过英吉利海峡到法国西北海岸，然后搭乘火车到巴黎，在巴黎停留几天后，返回纽约。第二次是以法国为主要目的地，从巴黎开始，体验法国近20座大小城镇后，返回巴黎，再由巴黎回纽约。第三次到巴黎时，我已回到中国台湾定居。在经过西班牙之旅后，我对北非的摩洛哥（Morocco）产生了兴趣，由于从台北搭乘飞机前往摩洛哥，必须在巴黎转机，因此在游历摩洛哥后，决定在法国停留几天，再转回台北。整体而言，我喜欢法国，法国的城市大多能谨慎维护城市的历史风貌，同时能找寻适当地点，兴建创新、前卫的建筑，使城市风貌一方面保有历史传承，一方面勇敢迈向未来，使城市历史和文化如泉源般涌现，永续发展。

谈到前卫、创新的艺术与设计作品，法国政府并不拘泥于必须是法国公民才能为法国创作。相反地，他们会邀请当代国际最卓越的创作者，为法国留下作品。邀请国际知名的艺术家、设计者到法国创作，有其历史渊源，自文艺复兴时期即是如此。公元1500年开始，法国的人文主义学者已替法国建立了文艺复兴的基础，但在建筑与艺术上的发展，却一直到弗朗索瓦一世（François I）继位才开始。由于法国本土无法立即产生文艺复兴设计人才，派人到意大利学习恐旷日废时，弗朗索瓦一世为了满足他对文艺复兴运动的热爱，特别将当时意大利杰出的艺术家聘请到法国。他慷慨地赠予，相对地亦受到丰硕的回报，他获得当代杰出艺术家的贡献与付出，诸如：切利尼（Cellini）、维格诺那（Vignona）、德尔·萨托（del Sarto）与达·芬奇（da Vinci）。达·芬奇在法国受到高度的礼遇，并发生许多传奇性的故事，他从未返回故乡佛罗伦萨，最后终老于法国。在现代艺术史上占有一席之地的毕加索（Picasso）、康定斯基（Kandinsky）等艺术家都为皈依法国的外国人，许多创新的建筑作品亦由国际知名建筑师所完成。这些都说明，长久以来，法国政府和社会对艺术、设计人才的重视。

整体而言法国人看起来较冷漠，对外来人不太会主动协助，尤其讲英文，有人会置之不理。事实上法国是一个非常尊重文化多元的国家，在崇尚个人自由的前提下，同样尊重他人生活、习俗、文化等各方面的自由。法国人民对民主自由、公平正义的追求，有其历史渊源。1356年，在巴黎市民代表要求王太子查理限制王权并扩大议会权限遭拒后，即展开了一场革命，最后虽以失败告终，但仍可知悉法国人对民主平等的要求。18世纪末期，法国王室迂腐无能，为了对抗王室与贵族的奢侈腐败，以及追求自由民主的信念，1789年7月14日法国大革命爆发，造成国王与许多贵族被送上断头台。1830年、1848年法国又发生两次革命，即使在巴黎市街改造完成，1871年仍发生巴黎公社事件（Paris

Commune）。这些都说明法国人民对抗威权体制的传统。此一传统一直延续至今，成为法国的民族性格与特质。

这种民族性格与特质，使我在法国各城市的旅行，不论东西南北，均未感受到法国人之间在地域认知上的差异，一种地缘上的自我优越感。在意大利地缘优越感虽不明显，仍可意识到罗马以北的人自认为优于南方人。在西班牙，地缘优越感非常明显，北方人尤其如此，东北边的巴塞罗那人甚至不太认同全西班牙的其他人，在巴塞罗那有许多人自称为「巴塞罗那人」，而非「西班牙人」。我从未在法国感受过这种现象，当然，法国亦有其文化上的优越感，以及民族的骄傲，但至少不是自己互相歧视。

虽然法国的古迹与城镇历史没有意大利悠久，但长久以来，法国一直是世界上最受欢迎的旅游国家之一。许多法国城市都有其独一无二的风貌与特色，譬如：东边的斯特拉斯堡（Strasbourg）、西边的圣米歇尔山（Mont.St.Michel），以及南边的卡尔卡松（Carcassonne）、艾格莫尔特（Aigues-Mortes）、尼姆（Nimes）、奥朗日（Orange）、阿维尼翁（Avignon）等，都有其独有的性格与特质。这种现象一方面显示法国政府与社会大众对文化历史的珍惜，另一方面显示法国人对文化多样性的尊重。这种属人的涵养与素质，结合城市建筑、街道、景观与风貌，以及饮食、生活、旅游、产业等，共同塑造了法国优质的旅游环境，此亦为吸引各国游客前来法国参访的主因之一。

第 19 章

# 巴黎
# Paris

　　巴黎（Paris）是法国首都，是世界上最重要的国际都会之一。它在艺术、音乐、文学、哲学、文化、时尚、饮食、旅游、金融、教育、政治等方面，均在世界上占有重要地位。巴黎是欧洲第一大城市经济体系，全世界许多重要的企业在巴黎设有办事处，许多国际组织将总部设在巴黎，如：联合国教科文组织、世界文化遗产委员会等。这些国际组织与企业带来各国人才，加上一年超过 4000 余万的各地观光客与留学生，使巴黎成为世界闻名的国际大都会。

　　巴黎与罗马均为世界知名城市，两者都为世界游客喜爱造访之地，但两者的城市风貌、性格与特质全然不同。罗马累积丰厚的历史陈迹，市街调性较低沉，巴黎虽保有一些中世纪建筑，但整座城市于 19 世纪经过大幅改造，市街调性较明朗。罗马处处是各时期存留的教堂和广场，巴黎则相对较少。为保持历史风貌，罗马市区从未有新建筑置入其间，巴

图 3.1　巴黎天际线：巴黎市区对建筑高度有严格的控管，所有商业大楼均设置在城市边缘，以维护市区之历史风貌

黎则邀请世界知名建筑师在巴黎留下作品。这些世界知名建筑师用他们的智慧，创作出前卫经典的建筑，使巴黎的城市风貌在不断的自我更新中，迎向新的未来，此亦为巴黎最迷人的地方之一。

巴黎曾是世界上最古老的城市之一，巴黎曾发现公元前 4000 年先民聚落的遗址。约在公元前 3 世纪，在今日之巴黎圣母院（Notre Dame Cathedral）周边地区的旧城区，沿塞纳河水岸，开始有聚落形成。在此聚落居住的人是高卢人的一个分支，称为巴黎西人（Parisii），巴黎（Paris）一词即源于此。中世纪初期，巴黎在外族不断侵略下，无法成为一个稳定的国家。1165 年，国王路易七世开始兴建巴黎圣母院，1180—1223 年，阿古斯特（Philippe Auguste）兴建巴黎城墙，1215 年，巴黎大学成立，此时巴黎已成为一个基督教王国，但并非法国的政治权力中心。16 世纪初，法国的权力回到巴黎，16 世纪末，巴黎已发展成近 50 万人口的城市，城市范围不断扩大，原有旧城区城墙拆除、重建、扩增 3 次，形成一个庞大城墙环绕的城市。

巴黎城镇自中世纪形成便历经多次扩张，始终沿用中世纪弯曲狭窄的街道，沿街面亦为低矮高密度的木构住宅。由于住宅空间狭小，街道成为工作营生的地方。史学家卢瓦耶（Francois Loyer）说："19 世纪以前，巴黎几乎没有开放空间，高密度、拥挤，且多功能的社区邻里，混杂着不同社会阶层的居民，这些居民以代代相传的方式生活在这些空间。从中世纪开始，城市生活即发生在街道上，从闲话家常、商业行为、到技艺工场等，均与商家直接联结，如：摊贩、铁匠、木匠、石匠等，他们均占用街道工作……"这种生活与工作形态使原本狭窄的街道更加拥挤。

19 世纪中叶，拿破仑三世认为沿袭自中世纪古老狭窄的街道与拥挤凌乱的社区，实在无法呈现现代化、工业化城市应有的意象，更无法代表西方国家首都辉煌的气势与格局，因此决定全面规划、改造巴黎。另一种阴谋论的说法是：19 世纪是一个贫富悬殊，社会资源分配极度不公的年代，法国人民因此常有大规模的示威暴动。军队在驱离民众进入狭窄如迷宫般的贫民窟时，无法有效使用武力，反而常常遭受攻击。拿破仑三世决定将这些社区彻底移除，并规划许多宽广大道，进而能更有效地调度乐队，进而压制示威、暴动的群众。

有些史学家认为拿破仑三世全面改造巴黎的目的是美化城市环境，使巴黎成为明朗、开放、健康、宜人、交通便捷的现代化城市，进而使巴黎成为法国经济、政治、交通的中心——首都，压制群众示威并非其考虑因素。

拿破仑三世重用的城市计划师是奥斯曼（George-Eugene Haussmann），奥斯曼原本担任公职，因改造巴黎而被写入历史。奥斯曼于 1852 年开始进行巴黎的改造规划，1859 年正式动工。由于巴黎城墙限制了巴黎城市的扩张计划，奥斯曼首先拆除环绕巴黎城市范围的城墙，接下来拆除中世纪以来存留的老旧社区。在旧城区内开辟宽广的林荫大道，以巴洛克放射状的模式（Pattern）兴建道路系统。这些放射状的道路在交叉处形成节点，节点被做成开放空间的圆环，并在圆环中心设置雕像、喷泉，或纪念碑等，使不同方向的道路都有视觉焦点。新开辟的道路均设置宽广的人行道，以及种植行道树的方式使原本狭窄曲折的巷道网络，变得明朗开放、绿意盎然。

除了全面改造城市道路系统之外，奥斯曼还兴建了许多医院、图书馆、学校、火车站、广场、公园，以及住宅区等，使供市民使用的公共建设趋于完整。他同时兴建了完整的供水系统和排水系统等，使巴黎完成现代化城市应有的基础建设，以便巴黎日后的发展，能在完整的基础建设下进行。

奥斯曼对建筑物兴建的高度、比例、颜色、材质、开窗等都有严格的控管，有点类似今日之城市设计准则（Urban design guideline），每一条街道依其宽度确定墙面线与建筑高度，同一条街道的建筑高度均相同，墙面线都必须对齐，外墙面材原则上亦须相同。奥斯曼在巴黎兴建了4万余幢的房屋，不仅在当时使巴黎市容焕然一新，至今仍为巴黎的主要市街风貌。

奥斯曼对巴黎市区的改造，具有卓越的贡献，但他的改造计划摧毁了中世纪存留的旧社区，切断人们与历史的联结，亦使巴黎永久失去历史城区。为了改造旧城区，他拆除了超过2万幢的老旧房舍，迫使当时许多社会底层的人流离失所。为了快速有效地达成目标，奥斯曼在未事先告知居民，亦未提供临时住所的前提下，即直接将老旧社区拆除，并将居民驱赶至郊区，以避免再次的示威暴动。奥斯曼驱赶居民的做法，以及对历史城区的破坏，一直存在着历史争议。

巴黎市区对建筑高度一直有严格的控管，很少新建筑能突破既有建筑的高度。今日到巴黎旅游的人所看到巴黎的城市风貌与市街景象，均为1870年城市改造后的结果，除了少数几幢建筑（如巴黎圣母院等）之外，巴黎基本上没有更早期的历史建筑与历史街区。但巴黎至今仍是世界上最受游客喜爱的城市之一，此现象更验证了奥斯曼对巴黎城市风貌改造的贡献。

巴黎虽为19世纪中叶才全面改造的城市，但它仍保有丰厚的历史脉络和现代前瞻的意象，使巴黎成为世界上最受欢迎的国际都会之一。巴黎有许多具特色的市街区块、庭园景观、城市纹理、历史建筑、前卫建筑等，使外来游客可以在此参观、体验各种特殊性格的城市风貌，以及各类博物馆，真正体验文化行旅的乐趣。

# 1. 卢浮宫

巴黎卢浮宫（The Louvre Palace）是世界上最重要的博物馆之一，自1789年从皇宫改制成博物馆公诸于世以来，至今已200多年的历史。巴黎卢浮宫与伦敦大英博物馆一直是西方文明与帝国主义的代表，更是法国与英国国力的象征。对法国人而言，卢浮宫不仅是一个收藏丰富的博物馆，同时是法国历史文化的代表。但世界上似乎很少人知道卢浮宫的沧桑史，亦很少人知道卢浮宫并非一次兴建完成，亦无任何独特的形式。或许因为如此，法国人才会对贝聿铭最初提出改造卢浮宫的构想充满不解与愤怒，加上新闻媒体推波助澜，几乎使贝聿铭的卢浮宫改造案胎死腹中。1987年卢浮宫改造完成，法国人从抗拒、狐疑、不解，变为逐渐接受此一事实，在报章媒体诸多正面的报道中，开始热烈拥抱卢浮宫改造、增建的成果。

巴黎卢浮宫自13世纪初开始兴建防御城堡，至1987年改造完成，共经历了将近800年的时间。在此期间，卢浮宫曾经过多次的增建、破坏、改造，逐渐形成今日的规模和样态，其建筑形式和装饰亦因此包含不同时期的风格。13世纪初兴建的防御城堡早已被后期不断增建的建筑物所掩盖，直至贝聿铭改建、改造卢浮宫时，其部分墙基才重新显露出来。卢浮宫从草创、繁盛、沧桑，到再生，可以称为法国历史的缩影。

13世纪，奥古斯特国王决定沿着塞纳河畔建造城墙和防御城堡，以解决巴黎的防御漏洞。14世纪，城墙外移，巴黎城范围扩大，查理五世（Charles V）将原有防御城堡改建改造成王宫，并将其中一个防御塔改为图书馆，此举被称为是法国图书馆和博物馆的开始。城堡变成王宫150年后（约15世纪50年代），法国国王将王宫搬迁至卢瓦尔河（Loire）河畔，卢浮宫即被闲置100多年。1527年，弗朗索瓦一世（François I）决定迁回卢浮宫居住，改造工作遂大举展开。他拆除部分原内宫的防御城墙，使合院空间扩大，围塑出今日卢浮宫的雏形。弗朗索瓦一世于次年过世，他从未有机会定居卢浮宫，但却收藏了12幅名画，包括达·芬奇的名作《蒙娜丽莎的微笑》，这点或多或少影响后世国王对艺术品收藏的兴趣。1571年，历经亨利二世、查理十一世和亨利三世的建设，被称为老卢浮宫（Old Louvre Palace）的整体规模完成。它混合了部分12世纪哥特式和大部分当时盛行的文艺复兴式风格。

1594年亨利十四入驻巴黎，并开始扩建卢浮宫，直至1610年过世为止。1627年，路易八世继续改造、扩建卢浮宫，并收藏了200幅名画。1652年路易十四搬进卢浮宫，1661年开始亲政，他一方面继续整修、扩建整座王宫，一方面大量收藏艺术品，并设置专区展示艺术品。路易十四虽于1682年搬迁至凡尔赛宫，但他仍继续维护卢浮宫，并持续购置艺术品。他过世时王宫已典藏有21500件艺术作品。此时卢浮宫已成为一座颇具规模的美术馆。

1719年，路易十五登基后，卢浮宫被彻底抛弃。接下来的30年，完全无人管理的卢浮宫被一般平民占据，并被分割成许多小型居住空间和娱乐单元，包括：工匠处、技术处、杂耍、卖艺、酒店、杂货等功能。这座曾经是王室权贵权力中心的皇宫，因遭到路易十五的荒唐抛弃，而转变成庶民杂居，纷乱嘈杂之地。1750年，路易十六的大臣出面抢救曾历尽沧桑、饱受破坏的卢浮宫，才使它从颓败中逐渐复原。1789年，法国大革命爆发，经过4年的恐怖共和政体，1793年路易十六被送上断头台。革命委员会从史料中发现路易十四早有筹建博物馆的构想，同年8月10日，卢浮宫正式改为博物馆并向大众开放，成为全法国人民共同的文化资产。

1800年，拿破仑一世称帝，保留卢浮宫为博物馆，并继续扩建其空间，同时将各地征服掠夺的古物、艺术品带回卢浮宫陈列，彰显其成就与功绩。他使卢浮宫成为世界上藏品最丰富的博物馆，但在滑铁卢之役后，1815年欧洲各国均取回原属于他们的财宝。而后拿破仑三世继续扩建卢浮宫。自 1820 年起，至 20 世纪初，每一个法国国王如路易十八世、查理十世等一样，致力于丰富卢浮宫博物馆的收藏。除了艺术品之外，古希腊、古埃及、亚述帝国等人类早期文明的古物、雕像，亦随拿破仑帝国的扩张和考古学的热潮，而被不断收集，并纳入收藏。

1871 年，普鲁士军队攻占巴黎，烧毁部分卢浮宫，同年烧毁的部分重建整修完成。1944 年，巴黎自盟军手中光复，法国财政部进驻卢浮宫北厢并将其作为办公室。1981 年，法国密特朗（François Mitterrand）总统兴建新的财政部大楼，将财政部迁出卢浮宫，而后华裔美籍建筑师贝聿铭由密特朗直接任命为改造卢浮宫的建筑师。贝聿铭增建了入口大厅、

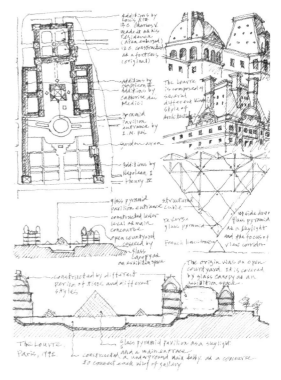

图 3.2 卢浮宫的改建理念：将广场挖空，使地下室成为连接各个空间的大厅

图 3.3 卢浮宫玻璃方锥体：以精致透明强烈对比的方式，创造的卢浮宫主入口，成为广场新地标

书店、餐厅、演讲厅和小部分展览空间，地面
广场重新规划，并设置了一个玻璃方锥体作为
主入口，使博物馆的使用功能和动线变得合
理、顺畅。1986 年所有印象派画作及 19 世纪
艺术品移至新完成的奥赛博物馆，卢浮宫仍保
有 30 万件作品（注：另一资料来源记载 40 万
件作品）。1987 年，在几经波折和诸多反对声中，
作为世界关注的焦点，卢浮宫博物馆现代化改
造工程宣布完工并启用。

　　从上述简略的卢浮宫兴建史可以知悉，自
13 世纪 10 年代开始兴建，至 1987 年改造完成，
近 800 年间，卢浮宫曾作为防御碉堡、王室居
所、图书馆、废墟、民居商店和杂耍场所，最
后成为博物馆，并经过 8 次改建、增建、修复
过程。800 年的历史跨过中世纪后期、文艺复
兴、巴洛克、工业革命、新古典主义、现代运
动，到后现代主义时期，因此卢浮宫很难归属
于任何一种纯粹的形式，它的声誉来自它各个
时期的改建、增建，仍维持建筑整体的和谐。
它的重要性是它所收藏的三四十万件的历史文
物、艺术作品，跨过人类 5000 年的历史，至
今仍保持完整、良好的状态。

　　卢浮宫原有的问题在于它最初的配置规划
并非作为博物馆而设，后期多次的增建亦无具
体完整的规划，致使其动线冗长，空间无法连
贯，缺乏主入口，因此在展示功能上并不恰当，
且诸多博物馆必备的空间不足。卢浮宫丰富的
典藏品使之是世界上享有盛名的博物馆，但就
其在空间气势和使用功能却乏善可陈。卢浮
宫的全面改建和现代化成为密特朗总统任期内
最重要的政绩之一。贝聿铭深入地了解了当时
卢浮宫在使用、动线和空间上的问题，以及卢
浮宫综合各时期的建筑语汇。因此于第九次改
建时，他将复杂零碎的动线和空间整合，并以

图 3.4　卢浮宫玻璃方锥体：高科技的展现

图 3.5　卢浮宫户外中庭改造：以钢架玻璃覆盖，成
为室内展览空间

大胆对比的方式来呈现卢浮宫的现代化。在贝聿铭改建卢浮宫前，卢浮宫从未有过真正的入口大厅，在单一楼层参观一圈，动线长达 1000 多米。贝聿铭挖空地面层的拿破仑广场，将入口大厅置于地下一层。入口大厅可以直接连通 3 个面向的陈列馆，使原本零碎的动线和出入口整合于一个完整的大厅内。地面层精致透明的玻璃方锥体成为入口地标，同时是地下层大厅的天窗。由于展览空间不足，贝聿铭将原有开放的中庭以钢架玻璃覆盖，使户外空间变成室内的展场，此举亦非常大胆前卫。

　　虽然大胆的对比方式最初引起法国文化界的震惊，且数度遭到杯葛和反对，但在完工启用的喝彩声中，法国人接受了新卢浮宫，并再度以卢浮宫为法国最重要的文化资产为荣。卢浮宫成为世界游客来到巴黎必然造访、留影的景点，贝聿铭的建筑生涯亦因此达到最高峰。

## 2. 香榭丽舍大道

　　从卢浮宫到凯旋门（Are De Triomphe）路径全长约 2.8 公里，是多数到巴黎的游客必然要体验的一条路径。一般游客先参观完卢浮宫，往西走到中轴线上，经过绿草如茵、百花争艳的巴洛克庭院，再穿过绿意浓密的树林，到达协和广场（Plazza De La Concorde）。广场正中央有一座来自古埃及卢克索神殿的方尖碑（Obelisk of Luxor），成为整体中轴线上的地标。方尖碑正对香榭丽舍大道（Chams-Elysees），大道以协和广场为起点，中间经过一个 6 条道路相交的圆环，通过圆环即可看到远处中轴线上的凯旋门，凯旋门即为香榭丽舍大道的终点。

**图 3.6**　香榭丽舍大道：两侧设有宽广人行道和绿带，步行其间悠闲自在，舒适宜人

从卢浮宫到凯旋门，以轻松漫步的方式不到 1 小时左右可以走完全程，若沿途逛逛精品店，参观一下博物馆，再在路边喝杯咖啡，可以享受整个下午的时光。有许多人，尤其巴黎人认为，从卢浮宫到凯旋门的路径，是世界上品质最佳、景观风貌最优美的城市大道。

香榭丽舍大道从协和广场到凯旋门，全长约 1.91 公里，宽度为 70 米。大道两侧设有宽广的人行道和绿带，步行其间非常悠闲自在，舒适宜人。70 米宽的大道景观连贯一致，但大道两旁之市街风貌主要分成两部分。第一部分从协和广场到 6 条道路相交的圆环，此段路两旁多为景观庭园与树林，沿途两旁翠绿草坪、百花争艳、令人心旷神怡，此一花园大道被视为法国景观最优美的道路。第二部分从 6 条道路相交的圆环至凯旋门，沿着大道两旁主要为高级商店、精品店、咖啡屋、服装店、高级餐厅等，这些走在时代前端的创意商店，使香榭丽舍大道声名远播。

最初以为香榭丽舍大道是在拿破仑三世时期，由奥斯曼的巴黎城市大改造所产生的结果，然而从史料中发现并非如此。1667 年，勒·诺特（André Le Norte）在路易十四世的首肯下，规划"壮丽的散步大道"（Grand Promenade），大道两侧各种植两排榆树，大道至周边土地规划成法式花园。大道从卢浮宫延伸至今之 6 条道路相交的圆环。1709 年，壮丽散步大道正式更名为香榭丽舍大道（Champs-Elysees）。此时，散步大道尚未开放给民众使用，纯属皇室所有。

1710 年大道继续扩建，往西延伸，1765 年大道两边花园重新改造，1774 年大道继续往西延伸。拿破仑在滑铁卢战败后，巴黎被占领，香榭丽舍大道的行道树和两边花园遭受严重破坏，在英国、俄国等占领军离去后，大道才重新种植树木并改建花园。1828 年，香榭大道及周边花园的财产权由皇室转移给巴黎市政府，市政府增设喷泉、步道，以及瓦斯街灯，同时将大道开放给市民使用。

1854—1870 年的巴黎城市大改造，拿破仑三世任命奥斯曼将香榭丽舍大道两边的法国庭园改造成英国庭园。1900 年，香榭丽舍大道周边大片的绿地成为巴黎世界博览会的会场，大道南侧兴建了大皇宫（Grand Palace）与小皇宫（Petict Palace）两座展览场。

从 1667 年开始规划兴建的香榭大道及其两侧的公园绿地，虽经过多次改造变更，但基本上维持着绿化的开放空间。它与其他早期保留下来的庭园，共同使巴黎成为欧洲最多绿化的城市。

## 大皇宫（Grand Palace）

1900 年，法国举办巴黎世界博览会，兴建大皇宫（Grand Palace）作为主要展场之一。博览会结束后，大皇宫被保留，原计划是将其继续作为展场使用，但因其宽广高耸的空间特质，后来被赋予多种功能。第一次世界大战期间，它成为德军的卡车停车场和军械库。1944 年 8 月，第二次世界大战末期，它成为法国反抗军的总部。巴黎解放后，大皇宫再度成为多功能的展场和博物馆。除了两次世界大战之外，大皇宫有 30 余年的时间主要作为

举办艺术展，以及汽车、游艇、航天等
主题展。2010 年世界西洋剑比赛在大皇
宫举行，2024 年预定在巴黎举办的奥林
匹克运动会，大皇宫亦被作为主要运动
场馆之一。

　　大皇宫位于香榭丽舍大道南侧，靠
近 6 条道路交叉的圆环（Le Rond Point）。
大皇宫于 1897 年开始兴建，1900 年完成
启用。19 世纪中叶至 20 世纪初，法国建
筑形式主要由美术学院派（Beaux-Arts，
简称布杂艺术）所主导，美术学院系统
的建筑教育主要强调古典建筑元素的比
率与美学，以不同时期的建筑元素组合
成庄严宏伟的建筑造型。同时期，工业
革命快速发展，工业技术已有一定的成
就，且持续突破精进，但法国建筑教育
仍停留在古典建筑美学的训练，因此大
型公共建筑往往在建筑外观与内部空间

图 3.7　大皇宫：钢构呈现巨大的空间，反映出一个时代
工业技术的先进与壮丽

的构造，呈现完全不同的系统与性格。这些公共建筑的外观以石材为主，以古典建筑不同
时期的柱式、柱头、饰纹、浮雕等，组合成对称纪念性的仿古建筑造型。内部因需要大尺度、
挑高的空间，大多以钢构桁架系统（包含铸铁、锻铁）外加玻璃屋顶，做成高耸大跨距的
空间。这种内外不同的构造系统和建筑形式是 19 世纪欧洲公共建筑的特质，大皇宫亦不
例外。

　　大皇宫主要建筑立面均以石材构筑，以仿历史样式的折中主义为主。正立面正入口呈
现对称、纪念性的宏伟和壮丽，正入口两边各有一排长形柱廊，同样呈现宏伟的纪念性。
正立面上的石材雕像、装饰浮雕均非常繁复华丽且精致。这些宏伟华丽的建筑构造和形式，
以今日的施工技术，仍属不易，但这些仿古的建筑对我并没有太大的吸引力。对我而言，
钢架玻璃的展场空间，才真正体现了 19 世纪末法国的工业技术和国力。

　　大皇宫主要展场由半圆拱钢构系统所组成，最大圆拱高度约 25 米，主展场长度约 240
米，扣除行政办公、服务设施等空间，至今仍保留 5000 平方米的展场空间。整个钢构系
统与玻璃屋顶，虽经过改建，构材有些经过更换，但仍可看到始建时期法国工业技术的优
势条件。钢架玻璃在尺寸和形状上分成许多不同的层次，主结构、次结构的构件精算成不
同的断面尺寸，然后系统化地组合成一个高大、透明的空间，令人赞叹。19 世纪末、20
世纪初，欧洲有许多人认为只有石材仿古建造的才是建筑，钢铁玻璃建造的只是工业产品。

对我而言，19 世纪末，大皇宫外观仿古的形式与宏伟无关，展场钢构玻璃呈现巨大的空间，才真正反映一个时代工业技术的先进与壮丽。

## 凯旋门

香榭丽舍大道西侧以凯旋门（The Are de Triomphe）为界，凯旋门坐落在一个正圆形广场上。此圆形广场边界有圆环车道，总共有 12 条道路从不同方向，以圆心为焦点连接圆环，使圆环形成放射的形状。圆形广场相邻的环状道路是巴黎交通最繁忙的地方。此圆形广场后来更名为戴高乐纪念广场（Place Charles-de-Gaulle），以纪念戴高乐总统于第二次世界大战期间带领法国人击退德国纳粹，解放法国。

18 世纪末，放射状广场的形态已出现，但当时只有 5 条道路通向广场。19 世纪初，1806 年法国政府下令兴建一座巨大拱门，以纪念为国牺牲的军人。拱门兴建过程并不顺利，一直至 1836 年才兴建完成，历时 30 年。1840 年，拿破仑遗体自英国人手中运回，遗体行

图 3.8　凯旋门：一座宏伟高大的战争纪念碑，一个城市轴线的地标，以及历史事件的发生地

Arc de Triomphe
Paris, 1991

经凯旋门后，送至荣军院（Invalides）的教堂埋葬。1854 年，奥斯曼重新改造圆形广场，同时引入 7 条放射状道路，通向圆形广场，加上原有的 5 条道路，共计 12 条道路的放射状系统，形成今日凯旋门广场的形态。

凯旋门的形体取自罗马凯旋门，加以放大数倍，使之更宏伟。这种将古代建筑依比例放大数倍，是 18、19 世纪西方古典主义建筑常用的设计方法。巴黎凯旋门高度 50 米、长 45 米、宽 22 米，中间圆拱门高 29.19 米，兴建完成后即成为巴黎最醒目、最知名的地标之一。凯旋门上的各种浮雕主要献给历年为法国牺牲的战士，包括：法国大革命、拿破仑发起的数次战争等，圆拱内墙刻有 1000 多位军人的姓名，包含数百位将军的名字。圆拱地表下面有一个纪念第一次世界大战的无名英雄墓穴，后来亦包含第二次世界大战为法国牺牲的无名英雄。

凯旋门实际上是一个战争纪念碑，但因它位于香榭丽舍大道的中轴线，与卢浮宫遥遥相对，常常成为历史事件必然发生的地点，譬如：拿破仑遗体返回巴黎；第二次世界大战后戴高乐带着反抗军返回解放的巴黎；以美军为首的盟军以胜利者的姿态进入巴黎等，都是穿越凯旋门以表示真正进入巴黎。直至今日，法国每年的国庆游行亦以凯旋门为重要节点。因此凯旋门虽然是 19 世纪古典主义的产物，但它在法国历史上仍有其重要地位。

## 协和广场

巴黎从中世纪的旧城区开始，随着人口数成长，城市不断往外扩张，防御城墙亦不断拆除、重建。协和广场（The Place De La Concorde）所在地曾经是某一时期城墙与壕沟的一部分，城墙外移后，形成一片空地。18 世纪后期，路易十五决定将该空地改建成广场，他举办了一次规划设计竞赛，以优胜者的作品作为建构广场的蓝图。1755 年，广场开始施工，1775 年广场完成，命名为"路易十五广场"。广场为香榭丽舍大道往西的起点，往东为卢浮宫前大片的杜乐丽花园（Tuileries Garden），其南侧临塞纳河，北侧以两幢端庄的建筑为界（一为贵族庄园，另一为法国海军总部）。协和广场占地面积约 84000 平方米，呈对称的八角形，属大型城市开放空间。广场最初完成时，正中央位置设有路易十五世雕像，正对香榭丽舍大道与卢浮宫的中轴线。

1789 年，法国大革命爆发，路易十五世的雕像被拆卸丢弃，广场更名为"革命广场"（The Square of The Revolution）。新成立的革命政府在广场上设立断头台，1793 年 1 月 21 日，国王路易十六被送上断头台，身首异处。随后皇后、公主，以及许多贵族，在群众喧嚣嘈杂的欢呼声中，一一被送上断头台，一时广场满布血迹，一箩筐一箩筐的头颅在叫骂声中被送走。根据史料统计，1793—1795 年的两年时间总计有 1343 人在此广场被送上断头台。原本为推翻贪腐、暴政，宣扬民主自由的革命，演变成残酷血腥的暴动。

1795 年，法国政府为了平息革命时期的动乱，期盼以协调、和解的态度，降低血腥广场的恐怖，因此更名为"协和广场"。革命政府瓦解后，1814 年法国王室重新将广场名称改回"路易十五广场",1826 年又更名为"路易十六广场"(因其在此被砍头)。1830 年法国再爆发"七月革命",革命政体再将广场名称改回协和广场,此名称一直沿用至今。

在法国王室重新执政期间,国王路易·菲利普(Louis-Philipe)决定不在广场中央设置自己的雕像,因为若再发生政权或朝代更替,他的雕像可能会被弃置,像路易十五的雕像一样。他决定选择不带政治意识的方尖碑,作为广场与中轴线上的地标。方尖碑原属于埃及卢克索神殿(Luxor),1829 年由埃及国王赠送给法国。方尖碑高 23 米、重 220 吨,有 3300 多年的历史,此历史文物的设置自然不会引起争议。方尖碑的两侧以对称方式各设置一座圆形喷泉水池,北侧喷泉以河运航行为主题,南侧喷泉以海运航行为主题,八角广场的 8 个角落各设置一座雕像,代表法国的 8 座城镇,广场形态与布置一直维持至今。

协和广场在城市空间与命名更替上,具有双重意义。从城市空间的角度,协和广场以开放空间的方式连接卢浮宫、杜乐丽花园、香榭丽舍大道,使巴黎的城市开放空间得以延续。反之,若 8 公顷多的土地全部开发并建上建筑物,巴黎的城市空间和意象将会变得不一样。从命名更替的角度,显然自古以来,任何公共空间的命名,可能都具有纪念性意义,但也同时包含政治性和意识形态。这就是何以古今中外的公共空间与公共建筑的名称,随着政权更替,也随之改变一样。巴黎协和广场的数次更名在人类历史上并非特例,也将不会是最后一次。

## 3. 埃菲尔铁塔

埃菲尔铁塔(The Eiffel Tower)系以铁塔的设计和施工者(Gustare Eiffel)命名,埃菲尔铁塔又称巴黎铁塔(Paris Tower)。1889 年在巴黎举办的世界博览会,主办单位计划在会场设置一个明显的地标,一方面作为展览场的方位指标,另一方面彰显法国工业技术的成就。法国政府举办了一次公开竞赛,征选最佳之设计构想作为展览会场的地标建筑。竞赛明确这座地标建筑会于博览后拆除,因此设计除了高大美观之外,必须考量易于组装和拆解。

埃菲尔铁塔的设计符合竞赛之要求,对铁塔的组装和拆解方式亦交代清楚,因而获得第一名,他的构想因此得以实现。但铁塔的设计方案在当时引起广泛的反对,当时许多社会精英,包括一些知名艺术家和文学家甚至联名反对,要求巴黎政府不要兴建此一高耸丑陋的铁塔。

世界博览会源自英国,英国拜工业革命之赐,历经半个多世纪的发展,已成为世界上最现代化、最先进的国家。19 世纪 40 年代,英国政府开始思考举办产品博览会的构想。这个博览会计划将英国各种产业的产品,包括:生活、娱乐、交通、饮食、服装、手工艺、机械等领域全部纳入。英国政府邀请欧洲主要国家参展,使各行各业可以相互观摩学习,以提升产业竞争力。1851 年在伦敦举办了人类史上第一次世界博览会,开启了后来欧洲各

Effel Tower
Paris, 1991

I have seen the picture
of Effel Tower many times.
When I saw it from a
distance, I didn't feel to
much about it. When I got
close to really look at it.
I feel it is really
great. It is so unbelievable.
Effel Tower is the
product and the achievement
of Industrial Revolution.
Effel Tower was built in
1889, it is 304 m high, with
a very complicate steel
truss system. Even After
one hundred years later, I
still can see the power of
Industrial Revolution.
The steel framing and truss
bracing, looks complicated,
but very elegant, even today.
It is quite impressive.

**图 3.9** 埃菲尔铁塔：一个法国工业文明的里程碑

国举办世界博览会的风潮，尤其法国。伦敦博览会的主场馆长 564 米、宽 124 米、高 20 米，主场馆使用纤细预铸的组件为构材，屋顶和立面使用大量透明的玻璃，使之轻巧细致，因此被称为水晶宫（Crystal Palace）。水晶宫如此庞大的建筑物仅以 8 米之单一模具尺寸构件构筑整幢建筑，并仅 4 个月就完工，它是英国工业文明令人惊叹的伟大成就，亦是现代建筑先期的代表作。

　　埃菲尔铁塔于 1887 年 1 月开始施工，1889 年 3 月底完工，历时两年多。埃菲尔铁塔如原先计划的目标成为博览会场最醒目的地标，它同时也展现了法国工业技术的成就，使欧洲各国看到法国工业文明的里程碑。埃菲尔铁塔高 300 米，加上塔尖达 324 米，在当时是世界最高的构造物。除了曾经是世界最高的构造物之外，在科学、机械、工业，以及美学等方面，埃菲尔铁塔亦有其重要的历史地位。

　　埃菲尔铁塔的结构由 4 组巨大的斜撑钢铁桁架所组成（实际是锻铁，或称熟铁，Wrought iron）。这 4 组钢铁桁架与深入地下的混凝土基础连接。在离地面 57.6 米高度，由第一个水平楼层将 4 组斜撑钢铁桁架束合在一起。第一个水平楼层作为餐厅使用，立面以落地玻璃组成，在此用餐时可以看到巴黎全景。4 组钢铁桁架穿出第一个楼层后，以曲线逐渐内缩，至离地面 115.7 米高处，由第二个水平楼层将 4 组钢铁桁架继续束合在一起。第二个水平楼层亦为餐厅，面积较小，但视野更广。4 组钢铁桁架穿出第二个楼层后，继续以曲线内缩上升，最后 4 组钢铁桁架结合成一体，至离地面高度 276.1 米处，设置一座观景平台，以及一座仅供埃菲尔使用的私人公寓和会客室。

从远处任何一个角度看铁塔全景，可以看到铁塔从地面层宽广的基座，以内凹曲线，随着高度增加而内缩，逐渐上升到塔尖结束。铁塔钢铁桁架呈现镂空的状态，使梁体显得轻巧透空，整体造型优美细致。铁塔造型完全以结构原理和工程技术为主要依据，包括横向风力、垂直承载力等，都经过仔细地计算和设计，使桁架构件尺寸尽量减小，最终形成一座优质的结构高塔。铁塔施工过程，必然有许多专业人士的参与，埃菲尔在铁塔 4 个立面刻上了 72 个法国科学家、工程师、数学家，以及其他对铁塔建设有助益的人的姓名，以铭记这些人对铁塔在设计与施工上的贡献。从另一个角度，埃菲尔能够协调 72 位专业人士的构想和意见，使铁塔依原定工期顺利完成，亦显示他过人之整合能力。

埃菲尔铁塔从举办竞赛开始，即设定为非永久性的构造物，因此主办机关要求铁塔所有金属构件尽量以组合方式施作，以便博览会结束后，可以方便拆解，快速搬离现场。这就是何以铁塔最后使用 250 万颗铆钉，固锁 18038 个金属构件的主因。在设计图完成后，埃菲尔提出 650 万法郎的工程经费，但主办机关只有不到该工程经费 1/4 的预算，妥协的结果是差额的 500 万经费由埃菲尔个人投资兴建，博览会期间铁塔的收入归埃菲尔所有。另外一个条件是铁塔延长使用 20 年，此期间由埃菲尔营运管理，收入亦归其所有，这就是何以铁塔顶层观景台会有私人公寓的原因。或许这也是世界上最早由民间投资公共建设（BOT）的成功案例之一。

1919 年，在 20 年合约到期，巴黎市政府依原定计划收回铁塔，准备拆除此超大怪物时，突然发现在这座全世界最高的塔上安装了天线，可以成为优质的广播电信收发站，铁塔因此暂缓拆除。而发明电视机后，铁塔再度成为电视影像的转送站，埃菲尔铁塔竟因时代科技的演进得以保存，一直至今。

埃菲尔铁塔是 19 世纪西方工业文明最伟大的成就之一，它是世界上著名的构造物，法国的文化象征之一，同时是巴黎具有识别性、代表性的地标。由于 19 世纪西方兴建的钢铁构造物大多未被认可为建筑物，往往在功成身退后即遭拆除，埃菲尔铁塔却以自己的方式存留下来。看着世界上历史名城的发展，以及各地名胜古迹的存废，有时忍不住会想：建筑是否像人一样，也有它自己的命运？看看历史上有多少伟大的建筑在战争中遭受破坏，或被遗忘而倒塌，或在城市现代化的政策下遭到拆除，但总有少数的建筑因不同的理由存活下来，或是在毁坏后再以原貌修复。埃菲尔铁塔工程技术的伟大，以及工程美学，在早期并未受到具有高度文化发展的法国人所关注，但它却因为电信传播的功能存活下来，实在令人感慨。

# 4. 荣军院

在政策、道义与责任上，为法国打仗的老弱、伤残退伍军人应该受到政府妥善的照顾，他们应该在修道会医院，或政府设立的安养院照顾下，度过余生。事实上历任法国国王从未遵守承诺，导致许多退伍军人和伤残老兵多数流落街头以行乞为生，到了寒冷的冬天有些甚至冻死路边。路易十四世继任王位后，即开始认真思考照顾退伍军人的问题。

1670 年，路易十四世开始计划兴建安顿退伍军人和伤残军人的"荣军院"（Invalides）。此计划包括 4000 人的住宿空间（另一说法为 7000 人），以及医院、教堂、餐厅、庭园等空间，容许老弱、伤残军人可以在此正常生活，安养终生。此一计划虽然主要针对退伍军人，但对在职军人亦有正面的意义。在职军人看到国家对退伍军人的照顾，在捍卫国家时，较无后顾之忧。由于此计划的工程经费较高，路易十四世很聪明地从在职军人的薪资中征税五年，以筹备资金。当时在职军人大多愿意缴税，因为他们未来也有机会入住荣军院。

荣军院于 1671 年开始施工，1676 年完工启用，如此庞大的建筑群居然在 5 年内完工，实在非常有效率。此一庞大的建筑群正立面长达 196 米，包含了 15 个大小不同的中庭合院，若包含教堂两侧空地，则共有 17 个中庭。这些中庭一方面作为通风采光的场所，另一方面供居民户外活动之用。中轴线上最大的中庭长约 75 米、宽约 46 米，可以举办较大型活动，有时

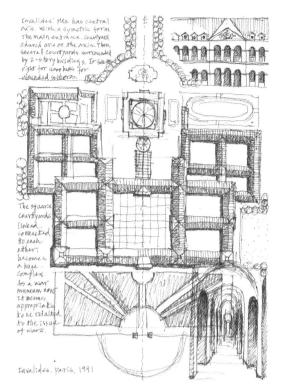

图 3.10　荣军院配置图：规划构想示意图

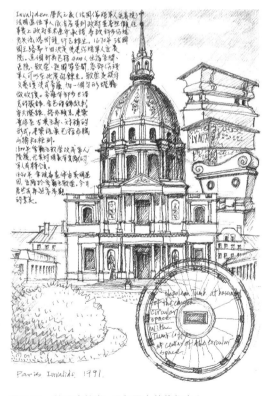

图 3.11　荣军院教堂：退伍军人的信仰中心

还会举办阅兵典礼。1720 年，前后大片庭园完成，居民可到庭园散步休闲。

位于中轴线上的教堂最初并无圆顶穹隆，因受罗马圣彼得大教堂的影响，于后期以巴洛克语汇加金箔，建造圆顶。晴天时，从远处即可看到这座金碧辉煌的教堂，它亦成为巴黎最醒目的地标之一。1800 年左右，穹隆教堂部分空间改成军人陵寝，尤其对国家有重大功勋的人或将领才可长眠于此。1840 年，拿破仑的遗骸被运回巴黎，并安厝于穹隆教堂，其余空间仍维持军人安养院和军人医院的功能。1905 年，荣军院有些空间被作为兵器储藏室使用，由此开启军事博物馆的功能。

20 世纪 50 年代，军人安养院和医院经历第一次世界大战和第二次世界大战，服务法国军人已近 300 年，现代化医疗设施的需求迫使此一历史悠久的国家设施转型。20 世纪中期之后，这里正式被改为军事博物馆。

巴黎原军人安养院重新转型再利用的军事博物馆是世界上收藏军事文物史料最丰富的博物馆。博物馆的收藏包含：自古至今世界各地的兵器，以及历史上主要战争之纪录、战争地图和史料记载等都有详细的资料和陈列。它不仅是一个供民众参观的军事博物馆，它的史料亦对历史学者与军事学家有极大的研究价值。荣军院功能的改变，使法国增加了一个重要的文化资产，亦使世界各地的参访者多了一个重要的造访之处。

巴黎退伍军人安养院和军人医院的建筑美学并非我关心的议题，或许是因为我对历史知识的缺乏，使我不知古今中外，有哪些国王、皇帝兴建过退伍军人福利安养设施。从西方各国的争战，到中国历代王朝的更替，历史记载的是各个战争和战役的结果，以及胜者为王、败者为寇的事件，却从来不提那些年老或伤残军人最后的归宿。就这点我忍不住对路易十四这位国王产生一些敬意。

## 5. 巴黎圣母院

现今巴黎城市的整体风貌和建筑主要于 18、19 世纪形塑而成，只有少部分建筑建于 16、17 世纪，但巴黎圣母院（Notre-Dame Cathedral）却始建于 12 世纪，是巴黎极少数存留的中世纪建筑之一。巴黎圣母院位于旧城区塞纳河的小岛上，它不仅是巴黎少数存留的最古老建筑，亦为法国最具代表性的哥特式建筑之一。圣母院使用的肋拱（rib vault）、飞扶壁（flying buttress）等构造系统，大片多彩的玫瑰花窗（rose window），以及许多模仿自然的雕刻装饰等，都使它成为哥特式建筑的先驱。圣母院典藏丰富的艺术品，以及保存的文物，如历史悠久的管风琴、巨型铜钟等，都使它成为法国珍贵的文化资产。

圣母院建筑造型上显现的量体与装饰、实体与透空、垂直与水平、直线与曲线都呈现完美的比率，十分和谐，它是一幢兼具深度美感与宗教意义的建筑，是一件顶尖卓越的法国艺术品。圣母院所在位置的周边多为深具历史意义的建筑，圣母院的知名度使此区每年吸引至少 1200 万人造访。

Notre-Dame Cathedral Paris, 1991

**图 3.12** 巴黎圣母院：法国最具代表性的哥特式建筑，巴黎重要的历史地标

　　圣母院所在的基地位置，自古以来一直是地方居民信仰崇拜的地方，基地上最早是古罗马人兴建的神殿，然后是 4 世纪末期兴建的早期基督教教堂，9 世纪在原址重新兴建主教堂，然后又改成仿罗马建筑形式（Romanesque）的教堂。1160 年，巴黎主教苏利（Maurice de Sully）决定兴建一座规模宏伟的哥特式大教堂。他拆除了仿罗马式的主教堂，在原地上兴建新的教堂，原有教堂拆卸的石材，原则上保留再利用。主教堂于 1163 年开始施工，当时国王路易七世，提供王室资源，将优秀的石匠、木匠、铁匠、雕刻匠、玻璃匠等，投入兴建主教堂。1345 年教堂完工，举行奉献典礼后，正式启用，施工期程 182 年。

　　圣母院主教堂在完工启用后，并非依始建时期原貌一直使用至今，其间经过数次不同形式语汇的改建，亦经历过恶意破坏与修复的沧桑，形成当前的状态。15 世纪，正值文艺复兴的全面发展，哥特式建筑彻底过时，圣母院内的柱子和墙壁全部用文艺复兴语汇编织的挂毡和织锦画所覆盖。1548 年，法国宗教改革如火如荼地展开，新教派信徒以圣母院的雕像属偶像崇拜为由，将雕像大肆破坏。1699 年，路易十四世在其父亲路易十三世的支持下，大幅整修圣母院，譬如将原有祭坛上耶稣钉在十字架的屏风，改成昂贵华丽镀金的金属围篱；将埋葬在教堂内的墓穴移走；将座椅家具全部更新；祭坛全部改变等。因此，人们参观圣母堂内部时，除了构造体之外，内部的摆设与始建时期有很大出入。

　　圣母院遭受最严重的破坏是 1789 年发生的法国大革命。革命政府认为教会与王室、贵族同属共犯，教会不仅自身迂腐贪婪，同时是王室、贵族的帮凶，教会只服务权贵，从来不在乎庶民百姓的困境，因此应该予以彻底铲除。1793—1794年，教堂内的贵重宝物、艺术品都被破坏或洗劫一空，西侧外墙上有关《圣经》人物的28座石雕像全部被砍头，其他外立面墙上的大型雕像亦全部被摧毁。这28座被破坏的头像到20世纪末幸运被找回。祭坛上圣母玛利亚的名称改为自由女神。钟楼上的巨型铜钟被拆解、熔化。圣母院变成储藏室，并作为非宗教之用途。1801年，拿破仑对圣母院进行了局部修复，但饱受破坏的圣母院仍满目疮痍，巴黎官方一度考虑将圣母院拆除，直到1844年，路易·菲利普国王下令全面修复这一饱经风霜的教堂，至此圣母院才有机会留存至今。

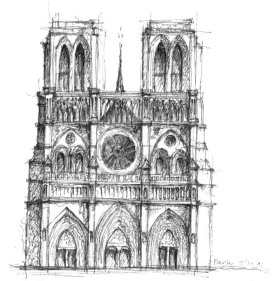

The cathedral of Paris, Notre Dame, has a perfection of its own, with well balanced proportions. The mass and facades, including solid and void, horizontal and vertical, construction and ornament, combine in gracefully harmony. The site of Notre Dame, for more than 2000 years, was once a Gallo-Roman Temple, a Christian basilica, a Romanesque church. Notre Dame began construction in 1160s, and about 1345 the building was completed.

图3.13　巴黎圣母院：不仅是宗教建筑，同时是法国人生活、历史和政治共有的记忆

圣母院于1844年开始的修复，在决策上明显有些武断，修复过程并未经过历史研究和考证，亦无修复委员会的参与和咨询，而是由建筑师个人决定修复内容、工法和方式，以及自行判断始建时期的样式。因此19世纪流行的新古典主义样式语汇也被纳入修复工程中。位于教堂屋顶的塔尖，自13世纪即已存在，1786年被拆除，重新装设了一座更高耸、更多装饰细节的塔尖。凡此皆说明巴黎圣母院主教堂的形式与风格，因历经多次的装修、改建、修复过程，有许多部分已非始建时期的样态。

2013年，4座19世纪时期安装的铜钟被拆下，重新铸造成原有形状和尺寸的铜钟，使铜钟的钟声接近原有效果，此举旨在庆祝圣母院兴建850周年。2018年开始进行整个屋顶和塔尖的修复工程。2019年4月15日，修复工程途中突然发生火灾，大火烧毁整个屋顶的木架结构，塔尖因受不了高温而倒塌，直到晚上9点45分火势才控制住。巴黎圣母院失火的消息，瞬间成为世界新闻，曾经参访过圣母院的各国游客都感到痛心。

大火过后，如何修复圣母院屋顶和塔尖成为争论焦点，法国政府还举办了国际竞赛，试图取得屋顶的修复设计构想，后因遭受非议才停止。许多国际建筑师主动提供设计构想，包括以钢构做成透明屋顶，成为植栽暖房（greenhouse）；屋顶不修复，做成平屋顶花园等。法国总统马克龙（Macron）宣称，他可以接受以当前建筑的新形态与技术修复圣母院。2019年7月29日，法国国会通过法案，要求"圣母院修复工程必须维护保存属于此

纪念物在历史、艺术与建筑上应有的重要性。"此举奠定了圣母堂原貌修复的方向和原则。

一般而言，一幢古迹倾倒毁坏后，不宜以仿古方式完全修复，以避免伪造历史之嫌。但是一幢古迹的存废不宜仅用有形文化资产视之，还要在乎当地居民共有的生活经历和记忆，即一种长久累积的场所精神。圣母院对法国人和巴黎人而言不仅是宗教建筑或古迹地标，同时也是当地生活、历史和政治的一部分。圣母院曾经是拿破仑加冕成为皇帝的地方，近代许多法国总统的告别式在此举行，数百年来每年圣诞夜举办的弥撒仪式，以及各种有关宗教与非宗教的活动，长久以来都已成为人们共有的认知和体验。因此圣母院的屋顶是否原貌修复？是否创新设计？除了古迹的意义之外，都应将历史意义和人们的记忆等多项因素纳入考量。希望历经沧桑、多灾多难的圣母院能早日修复完成，重新与世人见面。

## 6. 奥赛博物馆

巴黎奥赛博物馆（Musée d'Orsay）原为巴黎最重要的火车站之一，在功成身退后，曾经作为不同功能使用，但效果不佳，巴黎市政府曾经计划将奥赛火车站拆除，由民间投资，兴建成国际级的旅馆。奥赛火车站后来幸运保留，并被决定改建成美术馆。1986年底，奥赛博物馆完工启用后，即成为世界上最受瞩目的博物馆之一。原本宏伟挑高的拱形火车站大厅和月台层变成壮丽的艺术品展示场，原有火车站工业产品的钢架玻璃屋顶，经过整修后，成为照明通透的艺术大厅。奥赛火车站修复再利用成功的案例，成为世界各国工业遗产保存再利用的典范之一。

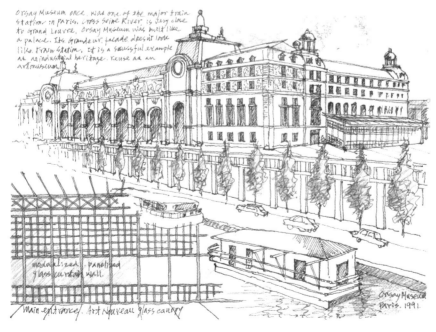

图 3.14 奥赛博物馆：一个从火车站转型成美术馆的成功案例

为了举办 1900 年巴黎世界博览会而兴建的奥赛火车站，于 1898 年动工，1900 年准时完成。1900 年 7 月 14 日奥赛火车站举行通车典礼，它成为法国当时最新颖、设备最好，亦最现代化的火车站。它是法国铁路系统第一条电气化的铁道，每天可发出 200 班次的火车，因其载客容量最大，成为当时巴黎最重要的铁道交通路线。随着法国全国铁路的电气化，火车车厢容量增加，火车行进速度加快，奥赛火车站从最前卫、最新颖、最现代化，变成拥挤、狭小、过时的车站，因此只得改成连接郊区的小型通勤站。奥赛火车站固定的建筑形体、空间和配置，无法跟上时代脚步，历经 40 年的使用，于 1939 年停止运营。

奥赛火车站关闭数年后，1944 年，第二次世界大战欧洲战区解放，巴黎光复，闲置的奥赛火车站成为法国海外流亡人士和爱国人士回国的招待所。在城市重建和社会秩序逐渐恢复后，战争的阴影远去，招待所已无所用处，只得再度闲置。1973 年，奥赛火车站被改成电影院，但营运效果不彰，不到一年再度关闭。1974 年，德鲁奥（Drouot）旅馆承租火车站大厅，当成家具、古董的拍卖会场。在这段时间，巴黎市政府已同意拆除奥赛火车站，原址作为民间投资国际大饭店的基地，所有开发资金亦已准备妥当。当时文化部长雅克·迪

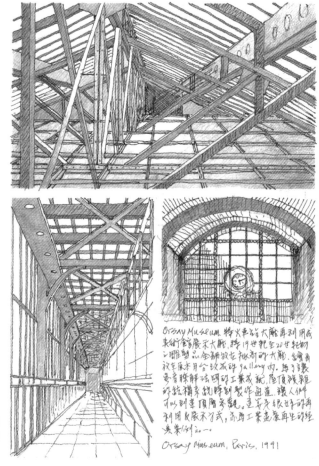

**图 3.15** 奥赛博物馆：在屋顶设置一座空桥，穿过钢构桁架的结构层，可以了解 19 世纪法国的工业技术

阿梅尔（Jacques Duhamel）表达反对意见，并将奥赛火车站纳入当年申请文化资产登录的候补名单。1978年，奥赛火车站正式成为法国文化资产的一部分。

奥赛火车站获得赦免重生后，接下来面临的是再利用的定位问题。当时隶属文化部的法国博物馆总监（Director of the Meseum of France），掌管全法国博物馆业务，在奥赛火车站获得文化资产身份之前，他就已提出将奥赛火车站作为博物馆的建议。他认为卢浮宫典藏了数千年人类的文物，代表过去文明的成就，蓬皮杜艺术中心（Georges Pompidou Center）典藏当代的前卫艺术品，代表现在与未来艺术的积累，但中间少了一个典藏19至20世纪现代艺术运动的博物馆。此建议立即获得蓬皮杜总统同意，继任的吉斯卡尔（Giscard）总统继续以现代艺术美术馆的方向进行改建计划。

1978年，法国政府举办了奥赛博物馆的设计竞赛，从众多参选作品中，由科尔博克（P.Colboc）、巴杜（R.Bardou）和菲利蓬（J.P.Philippon）3位建筑师中标改建奥赛火车站。1981年，法国政府委托意大利建筑师加埃·奥伦蒂（Gae Aulenti）进行室内设计与展场设计。奥赛博物馆典藏的艺术作品来自卢浮宫及其他美术馆，创作年代介于1848—1914年的绘画、雕刻、家具、摄影等。美术馆收藏大量印象派与后期印象派作品，包括：莫奈（Monet）、马奈（Manet）、德加（Degas）、雷诺阿（Renoir）、塞尚（Ce'Zanne）、梵·高（Van Gogh）等当代大师。1986年12月1日，在悠扬的乐声中，在全世界的瞩目下，由密特朗总统主持，奥赛博物馆正式开幕，成为巴黎和世界上另一个重要的美术博物馆。奥赛火车站转型为美术博物馆，成为世界上工业遗产再利用的一个创举。

从建筑面向探讨奥赛火车站和博物馆，最初的设计由3位建筑师进行，由于车站在塞纳河边，位于卢浮宫斜对面，因此在外形参考卢浮宫的造型和语汇，使之拥有皇宫的华丽和纪念性。三位设计者均为法国美术学院（Beaux-Arts）教育系统训练出来的建筑师，因此颇适合模仿古典建筑华丽外形为火车站造型的设计。室内候车大厅与月台层则以工业技术的大跨距、圆拱钢构玻璃为屋顶。有史学家认为奥赛火车站一开始就是一个过时不合宜的设计。火车是一个现代的重大发明，设计者应该以前瞻性的思维，具体呈现此一现代化的特征，而非从过去的历史寻找设计灵感。此种批判不无道理，只是19世纪末的法国，整个社会氛围仍停留在历史样式的折中主义浪潮里，工业技术仅是工具，而非建筑美学的一部分。同样为1900年世界博览会展场的大皇宫（Grand Palace），亦同样以旧时代造型包覆新时代空间。既然它曾经是一个时代的思维，当然也是历史的一部分。

对我而言，奥赛火车站的修复再利用，是一个成功的案例，总面积达2万平方米的室内空间，中间挑高的大厅作为各种雕刻展示的室内广场，属游客聚集的熙攘空间。两侧为4层楼的分层空间，作为绘画的展场，属较静态的观赏空间。此种以原有空间属性与特质进行规划设计的方法，实为一个很好的构想。另外一个不错的想法，是在屋顶层设计一座空桥，穿过钢构桁架的结构层，游客可以借此了解19世纪末法国的工业技术，同时可以看到钢构桁架的美学。

在奥赛火车站闲置的几十年间，由于车站巨大的量体无人使用，导致周边环境日渐萧条，街区、邻里逐渐没落，夜间走过此区看不见任何行人，终至成为一个乏人问津的危险地段，形成现代都会一个没落萧条的社区。1986年奥赛博物馆的开幕首先带来喜爱艺术的参观者，然后是世界各地的观光客。美术馆相邻的店家关闭多年后因而重新开张，周边地区亦因人气兴旺而逐渐繁荣起来。一幢老旧工业建筑的再利用，居然成为城市更新的成功案例，为城市计划和政府决策者提供了一个反思的空间。

# 7. 拉维莱特公园

巴黎科学与工业博物馆园区，拉维莱特公园（The City of Science and Industry，Park de La Villette）原为牛肉市场、牛只拍卖市场、屠宰厂和供应巴黎日常用品的集散地，占地55公顷。自1812年开始营运后，即成为巴黎生活、日用品和牛肉的供应中心。在法国第二共和时期（1847—1870年）建造完成的3幢主要建筑物包括：牛肉交易厅、屠宰场和牛只拍卖场（大玻璃厅）。这3幢主要建筑物的完成，使牛肉和货物的供应变得更有效率，拉维莱特公园就在这3幢主建筑物和其他后加之附属建筑物（如管理中心）中间营运了100多年。

100多年来法国经过第三共和、第二次世界大战、现代化过程等，巴黎市亦从一个国家的首都变成世界性的大都会。人口的增加、自动化设备、冷冻设备、卫生设备等的滞后，都使这个当时全欧洲规模最完整的肉品市场和货品供应地，出现了营运困境。城市的扩张，使原为郊区的拉维莱特公园变成巴黎都会区的一部分，加上牲畜搬运卡车、肉品批发卡车、零售货车等的密集进出，使此区成为巴黎交通最复杂混乱的地方。

屠宰场置于市区内，明显违背城市土地使用的常识和原则。1974年，整个供应中心搬迁至新完成的伦吉斯（Rungis）市场，拉维莱特公园百余年来扮演巴黎居民生活重要的角色结束了。功成身退使它成为一个荒芜、失落的空间。当一个占地55公顷的城市区域功能消失后，连带的是外围环境机能的消失与破败。如何重新开放、使用这块土地，成为当时政府与民间最热络的议题之一。

1982年法国政府开始筹备一个国际竞赛，期盼由国际建筑精英的介入，可以得到这个地区整体开发的构想。整体开发规则的前提明确要求：（1）原有的主要3幢建筑物，必须原地保留；（2）园区定位为科学、科技、工业、音乐、表演艺术、休闲公园，供全国民众使用，不用作房地产开发；（3）原有历史水系全部保留，并应全面再利用，功能包括运输、观光、休闲、景观等。

1983年，竞赛图纸公布，全区规划得奖者为瑞士裔建筑师伯纳德·屈米（Bernard Tschumi），他自1983—1989年完成全区的规划和施工。新建的科学与工业博物馆由建筑师凡西尔贝（A.Fainsilber）负责设计，拍卖玻璃大厅由建筑师莱维（M.Levy）负责整修再利用。

原有区内老房子除了倾倒或不堪使用，抑或不具代表性者之外，其余全部保存、修复再利用。玻璃大厅在原有功能停止营运之后，曾经扮演过不同的角色，包括：大型工商展览，如汽车、家具展等，后来成为大型现代流行音乐和摇滚乐的表演场。玻璃大厅曾经有许多不同的再利用计划，但目前仍以集会、展示空间为主，毕竟先保存完好，日后自然会找到适当的使用方式。

屈米规划设计的拉维莱特公园完成后，立即被世界各地建筑杂志争相报道，屈米亦因此一设计案跃升为国际知名建筑师。此园区被许多建筑评论家称为是一个具前卫性、前瞻性的"解构公园"。解构主义（Diconstructivism）最初由法国哲学家德里达（Jacque Derrida）提出。他认为过去阅读西方哲学的方法有许多盲点，他强调经由解构的方法，可以显示出文本同时存在的各种不同观点，传统阅读方法则较易忽视这些不同，且可能相互冲突的论述。20世纪80年代出现的后现代建筑运动的一支，参考哲学解构主义的观点，将其转化成建筑解构主义。这些前卫建筑师将正统现代建筑的结构原理、构造逻辑予以拆解，使现代建筑重视的连续感、标准化、和谐性全部破除，以破碎、断裂、扭曲的方式，呈现新的建筑形体与空间。

屈米宣称他并不是后现代主义的建筑师，更非解构主义的支持者，他只是认为每个时代都应留下每个时代的设计观点和作品，而非重复过去。屈米在一次日本建筑杂志的访谈中说："拉维莱特公园标题所称的园区（Park），对我来说实际上是一个

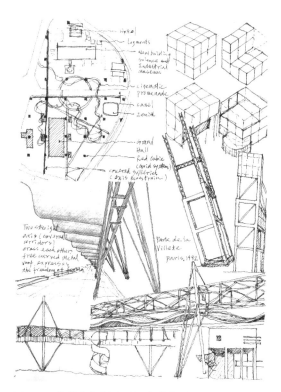

**图 3.16** 拉维莱特公园：以两条轴线形塑区主动线

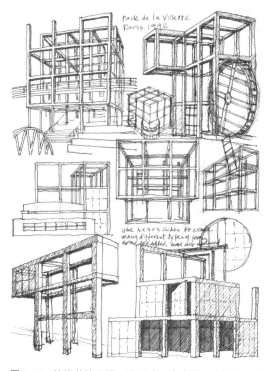

**图 3.17** 拉维莱特公园：以30个正立方体形成园区的节点和视觉地标

新型的城市（city），因此在规划之初，即无意与基地周边的城市纹理结合。基地既有的历史建筑我们让它们原地保留，但我们未将基地内的既有纹理纳入考量，因为我们的规划是一个全新的概念，因此只从纯粹的观念开始着手规划设计……"屈米的访谈，说明了为了达到全新的规划和设计，既有的街道模式（pattern）与历史纹理全部不予考量，以迈向创新的目标。

　　占地 55 公顷的土地范围呈不规则之六边形，屈米不管基地形状，亦无视基地内历史建筑的存在，以两条线形轴线，一条平行塞纳河，一条垂直塞纳河，作为全园区主要动线，不规则的线条置入园区作为次要动线。然后将正方形格状系统套入基地，每个正方形十字交叉的节点，设置一座红色钢结构的正方体。十字交叉节点计有 42 处，实际设置的立方体有 30 处，因有些节点已有建筑物存在，无法设置立方体。正方体的原型是每边 9 个正方形组成的立面，一个正方体由 27 个小正方体所组成，由此以正方体原型为基础，进行不同的组合与变化。这些正方体有的部分挖空，露出梁柱，有的碰到既有建筑物，或临道路，被削掉一部分，因此 30 个正方体皆呈现不同形状，各有特色，但都能看到与原型正方体的关系。这些红色正方体有些作为餐饮空间、医疗站、游客中心等，有些则纯属造型。这些分布规则的立方体成为园区最具特色的一部分。

　　最初园区开发再利用的定位即设定为供全民使用，而对儿童、年轻夫妇的使用尤其重视。园区设有母婴室、托儿所、幼儿游戏设施、一般儿童游戏场，景观庭园、散步道、野

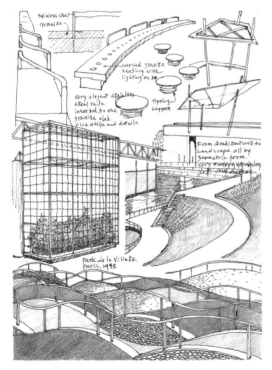

图 3.18　拉维莱特公园：建筑构造与材料、灯具、家具、景观均极为考究

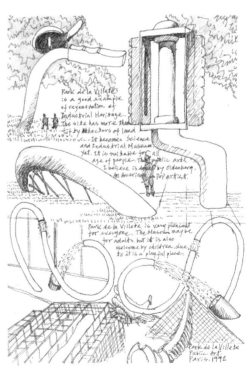

图 3.19　拉维莱特公园：公共艺术的主题和内容非常丰富

餐区等，使所有年龄层的人都可以在此享受应有的设施。园区的座椅、凉亭、灯具等，都经过精心设计，连公共艺术都经过审慎的选择，实在令人感动。科学与工业博物馆的材料与构造极为考究与用心，所有的细节都经过严格谨慎的施作，好像每一个细节都要以最佳方式呈现。

我在园区闲逛了整个下午的时间，看到园区的每一个部分都经过细心的设计与施作，心中实在有说不出的感慨。法国政府的公共建设是以最好的工程预算，呈现最好的质量，以此作为民间投资建设的参考指标。中国台湾的情况刚好相反，不少公共建设多以最低价格发包施作，只满足基本使用需求即可。而民间投资建设的经费和质量均较佳，值得政府参考。另外一个令人佩服的现象是法国大型的公共建设，不仅是建筑质量的问题，更重要的是他们寻求借此提升法国工业技术和制品，将其发展为国际品牌，成为外销产品，进而提升国家竞争力。

1989 年，奥赛博物馆整修完成后的第 3 年，在密特朗总统的主持下，拉维莱特公园和科学与工业博物馆正式开幕。一个废弃的屠宰场经由政府的远见和支持，居然在完工启用后，立即成为法国及世界的另一个重要的"博物馆"。巴黎多了一个世界性观光景点，亦证明了产业建筑和产业遗址可以在作为历史建筑的情况下得到再利用，是新老建筑并存的好案例。

# 8. 劳工圣母堂、法国国家图书馆、阿拉伯文化中心

劳工圣母堂（Notre Dame du Travail）、法国国家图书馆（The National Library）、阿拉伯文化中心（Arab World Institute）3 者均非旅游景点，旅游书和导览地图均未标示此 3 幢建筑物的名称和位置，一般游客亦无兴趣。但因前 2 者为 19 世纪之经典建筑，第 3 者为 20 世纪末期现代科技建筑的代表作，因此将 3 者放在一起讨论，分享心得。

## 劳工圣母堂

劳工圣母堂（Notre Dame du Trarail）位于今之巴黎第 14 区的蒙帕尔纳斯（Montparnasse）。蒙帕尔纳斯位于巴黎市南边，昔日属巴黎市郊区。19 世纪末至 20 世纪中叶，此区居民多为劳工阶层。19 世纪末这里的劳工主要在为 1900 年巴黎世界博览会进行准备工作，包括蒙帕尔纳斯火车站、奥赛火车站、博览会会场，以及其他基础建设的建造。由于当时有 35000 人居住在此一劳工社区，却只有一座小教堂，明显无法满足社区居民崇拜天主的需求。1897 年，神父苏朗热—博丹（Roger Soulange-Bodin）发起信徒募款，计划兴建一座较具规模的教堂，供劳工居民礼拜使用。

苏朗热—博丹神父非常积极投入新教堂的筹建工作，他期望这座属于劳工阶级的教堂可以在 1900 年，与世界博览会同时开幕使用。届时，忙碌的劳工可获得休息，各地的劳

工有机会来体验专为劳工准备的教堂，此处可以成为一座促进劳工团结与和谐的圣殿。劳工圣母堂于 1899 年才正式开工，1901 年建筑构造体完成，1902 年正式启用，世界博览会已经落幕。

劳工圣母堂采用早期基督教巴西里卡（Basilica）集会所对称的平面，中间为主堂，宽度约 10.6 米，两边为侧廊，宽度约 4.6 米。外墙为米黄色石材叠砌的承重墙。正立面与中世纪早期基督教教堂相似，以对称方式呈现中间较高大、双面斜屋顶的主堂立面，两侧是较低矮单边斜屋顶的侧廊。正立面有 3 座圆拱，中间大圆拱为主入口，两侧较小圆拱为侧廊的采光窗扇。正立面及转角外突的柱体为承重墙的支撑，有点像是仿哥特式建筑的飞扶壁。整座教堂呈现 19 世纪模仿历史样式的折中主义风格。

初看之下，劳工圣母堂并无特殊之处，但它之所以被纳入建筑史书，主要在于屋顶内部结构系统的卓越表现。圣母堂以金属桁架支撑屋顶，连接屋顶部分的上层构件，以直线顺应屋顶斜度，下层构件以圆拱形状，与垂直铁柱相接，上层与下层构件之间以交叉构件构成桁架。主堂与侧廊大小不同的圆弧桁架以相互交叉方式呈现，桁架构件多以铆钉固定，而非焊接。金属构件细致轻巧，柔顺完美，使整个结构系统简洁透空，但又不失结构美学上的丰富多变，实在是非常了不起的工业技术成就。我认为即使在今日，完全模仿劳工圣母堂的金属构架系统重新施作，恐怕也不易达成相同的效果，即使能做到，工程造价必然会很高。

19 世纪中叶以来，金属构件建造物很少被当成真正的建筑看待，因此许多大跨距的

图 3.20 劳工圣母堂：一个促进劳工团结与和谐的圣殿

图 3.21 劳工圣母堂：以工业技术呈现上帝的殿堂

建筑物使用了工业技术的金属构架系统，达成使用需求的目标，但却用模仿历史样式的古典建筑外形为包装，以符合当时社会的期待。劳工圣母堂并非大跨距的建筑物，但却使用了金属构架系统，在当时是非常前卫的尝试，因当时只有火车站、工厂、展览场等工业取向的建筑物才会使用金属构架系统，而教堂属于上帝的殿堂，在正统上属庄严神圣的地方，却前卫地使用金属构件，这可能是西方文明前所未有的现象。

劳工圣母堂并未出现在旅游书上，巴黎的导览地图亦未出现劳工圣母堂的名称和位置，它所在的蒙帕尔纳斯区更非旅游景点区。美国当代著名建筑史学家肯尼思·弗兰姆普敦（Kenneth Frampton）在其著作《现代建筑，1851—1919 年》（*Modern Architecture*，*1851-1919*）一书里将劳工圣母堂纳入 19 世纪的代表作品之一，书里的照片非常吸引人，即使该书作者对圣母堂外观有所批判，但仍肯定其金属构架的成就。对我而言，它仍是一个杰出卓越的现代建筑作品，值得参访。

## 法国国家图书馆

位于巴黎的法国国家图书馆（The National Library）是世界上藏书量最多，典藏类别最丰富的图书馆之一。1868 年兴建完成的图书馆建筑，以及 1875 年的增建部分，均成为西方近代建筑史 19 世纪的代表作之一。我来巴黎之前即已安排国家图书馆之行程，因此特别避开游客众多的旅游景点，前来参观体验。非常令人吃惊的是法国国家图书馆不对任何人设限，包括我这个外来游客，背着照相机和背包亦可自由进出任何阅览室和开放的藏书室，唯一限制的是不准拍照。这点让我很失望，后经警卫的引见，与公关室主任协商，这位中年女性主管在了解了我在大学教授西方近代建筑史的课程且拍照理由是为了充实教材之后，同意在不使用闪光灯的原则下，让我拍几张照片，总算让我了却一个心愿。

西方公共图书馆的设立源自古希腊、古罗马。古希腊、古罗马的城镇规划会将公共图书馆设置于城镇中心的主要位置，公共图书馆与巴西里卡集会堂、市集、公共浴场、运动场等公共设施相近，大概是因为充实知识，培养独立思

**图 3.22**　法国国家图书馆：以 9 个正方形组成一个大型阅览空间

考的能力，是公民应有的责任，此种观点在今日的文明社会仍然成立。在罗马帝国衰亡后，中世纪1000年，教会拥有自己的图书馆，书本不对外开放，即使神职人员亦只能阅读有限的书籍，这种由教会控制、垄断知识的现象，直至15世纪文艺复兴时期才逐渐改变。

一般史学家认为法国图书馆的源起，可追溯至1368年查理五世（Charles Ⅴ）于卢浮宫开始典藏的手抄书籍。查理五世有生之年，一直积极鼓励、推动典藏书籍，后继者亦继续收藏书本，直至1424年英国驻法国代表以片面收购方式，将这些书籍运回英国而告终。

1461年，路易十一世（Louix Ⅺ）重新开始在卢浮宫典藏书籍，随后继任的几位国王亦继续收藏书籍。1604年，亨利四世（Henry Ⅳ）的王室图书馆已是当时世界上收藏最多元、最丰富、数量最多的图书馆。随后由王室任命的图书馆馆长皆积极从各地采购书籍，并为藏书制作了编目系统。1692年，王室图书馆正式对外开放，这可能是自罗马帝国衰亡后，西方世界少有的公共图书馆之一。

法国大革命期间，许多贵族和教会受到攻击，为了避免书籍遭受破坏损毁，他们将收藏的书籍捐给王室图书馆，使图书馆藏书大增。1792年9月，法国第一共和成立，法国大革命时期的国民议会裁定王室图书馆收归国家所有，因而更名为"国家图书馆"。法国王室历经400余年，不断地购买、典藏和扩张，图书馆正式成为法国人民的财产。拿破仑称帝后，全力支持国家图书馆书本的收藏，他从各地征战、掠夺的书本都送到国家图书馆收藏。1836年，国家图书馆已收藏超过65万册的印刷书本，以及8万册的手抄书籍。

1868年，由建筑师拉布鲁斯物（Henri Labrouste）设计的图书馆新建筑完工，1875年、1896年，图书馆经过二次扩建工程，以容纳日益增加的书本、资料、图片、手稿等。这3期兴建的图书馆建筑均成为19世纪末期法国的经典作品。1920年，法国国家图书馆的收藏已超过405万册，是世界上典藏最丰富的图书馆。

1868年兴建的图书馆，以及1875年增建的图书馆，在外形上与19世纪同时期兴建的公共建筑类似，均为较保守的设计。建筑物以红砖叠砌之承重墙为构造体，外墙转角与窗洞收边以外露石材加固。建筑高3层楼，一、二层为砖构承重墙，三层为斜屋顶，窗洞与实墙部分以标准化尺寸交替出现，形成公共建筑庄重严肃的意象。国家图书馆的建筑外形并非重点，亦非使它成近代建筑史的经典作品之理由。它最重要的部分是内部空间，拥有一种由金属玻璃结构系统所形成的空间效果和结构美学。

图书馆阅读大厅挑高4层楼，平面由9个正方形单元组成一个大空间。9个正方形平面以纤细的铸铁柱支撑屋顶，屋顶由9个正方形平面形成9个圆顶。每一个圆顶中间都有一个圆形天窗，使阅览大厅获得足够的自然采光。铸铁支柱修长细致，与圆弧屋顶的转接柔顺润滑，显示此时期法国卓越优良的工业技术。阅览大厅的墙面，有4层铸铁结构系统构成的藏书空间，每一层的书架靠墙而立，书架前面是一个透空走廊环绕于挑高大厅，使读者可以方便取书。图书馆的整体空间效果像是一个宏伟的知识殿堂，建筑师暗示了知识殿堂与上帝的殿堂（教堂）同等重要。1875年增建的大型椭圆阅览室，面积更大，同样是挑高 4 层楼，沿着墙面仍为 4 层楼高的书架，屋顶为金属桁架大跨距之结构系统。此椭圆阅览空间高大壮观，显示此时期对知识殿堂的重视。其金属桁架系统再度显示当时法国工业技术的卓越成就。

1988 年 7 月，法国总统密特朗正式宣布法国将增建一座世界最大、最现代化的国家图书馆。1996 年增建的图书馆获得欧盟当代最佳建筑大奖。2016 年，法国国家图书馆已典藏超过 1400 万本书，除了书本之外，图书馆典藏许多手抄书籍、名人手稿、照片、版刻、地图、乐谱、建筑设计图、版画、钱币、奖章、录音文件、纪录片、多媒体文件等，使国家图书馆除了阅读、研究、出版等功能之外，尚收藏了无数历史资料与无形文化遗产。整体而言，图书资料的典藏，不仅是一个国家知识、文化的累积，同时是一种国力的展现。

**图 3.23**　法国国家图书馆：9 个正方形形成 9 个圆顶，显示 19 世纪法国高度的工业技术

## 阿拉伯文化中心

阿拉伯文化中心（Arab World Institute，简称 AWI，法文简称为 IMA）最初是于 1980 年巴黎成立的阿拉伯文化组织，该组织是由 18 个阿拉伯国家与法国共同组成，其宗旨是在研究和推广有关阿拉伯世界的文化和精神价值。由于法国长久以来缺乏对阿拉伯文化的了解，借助此学院的成立，可以弥补这方面的不足。此学院进行阿拉伯世界的历史、文学、艺术、知识、美学等方面的研究，并将研究成果发表，以增强法国对阿拉伯文化的了解。它同时成为阿拉伯世界在文化上与欧洲互动、交流的桥梁。

西方先进国家中，除了法国大概不会有其他国家会成立阿拉伯学院（文化中心）。法国对其他民族文化的研究有其历史渊源，譬如 1898 年法国成立的东方学院即为一明显的例子。法国成立东方学院的目的是对印度、中国，及亚洲其他地区的文化、历史、语言、宗教、考古学等进行研究。其最大贡献之一是保存、修复柬埔寨的吴哥窟，并协助将其成功指定为世界文化遗产。反之，如美国、英国等大国，总以自身文明的优越感为标准，以基督教信仰为核心价值去衡量其他民族和地区的文化和习俗，其结果当然是看不到别人文化上的长处和优点。

1981 年，法国政府举办了阿拉伯文化中心的建筑竞赛，由法国建筑师让·努韦尔（Jean Nouvel）获得首奖，取得设计权。建筑工程经费由阿拉伯国家与法国共同分担，建筑空间包括：博物馆、图书馆、表演厅、餐厅、画廊、展览厅、办公室、会议室等，总建筑面积约 16894 平方米。

努韦尔设计的建筑物是主要由一个弧面量体与一个长方形量体所组成的造型。造型量体单纯简洁，形体配置清楚呈现基地环境与周边纹理的关系。弧面量体以玻璃幕墙加上密集细致的水平线条，像是一条条水平遮阳百叶，弯曲柔顺地面对塞纳河弯道，使建筑立面与河流相互辉映。长方形量体以模度相同的正方形格状系统做成玻璃帷幕外墙，面

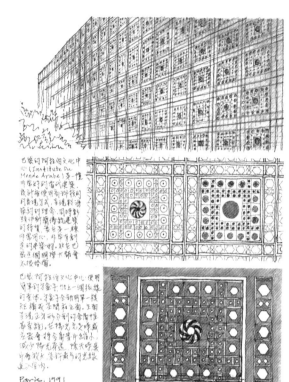

图 3.24　阿拉伯文化中心：以高科技诠释伊斯兰建筑文化的特征

向格状道路系统的社区。这两个量体组成的建筑物面对基地周遭环境不同的纹理，以不同的面貌和性格作对应，实为一个重视基地纹理的成功案例。

整幢建筑以现代建筑标准化尺寸为设计原则，朝西南向正立面由相同正方形格状系统所组成，每一个大正方形再用金属以几何线条分割成不同尺寸的小方形隔屏（Screen），各种小方形隔屏都有一个窗洞。每一个大方格设置一组光线感应器，当西南向阳光直接照射在墙面时，所有窗洞隔屏会自动关闭，使强烈的阳光被阻挡在外面。当阴天时，所有隔屏会自动全面开启，让最大量的自然光可以进入室内。此种以科技方式，达到节能减碳的效果，同时彰显建筑造型的特色，不失为一种好的构想。

走进室内空间，看到相对较不明亮的照明系统，才知道是建筑师刻意营造的环境与氛围。从室内往外面看去，可以看到透光明亮的窗洞与黑暗隔屏所形成光影、亮暗强烈对比的效果。我曾在西班牙南部看到伊斯兰建筑，以及后来在土耳其、摩洛哥、埃及看到靠近沙漠的伊斯兰教建筑，室内空间通常比较幽暗，外墙以几何拼贴模式（Pattern）形成空心花砖，作为采光和通风的隔屏，传统的地方风格非常清晰，令我印象深刻。阿拉伯文化中心以高科技方式达到节能减碳的效果，真正目标却是以现代科技设计、诠释、暗喻传统伊斯兰建筑的场景和氛围，对我而言，实在是一个了不起的构想和创意。

正立面采用开关缩放隔屏，以控制采光构想的设计观念，实际上来自传统单眼照相机

快门的原理。传统照相机是以底片感光形成影像纪录。拍照时，若阳光强烈，必须将镜头快门收缩，以减少进入镜头的光线，降低底片的曝光率。反之，阴暗时，必须将镜头快门放大，以增加进入镜头的光线，强化底片的曝光率。这是所有使用传统单眼照相机的人所熟知的光学原理。建筑师将传统照相机的感光技术，转化成建筑立面的设计，使高科技的滤光隔屏隐约呈现传统伊斯兰教建筑的几何花砖，实为一个创举。

1987 年，在法国总统密特朗的主持下，阿拉伯文化中心正式完工启用。它不仅为巴黎城市风貌注入新的生命，同时验证巴黎是前卫建筑的实践场地。全世界主要建筑杂志均争相报道阿拉伯文化中心的建筑成果，建筑师努韦尔亦一跃成为国际知名建筑师。

# 9. 蓬皮杜中心

蓬皮杜中心（Pompidou Center）是以法国总统乔治·蓬皮杜（George Pompidou，任期 1969—1974 年）命名，它是一座收藏了艺术、文学、图书作品的综合中心。20 世纪 60 年代，巴黎市政府即开始筹划在巴黎第 4 区设置一座图书馆供当地民众使用。同时期，法国文化部部长正在思考巴黎作为世界文化与艺术的领导城市，应该建立一座当代艺术馆以典藏当前发展的新艺术作品。几经讨论与协调，1969 年，法国政府决定兴建一座兼具图书与当代艺术收藏功能的中心。

1971 年，法国文化部举办蓬皮杜中心建筑国际竞赛，开放世界各国建筑师参加设计，这是第一次法国容许外国建筑师参与法国的建设。此竞赛在国际上获得热烈回响，总共有 681 件参赛作品，来自世界上许多国家。竞赛评审团由国际知名建筑师所组成，几经讨论评审团最后选择了由罗杰斯（Richard Rogers）和皮亚诺（Renzo Piano）二人合作的作品作为首奖。

罗杰斯是英国人，皮亚诺是意大利人，两者都为 30 岁出头的年轻人。1971 年，正值由美国源起嬉皮运动的末期，两位长发披肩、满脸胡须、奇装异服、傲然不驯的外国青年获得法国国际大奖，并由庄重严肃、西装笔挺的蓬皮杜总统颁奖，形成难以置信的对比。更

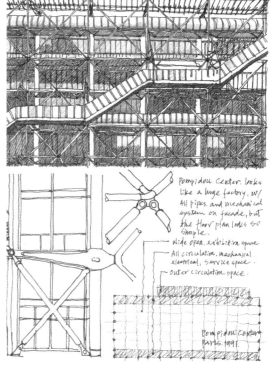

**图 3.25** 蓬皮杜中心：建筑立面成为城市活动的一部分

令人难以想象的，是由这群国际大师组成的评审团所选出的作品居然像一座管线林立的工厂，而非建筑。法国文化界、艺术界以及一般社会大众，有许多人群起攻击批判得奖作品，他们认为法国政府是要花费高昂的工程经费兴建一座与巴黎毫无关系、惊世骇俗的大怪物。

法国文化部排除批评与非难，依照国际评审团选出的首奖作品，进行筹建工作。1977 年 1 月 31 日，蓬皮杜中心正式完工启用，许多社会大众对这座大怪物仍难以接受，历经许多时日才逐渐习惯。另外有些评论者认为蓬皮杜中心是自 20 世纪初以来，巴黎最前卫、最醒目的建筑作品。

一般而言，建筑师设计时，会将机电、空调、水电等必要设备隐藏在室内空间和天花板内，使建筑外观和造型可以依建筑师的喜好和期待来设计。如果

图 3.26　蓬皮杜中心：所有的结构和管线系统外挂，使室内保持一种纯净的空间

为了造型的理由，也可能将管道间设置于外立面，成为造型的一部分。蓬皮杜中心的设计构想与常理相反，建筑师将结构、机电设备、空调、消防、动线等必要设施之系统，从内部到外部彻底翻转。使原本被认为该隐藏的管道和设备全部成为外立面和造型的一部分，而且不做包覆和隐藏（如：设置管道间）。建筑师将所有管线用颜色区分，绿色是水管，蓝色是空调风管，黄色是电管，红色是消防管，白色是结构构件，这些多彩的各种管线成为建筑造型的主要部分。另外，主要动线系统，如楼梯、电梯、电扶梯、主要走道等，亦外挂在主要立面上。游客在每一层美术馆参观完该层的艺术品，会回到正立面的公共走道，再前往另一层的美术馆参观。正立面成为一组立体交叉的街道，永远可以看到众多游客进出、停留或上下移动，此场景与广场上观看街头艺人表演的群众产生互动与关联。建筑立面成为城市活动的一部分，呈现一种活络机动的表情，而非一般美术馆、图书馆的立面呈现静态、封闭的内向性格。或许因为此一建筑观念，使蓬皮杜中心成为世界上最受游客喜爱参观的美术馆之一。

建筑师皮亚诺声称："蓬皮杜中心并非只是一幢建筑物，而是一座城镇，在那里可以找到所有的事物，包括：餐饮、艺术、图书、音乐等。"2007 年建筑师罗杰斯获得普利兹克建筑奖（The Pritzker Prize），评审团说："美术馆长久以来是社会精英的纪念堂，蓬皮杜中

心转化成社会与文化的交流场所，融入城市的核心。"似乎建筑评论家与史学家均未提到蓬皮杜中心与 20 世纪初意大利未来主义（Futurism）的关系。

1909 年 2 月 20 日刊登于法国费加洛报纸的"未来主义宣言"（Manifesto Futurista），正式开启未来主义运动。未来主义由一群意大利年轻艺术家发起，强调新时代的新诗运动与前卫艺术。1914 年，年轻建筑师圣埃利亚（Anotonio Sant Elia）在创始人马里内蒂（F.T.Marinetti）的协助下，共同完成未来主义建筑宣言。此宣言虽以建筑为主要标题，实际上是在强调建筑与现代工业化城市的关系。此宣言中对现代城市的论述，如："城市是一种现代社会力整体聚合的表现"（Collective expression of the forces of society），以及"城市是快速机动（dynamism）、充满活力（vitality）、喧嚣嘈杂、多元丰富、立体交叉的地方。"这些在 1914 年"预测式"的观点，与当今各地大都会出现的现象和状况颇为相似，此亦验证了未来主义者前瞻性的看法。

未来主义者极端厌恶砖石构造的传统建筑，高度颂扬工业化、机械化的建筑美学。他们强调建筑外形应与现代工业化城市机动的意象结合，使建筑外形成为人流动线与使用活动的一部分。宣言中，对建筑的定义和论述，如："建筑外形应与喧嚣的城市结合，并彼此串联，而非孤立、内向、安静的个体""建筑是一个超大的生活机械，必须充满机动力和活力"，以及"使建筑成为真实生活空间的楼梯、电梯、机械设备等应配置于外墙（以便与机动、活力、立体交叉的城市相连）。"这些观点好像就是在预测蓬皮杜中心的诞生，虽然两位设计建筑师从未承认受到未来主义建筑宣言的影响。

未来主义建筑师圣埃利亚设计绘制了许多管线和设备外露的工厂、火车站、公寓大厦，以及城市立体交叉交通繁忙的意象图，这些工业化、机械化的设计图呈现一种乌托邦的理想，一种令人陶醉的场景。由于他过于前瞻性的构想，无法见容于当时的社会，使他一生从未真正实践完成任何一幢建筑。60 余年后，蓬皮杜中心的设计观念虽然受到未来主义建筑思想的影响，使未来主义建筑理念得以具体实现，但仍无损这二位建筑师在建筑艺术上的成就。蓬皮杜中心的外观像是一个超大的机械，管线复杂多元，立面像是一组忙碌的立体街道，但内部空间却非常干净简单，通透开展，空无一物，使艺术展览保有最大弹性，其真正目的是使艺术品成为空间的主角，而非建筑。就这点，建筑师的构想还是值得肯定的。

## 10. 罗丹美术馆

罗丹美术馆（Rodin Museum）主要为纪念罗丹（August Rodin）的艺术成就而设，它既是名人纪念堂，亦为艺术品的展示馆。罗丹一直被认为是现代雕塑的先驱者，在现代艺术史上享有盛名。他 1840 年出生于巴黎，年轻时即对雕塑有高度的兴趣，但他申请进入美术学院就读的过程却很不顺利，几经波折，直到后来才有机会进入美术学院。毕业后不到几年，其高度的艺术才华即已开始受到重视。罗丹的作品主要以大理石雕刻与铸铜雕塑为主，他一生中完成许多经典作品，最为人所熟知的包括：《地狱门》（Hell's Gate）、《沉思者》（The Thinker）《吻》（The Kiss）等，这些作品都使他生前享受荣耀，辞世后享有盛名。

罗丹美术馆原先是罗丹的住家兼工作室，此住家并非由其兴建，而是从他人手中购得。该建筑物为两层楼、斜屋顶、两侧各有一座塔楼、形式对称的古典建筑，堪称是庄园式的豪宅。建筑所在的基地范围甚广，整座庭院呈现仿文艺复兴式的风格。像许多古迹、历史建筑一样，此庄园自兴建完成，历经多次易主、变更使用功能，最后变成纪念美术馆。所幸始建时期庄园建筑的外观和空间并未经过太多的改动。

1728 年比龙（Marshall Biron）建造一座庄园作为自己的住家。比龙过世后，此一庄园有一段时期为舞厅之用，在另一段时期成为梵蒂冈教廷驻法国大使馆，后来又成为某位外国使节官邸。1904 年后花园成为一所小学，主建筑物成为艺术家的工作室，尔后罗丹搬进该建筑物，这里成为他个人的住家和工作室。1917 年罗丹过世，该建筑物改作为罗丹纪念美术馆至今。

罗丹住家改成美术馆后，建筑物维持原貌不变，但庭园重新整修，恢复成 18 世纪最初建造完成时的样子。罗丹美术馆从建造完成至改成美术纪念馆止，共约 191 年，期间虽更改为不同的用途，但外形并未变动，室内空间亦大抵维持原貌。罗丹美术馆亦为将名人故居原封

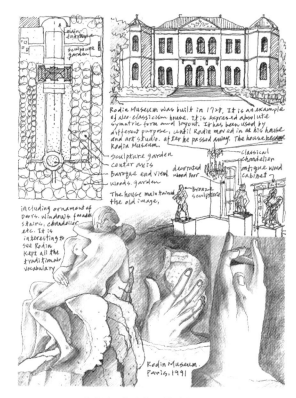

图 3.27 罗丹美术馆：名人故居转型成美术馆的案例

图 3.28 罗丹美术馆：一个兼具艺术和景观的雕塑庭园

不动改成纪念馆，加之以再利用的典型案例之一。由于兴建之初是被作为住家使用，虽然基地宽广，且在当时属于上流社会的庄园，但将住宅改成美术馆、原有空间作为展览使用，仍显得有些拥挤。因它是罗丹的故居，因此具有不同的意义。

罗丹美术馆的展览空间主要分为室内与室外两部分，室内即原住家改成的美术馆。主要展示作品包括手稿、草图、小型铜雕与石雕、中型大理石雕刻等。这些作品安置于起居、客厅、卧室等空间，原住家隔间完全维持原貌，地板、灯具、白灰墙和整体空间氛围，亦以原有家居形态呈现。此种展示方式，显示再利用计划者刻意强调罗丹住家的空间和意象，而非纯粹美术馆的场景。因它不仅是座美术馆，更重要的是罗丹纪念馆。

罗丹美术馆只是整座庄园的一小部分，建筑物的前后左右均为庭园，建筑前面的庭园主要为草地和花圃，视野较开阔，适合设置大型雕塑品。从正门进入庄园，其右侧有一基座较高的雕像，即为沉思者。入口左侧尽头的大型浮雕是地狱门。建物后面的庭园更大，正对建物中轴线的是草地和花圃的开放空间，开放空间两侧为绿意浓密，古木参天的树林，许多雕塑品就在绿荫林间默默伫立。这些作品与庭园相融合，形成一个兼具艺术和景观的雕塑庭园。参访者来到罗丹美术馆，一方面可以拜访名人故居，另一方面可以欣赏当代伟大的艺术作品，同时可以享受法国18世纪庭园的乐趣，这些都是罗丹故居再利用成功的原因。

# 11. 蒙马特尔

蒙马特尔（Montmartre）属现今巴黎市的第18区，昔日属巴黎旧城北边的郊区，如今成为巴黎核心区的一部分。蒙马特尔曾经有人活动的历史虽可追溯至1000余年前，但这并不是重点。蒙马特尔之所以具有国际知名度主要是因为19世纪末、20世纪初，有许多艺术家、音乐家、作家居住于此区。这些艺术家由后人出版的作品集和传记，都会提到他们蒙马特尔生活的点滴，使喜好近代艺术的人对蒙马特尔多少有些认识。我在大学时期，阅读西方艺术史时，看到梵·高、毕加索等人，在蒙马特尔廉价破旧公寓里燃烧生命、拼命作画的记载，印象非常深刻，导致我来到巴黎就想住在蒙马特尔。

图 3.29　蒙马特尔：一个思古幽情，浪漫典雅的小山城

1859 年，拿破仑三世与城市规划师奥斯曼（G.E.Haussman）正式启动巴黎城市美化改造工程。为了建造林荫康庄大道、公园绿地与广场，以及新的公寓大厦，需要大片土地，奥斯曼拆除密集老旧社区，将住在这些社区的贫民驱赶迁移至巴黎东北边的拉维莱特（La Villette，今之科学与工业博物馆园区附近），以及北边的蒙马特尔。这两处在当时均属巴黎市的荒凉郊区。在一时之间，蒙马特尔狭窄的街道与拥挤的房屋得到兴建，随后木工坊、铁工坊、酒吧、咖啡屋、红灯区等纷纷设立，原有旧城区的工作营生方式全部搬到蒙马特尔，形成新的贫民区。

蒙马特尔生活费低廉，房租便宜，使许多穷艺术家迁往此区，包括：达利（Salvador Dali）、莫奈（Claude Monet）、毕加索（Pablo Picasso）、梵·高（Vincent Van Gogh）等人，其他如：雷诺阿（Auguste Renoir）、德加（Edgar Degas）等，亦在此区创作工作。这些当时穷困潦倒、满腔热血的艺术家，后来都在艺术史上占有一席之地。蒙马特尔，这个巴黎城市美化工程政策的污点，法国社会分配不公的历史场所，却象征着早期前卫艺术家奋斗崛起的地方。蒙马特尔因此成巴黎浪漫怀旧的一个观光胜地。

如今，蒙马特尔已被巴黎市政府指定为历史街区，所有街道纹理、市街立面均维持原样，房屋改造、建筑开发，都要经过严格的审查，以确保历史风貌。由于蒙马特尔曾经是巴黎的郊区，早期在这里设置了两座墓园，这两座墓园也成为历史街区的一部分，纳入文化资

图 3.30　蒙马特尔圣心教堂：坐落于山丘顶端，成为巴黎醒目的地标

图 3.31　蒙马特尔地铁站：主要为新艺术运动的设计语汇

产保存的范畴。初次来访的游客对市区内会有大片的墓园颇感不解，而且墓园居然被纳入观光景点之一，更令人难以想象。

我从繁忙热闹的街道走进墓园，信手拿了一张导览地图，才知道这里埋葬了许多艺术家、诗人、作家、舞蹈家、作曲家、演员等。文学家左拉（Emile Zola）的坟墓位于入口圆环边，印象派画家德加（Edgar Degas）的坟墓在墓园东侧边缘的墙角。由于时空背景的关系，所有的坟墓除了设置墓碑石之外，都有不同程度的雕刻装饰物，较高大者是比例较小的希腊神殿，较简单的是设立一座十字架，有许多女性坟墓设置圣母玛利亚的雕像，男性坟墓较多的雕像居然是罗丹的沉思者。蒙马特尔墓园规划得很整齐，园区整理得很干净，几棵老树枝叶开展，浓郁密荫，走在碎石步道上，除了虫鸣鸟叫之外，感到特别的宁静祥和。

蒙马特尔位于丘陵地之上，最高的山丘海拔 130 米高，街道顺应等高线设置。两条平行道路的高差，以阶梯连接，较缓地形设置缓坡街道，至较陡处会设置几个阶梯，再连接缓坡道，街道纹理形成一个小山城。许多这类老街仍维持最初设置的形态，成为历史街区最具代表性的一部分。不论走在缓坡老街上，或是走在山丘阶梯上，都有一股思古幽情的浪漫氛围。

山丘最高点是 1876 年开始兴建、1914 年完成的圣心教堂（Basilica of the Sacred Heart），这座白色高耸的教堂坐落于山丘顶端，成为巴黎醒目的地标。游客到达山丘高点，可以参观教堂，观赏街头艺人表演，同时可以眺望巴黎市区的风貌。圣心教堂虽为 20 世纪初才完成

**图 3.32**　蒙马特尔社区广场：摆设许多年轻艺术家的作品，待价而沽

Montmartre, old street
Paris, 1991. 主 Homs

**图 3.33** 蒙马特尔登山路径：小山城的古道，步调悠闲自在

的仿古建筑，但因位处山丘之最高点，成为巴黎醒目的地标，因此仍受大众所喜爱。

自 19 世纪中叶开始，蒙马特尔即为年轻艺术家、文学家，以及其他自由业者聚集的地方，他们过着在咖啡屋、酒吧大放厥词、自由自在的波希米亚式（Bohimia）生活。直至今日，此区仍为年轻族群聚集闲聊、享受夜生活的地方。这里稍宽的人行道和社区开放空间，都摆满了街头艺术家的画作，或许这些艺术家为了生活糊口才在街头卖作品，内心深处可能还是梦想有一天会成为知名画家，就像当年尚未成名的艺术家一样。昔日红灯区改成各种特色商店，成为大众休闲消费的场所。1889 年于红灯区成立的红磨坊（Moulin Rouge）是闻名世界表演康康舞（Cancan Dance）的发源地。历经 130 余年的营运，至今女舞者表演的红磨坊，仍吸引世界各地的游客前来观赏。如果巴黎的卢浮宫、圣母院、香榭丽舍大道象征精英阶层的生活水平与品位，蒙马特尔则代表着庶民日常生活的社交场所与欢乐之地。

我住在蒙马特尔的小旅店里，每日一早出门参观巴黎，傍晚回到旅店，每日行走不同路径，体验历史街区的特色风貌。虽然来访游客颇多，但整体步调尚称悠闲，生活费也比城中区便宜。每日进出地铁站，看到的都是新艺术风格的车站造型，新艺术运动（Art Nouveau）是现代建筑的一支，主要发生于 20 世纪初的法国、西班牙、比利时。这些新艺术风格的地铁车站虽然比不上巴塞罗那高迪作品的规模，但仍见证了巴黎是新艺术运动的发源地之一。

# 12. 拉德芳斯

拉德芳斯（La Defence，巴黎卫城）位于巴黎西郊，此区为西边进入巴黎最外围的地方，1883 年在此设置了一座名为"捍卫巴黎"的雕像，以纪念普法战争期间死难的英雄，因故得名。1958 年以前，拉德芳斯大片土地上只有几座工厂，数间简陋闲置的小屋，以及一些散布其间的农舍，部分土地为农地，多数的土地为荒地。拉德芳斯区虽与巴黎市区相邻，却是一个长久被人遗忘、乏人问津的地方，直至 1958 年才出现转机。

第二次世界大战后，城市基础建设完成，现代化商业区的设立，成为城市发展急迫且重要的一个课题。巴黎市区已无法找到大片可开发的土地，零星土地的开发恐造成巴黎市区风貌和意象的

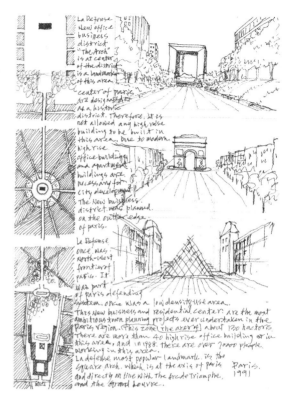

图 3.34　拉德芳斯城市轴线：卢浮宫、凯旋门、大方拱形成一个历史与现代的轴线

破坏，因此巴黎现代化的发展出现了瓶颈。由于 1859 年奥斯曼开始施作的巴黎城市美化改造工程，已奠定巴黎之整体城市风貌，巴黎市政府坚信这些风貌与特质不应随意改变。奥斯曼在巴黎核心区制定了许多建筑设计规范，包括人行道留设、建筑高度限制、建筑墙面线与相邻建筑物对齐等，这些严格的建筑规范长久以来，一直受到巴黎市政府的尊重，因此高层新建筑无法置入。第二次世界大战后，随着现代跨国企业的兴起，金融证券普及，以及各行各业对办公空间的大量需求，都产生了使巴黎市政府筹建商业办公区的压力。兴建办公大楼主要是在有限土地上，兴建最大建筑面积，以达最高效益，因此办公大楼必然是现代化高层建筑。为了维护巴黎市区的整体风貌和天际线，首先，新兴的商业区必须远离巴黎市区；其次，商业区的土地面积必须够大，才能有效容纳各种企业的进驻；第三，公共交通运输必须方便可达；第四，土地必须相对容易取得。综合这四点，位于巴黎西边郊区的拉德芳斯成为首选。

拉德芳斯新兴开发区划定的土地总面积约 800 公顷，第一期划定的核心商业区约 130 公顷，主要用作建造办公大楼、国际贸易展示中心、购物中心、超级市场，以及公寓住宅。另外在核心商业区西边划定商住混合区 90 公顷，以及绿地公园 24 公顷，主要用来建造办公大楼、住宅、运动设施、学校、剧场，以及公园等。

新兴开发区的规划构想主要以巴黎市空间结构纹理为依据，以东边卢浮宫为起点，沿

着中轴线，经过协和广场、香榭丽舍大道、凯旋门，跨过塞纳河，进入新兴开发区高架的中轴线大道，最后以大方拱为端点。新兴区高架轴线大道长度约 2000 米，宽度为 70 米至 130 米不等，办公大楼沿着轴线大道两旁兴建。高架轴线大道主要供行人使用，并作为办公大楼的开放空间。高架轴线大道下的地面层作为所有交通系统的动线空间，包括：郊区通勤火车、公共汽车、地铁线、小客车、地下停车场出入口，以及水电、污水等的连外管道。所有大楼都有两个主出入口，一个是人行高架轴线大道之出入口，另一个为地面层交通系统乘客之出入口。新兴开发区外围由主要交通干道和高速公路所环绕，从其他城市或邻近地区来的车辆，经过快速道路可以直接到达高架轴线大道下方的地面层。此一人车分流的规划是拉德芳斯新兴开发区最成功的一部分。

1958 年，新兴开发区完成的第一幢建筑是国家工业和技术中心（The National Center for Industry and Technology），此建筑是一个巨大的国际贸易展场和会议中心，供巴黎都会区各种产品进行展示，以及不同形式的国际会议使用。此展场建筑完成后，办公大楼即开始兴建。新兴开发区的办公大楼大致分 3 个时期兴建。第一期 20 世纪 60 年代，所有办公大楼限高 100m，其结果造成每幢大楼看起来都有点相似（这点在城市设计策略上实在是一大缺失）；第 2 期 20 世纪 70 年代，大楼高度不限制，以容积率计算高度；第 3 期 20 世纪 80 年代，除办公大楼之外，还增加了旅馆、购物中心、超级市场、公寓大厦等。依拉德芳斯管理单位的统计，至 1988 年，此区已有 47 幢办公大楼完工启用，超过 400 家公司进驻，每天有 7 万多人在此上班。

由于沿着高架中轴大道两侧的建筑物大都已完成，新兴开发区缺乏一个焦点建筑，因此由管理机关主办了一次国际竞赛，评审团最后选出丹麦建筑师施普雷克尔森（John Otto von Spreckelsen）的作品为首奖。首奖作品是一个长宽高均为 106 米的正立方体，中间掏空，成为一个大方拱的形状。大方拱虽然略偏一个角度，但基本上还是在高架中轴线的位置上，与凯旋门遥遥相对。从巴黎市发展的脉络，以及城市纹理与城市设计的角度，大方拱是一个颇为成功的设计案例。

建筑师施普雷克尔森显然是受到过严格的现代建筑训练，大方拱的建筑平面、立面，以及造型全部以标准化、模具化的尺寸构成。干净简洁的立面在城市形体（Urban form）的呈现中，变得丰富有趣，而且还带点纪念性的氛围。大方拱是一个值得推崇的建筑作品。在当前许多以标新立异，将个人作品作为自我标榜的建筑形式中，大方拱借助历史轴线和城市纹理，形塑了拉德芳斯的端景，成为 20 世纪巴黎的新地标，在设计观念和策略上，明显高明许多。

大方拱的位置如此重要，它虽是个醒目的地标，但使用功能却很普通。大方拱之开口朝东西向，其南侧大楼为政府办公室，北侧大楼为企业办公室，横跨南北二楼的横向量体为国际人权组织总部。如此重要的现代地标，却缺乏公共性的使用功能，实在是一大缺憾。

拉德芳斯的整体开发规划和策略有许多优点，亦有许多待改善之处。从正面的角度，第一，为维护巴黎市区的整体风貌，将新兴商业办公区外移，集中设置是明智的策略；第二，

**图 3.35**　拉德芳斯：以大方拱为端景，将巴黎历史轴线延伸至新兴区

以巴黎主要城市纹理为依据，将其延伸至新兴开发区，在城市设计上是正确的决定；第三，以大方拱为地标型的端景，将巴黎市区的历史轴线延伸至新兴区是一个卓越的构想；第四，将中轴线高架，提供人行开放空间，将地面层当成交通系统运作空间，使全区人车动线分流实为一个良好规划。从另一个面向讲，拉德芳斯在城市设计上亦有明显的缺点。第一，每幢高层办公大楼各自独立，且保持一定之距离，造成行人步行系统无法连接；第二，早期兴建的大楼施工质量不高，历经四五十年使用多已老旧，其他较后期兴建的大楼在设计和施工质量亦很普通；第三，既然将整个巴黎的商业办公区均集中于拉德芳斯，相对公寓住宅与社区设施（如小学、托儿所等）都应该增加。

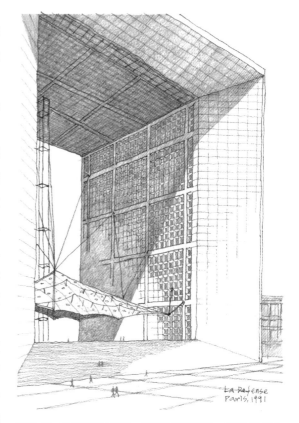

**图 3.36**　拉德芳斯大方拱：以现代建筑原则，形塑城市形体与历史纹理

2005 年，拉德芳斯管理开发部门正式宣布：历经 50 年的开发使用，拉德芳斯已到了必须进行城市规划与城市设计通盘检讨的时刻。通盘检讨主要有两个方面。第一，初期兴建的办公大楼应予以更新改造，或拆除重建成新大楼；第二，新建办公大楼与新建住宅应取得平衡，以减少工作人员每天上班通勤的交通时间。至 2005 年，在拉德芳斯工作的人数将近 15 万，但周邻住宅区只能容纳 2 万人，居住单元明显不足。

拉德芳斯是全欧洲最大胆、规模最大，也最现代化的商业区开发。因无前例可循，巴黎政府只能在预测中，进行完整规划，但真正的城市问题只有在开发使用后才会显现，相信主管机关在通盘检讨后，拉德芳斯会愈趋完善。对我而言，巴黎市政府是一个积极，且有创意的机构，他们有大胆的规划策略，同时具有自省检讨的能力，这是当前世界上许多政府所缺乏的态度。

# 13. 勒·柯布西耶

法国人勒·柯布西耶（Le Corbusier，1887—1965 年，简称柯布）与出生于德国的密斯·凡·德·罗（Mies Van der Rohe，1886—1969 年）均为现代建筑运动的先驱者，两人均在现代建筑史中各占有重要的一章。勒·柯布西耶习惯以钢筋混凝土的特质，发展出现代构造系统与建筑形式；密斯善用钢构玻璃属性，发展出轻巧简洁的现代玻璃幕墙建筑，两者对现代城市的发展都有深远的影响。

勒·柯布西耶原名耶让纳雷（Charles Edouard Jeanneret），1887 年生于瑞士的一座制造钟表的城镇。此现代化的工业城镇靠近法国边境，使勒·柯布西耶有机会到法国学习建筑。勒·柯布西耶最初在城镇内的美术工艺学校接受设计教育，该校设计课程深受英国美术工艺运动（Arts and Crafts Movement）影响，学生必须从自然环境中学习装饰语汇的运用。后来到奥地利维也纳看到的是新艺术运动（Art Nouveau）的一支：分离派（Secession），同样是将自然形体转化成装饰图案的设计理念。但勒·柯布西耶真正感受到的是工程美学，一种机械、效率与形体合一的功能美学。

1907—1910 年，勒·柯布西耶到欧洲各地旅行，参观建筑，并拜访当地杰出建筑师，努力思考现代建筑发展的契机和可能性。他先后到过奥地利维也纳、法国巴黎、里昂，意大利托斯卡纳大区（Tuscany），再回到巴黎，待了一阵子又去德国体验钢筋混凝土建筑。在这期间遇到几位当时知名的前卫建筑师，这些人日后对他在建筑设计理念的坚持具有决定性的影响。他首先碰到加尼耶（Tony Garnier），一个将新建筑与社会现象相结合的建筑师。1908 年他在巴黎佩雷（Auguste Perret）建筑师事务所实习工作一段时间，佩雷当时已是使用钢筋混凝土的知名建筑师。1910 年，勒·柯布西耶又到德国著名的现代建筑与工业设计大师贝伦斯（Peter Behrens）事务所实习了 5 个月，期间与密斯（Mies Van der Rohe）一起工作，这些经历都奠定了日后勒·柯布西耶建筑设计理念发展的基础。

1908 年在巴黎佩雷事务所实习工作期间，他有机会真正去参观、学习、体验钢筋混凝土构造的特性。巴黎也使他拓宽眼界并充实知识，他参观博物馆、美术馆、图书馆，以及参与各式演讲，使他的知识和内涵得以充实，巴黎成为他生活和经验滋养的地方。1913 年回到瑞士故乡成立设计工作室，1916 年 10 月勒·柯布西耶搬迁至巴黎定居，从巴黎开始展开他一生的事业。1920 年，他正式更名为勒·柯布西耶（Le Corbusier）。

勒·柯布西耶从学习到实践建筑设计、城市规划、艺术创作的历程，可以知道学校教育对勒·柯布西耶的影响甚少。他是一位自我学习、自我成长、自我塑造的天才。他开启事业的时机正逢时代的转折点，所有产业、思想、观念，以及社会脉动，正值新旧交替的节点，传统与现代正处于选择和扬弃的路口，

**图 3.37** 勒·柯布西耶作品观察：原创作品多年来已被模仿多次，反而觉得有些平凡无奇

勒·柯布西耶毅然抛弃主流传统，迈向尚未普及开展，却具前瞻宏景的现代之路。

勒·柯布西耶清楚了解现代建筑必须具备现代构造与现代造型，更重要的是现代生活与空间的关系。为了使生活空间能真正符合人体活动的需求，勒·柯布西耶花了很多时间研究人体工学。他将人的手指、手掌到身高的比率关系，均仔细分析和研究，然后发展出标准尺寸系统（module，模度）的概念。勒·柯布西耶许多建筑作品多以标准化尺寸为基本单元进行设计，有些作品以标准尺寸的模度为平面设计之基础，立面上则以模度的倍数适度调整开窗，以增加立面的丰富性。

勒·柯布西耶的建筑作品主要使用钢筋混凝土构造，混凝土是结构系统的主体，同时也是建筑外观与室内主要空间的完成面材，因此形塑混凝土的模板变得很重要。勒·柯布西耶对模板的宽度、排列、组合方式非常重视和讲究。混凝土干固，模板拆除后，外露出来的混凝土表面以及模板线条，即为建筑之完成面。建筑的阳台和服务空间有时会使用工厂建筑常用的工业材料，如空心砖、玻璃砖等，以展现现代工业化的意象。勒·柯布西耶以混凝土作为构造与面材的建筑对后世有深远的影响，路易斯·康（Louis I.Kahn）、贝聿铭（I.M.Pei），以及后起之秀的安藤忠雄（Tadao Ando）等，都是运用了勒·柯布西耶之清水混凝土的建筑大师。

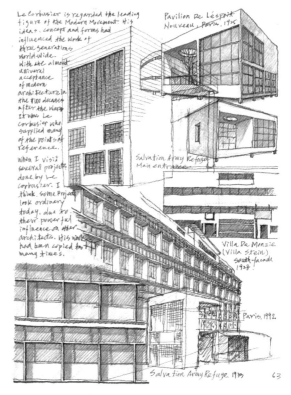

巴黎是勒·柯布西耶的据点，因此他的许多作品都在巴黎市区内，但仍有许多作品散布在法国各地，如法国东边的朗香教堂，以及南边的马赛公寓等。在外国的作品主要在印度，美国哈佛大学亦有他设计的一座卡彭特视觉艺术中心（Carpenter Center）。除了建筑作品之外，勒·柯布西耶发展出一套城市规划理论，以及许多现代城市发展的原则。基本上，他反对低矮密集的房屋所组成的城市，他认为现代都会应该拆除老旧社区，全部兴建成高楼大厦，以使广场绿地增加。1925 年，勒·柯布西耶自行规划了巴黎旧市区更新，他建议将许多低矮的历史街区拆除，以 10 至 12 层的公寓大厦取代，随后在市区内兴建 24 幢 60 层高之办公大楼，以满足商业办公之需求，其余土地全部做成公园绿地。巴黎市政府并未接受其建议，否则今日世界各地游客也就不会去巴黎了。

**图 3.38** 勒·柯布西耶作品观察：强调机械、效率与形体合一的功能美学

勒·柯布西耶于 1965 年过世，享年 77 岁，他被许多史学家公认为现代建筑运动的领航者，他是 20 世纪最受尊敬，也颇受争议的建筑大师。他最受争议的部分是将城市有机、多元、复杂的生活形态，以及不同族群生活的习俗，单纯简化成高耸摩天大楼和绿地广场二元化局面的主张。他另一个受争议的焦点，是他漠视传统文化和历史街区，以及人们赖以生存和记忆的生活场所，只一味强调新建筑的重要性。他受尊敬的部分是他建筑作品的观点，对世界各地后代建筑师具有深远的影响。他以钢筋混凝土的优点，发展出各种建筑造型的可能性，使后继者可以运用钢筋混凝土构造的特性，继续设计各种建筑，一直至今。建筑史学家柯蒂斯（William Curtis）说："勒·柯布西耶的建筑构想和造型影响全世界三代建筑师，……在第二次世界大战结束后的 20 年，几乎全世界都接受了现代建筑，而勒·柯布西耶早已提供了方向和指标。"

初看勒·柯布西耶的一些作品，如巴黎城市大学的学生宿舍，以及一些公寓住宅，总觉得有些失望，因为这些作品看起来太单调、太平凡，这些作品与世界各地到处林立、毫无个性的现代房舍并无不同。后来才恍然大悟，因为勒·柯布西耶原创的作品多年来已被模仿千万次了，所以当真正看到原创的建筑作品时，反而觉得平凡无奇。相信勒·柯布西耶这些建筑初完成时，必然是惊世骇俗的前卫作品。

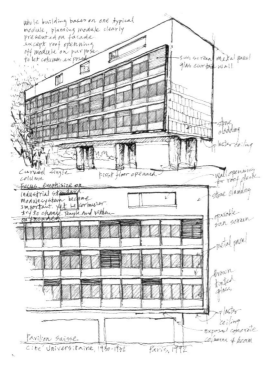

**图 3.39** 勒·柯布西耶作品观察：巴黎大学学生宿舍以标准化构件强调建筑合理性

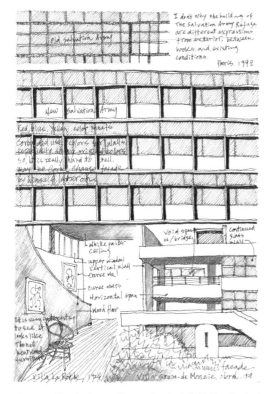

**图 3.40** 勒·柯布西耶作品观察：标准化构件形塑造型的变化

勒·柯布西耶是一个多才多艺的创作者，他的家具作品与建筑作品一样，均为写入历史的经典案例，为人所称道。他的绘画、雕塑、瓷釉、挂毯等创作，较少有人提及，但对勒·柯布西耶而言，这些艺术创作与建筑设计同等重要。年轻时，我对勒·柯布西耶的理论和作品早已熟读多次，这次来到巴黎，安排时间专程观察体验勒·柯布西耶的作品，一方面作为现代建筑史的朝圣之旅，另一方面也算了结学生时代阅读西方现代建筑史时，渴望亲访大师经典作品的心愿。

# 14. 结语

我旅行参访过的城市超过上百个，巴黎是我在欧洲唯一旅游 3 次的同一座城市，或许在那段时期，特别喜欢巴黎之故。巴黎与罗马均为世界上拥有历史文化与观光资源的城市。罗马保存了从古罗马遗址至近代各时期的建筑，数千年历史遗产、深厚文化底蕴，使之具有"伟大不朽城市"的美名。基于相同的理由，罗马仿佛滞留在历史过往、祖先庇荫的陈迹里，呈现一种古老灰沉的调性。

巴黎的遗址、古迹的数量当然比不过罗马，虽然巴黎也保存了中世纪的圣母院，以及一些早期建筑，但相对属于较后期的历史遗产，尤其 19 世纪奥斯曼的巴黎美化改造工程，还摧毁了不少中世纪存留的历史街区。巴黎历史街区对建筑物的高度、量体有严格的控管，但对创新的建筑和事物却能包容收纳，此举使历史街区注入新的生命和活力，同时使城市风貌具有时代上的延续性。因此，巴黎令人感受到一种明朗阳光、安全愉悦的氛围。

巴黎有一种"向前看""迎向未来"的特质。巴黎不仅珍惜、维护祖先遗留的资产，同时积极创造新的事物，使每一个时代留下最好的物证，为未来子孙预留潜在的文化资产。文化是一种积累、发扬、沉淀、创新、再生的过程，只保存过去的文化不加以发扬，必然会萎缩，只谈创新却抛弃历史，必然无根，文化无法长存。巴黎二者兼具，因而造就了全然不同的城市性格。

19世纪，法国凭借优异的工业技术，在巴黎创造出几个历史地标，如：埃菲尔铁塔、国家图书馆、大皇宫等。20世纪中期以后，以创新构想成功地再利用闲置的工业遗产，引起世界的关注，如奥赛博物馆、拉维莱特公园等。以创新前卫的设计构想，直接创造成全新的建筑，包括蓬皮杜中心、

图3.41　巴黎传统市场：可以看到市民生活丰富多元的场景

阿拉伯文化中心、新增国家图书馆等。卢浮宫是将历史文化、古迹再生，以及高科技合而为一的经典建筑。这些创新的建筑设计，无一例外，全部成为世界瞩目的焦点。为了保持既有城市风貌，又必须发展国家经济、国际金融、城市竞争力，以及减缓市区人口拥挤压力，特别划定拉德芳斯区成为全新、现代化的商业办公区和住宅区，使巴黎可以保持高度的文化优势和世界竞争力。从这些不同层面可以看到巴黎成为世界上最重要的城市之一的理由。

巴黎有太多的地方可以参观体验，旅游导览书上列出27个景点区，以及数十个独立建筑物，若要一次性全部体验完成并不容易，所幸我3次的造访大致看完多数景点。除了重要景点之外，每到一座大城市，我都习惯会到传统市场逛逛，因为在那里可以看到居民真正的日常生活。创新、向前是巴黎的一项重要特质，但走进传统市场，看到许多小店、摊位贩卖各种水果、蔬菜、鱼虾、肉类，以及传统食物、芝士等，一时难以想象，也颇觉温馨。在逛市场过程中突然看到一个卖肉的摊位，摊位除了生肉之外，有一堆白色滑腻的东西放在脸盆大小的容器上，我忍不住问店家是何种食物？这位微胖的中年妇女很友善地告诉我那是马脑，其余一块块的是马肉。突然间，我不知如何回应。长久以来，我以为只有华人才会上山下海什么都吃，殊不知法国的食物也如此多样。

我喜欢看到大胆前卫的创新设计，同样也欣赏历史文化、传统习俗的永续发展，巴黎两者皆具，且彼此兼顾，平衡发展，值得其他城市学习。

第 20 章

# 凡尔赛宫
# Versailles

凡尔赛宫（Versailles）位于巴黎市中心西南方约 20 公里，为世界知名的法国式宫殿建筑与庭园。凡尔赛宫是法国王朝权力鼎盛时期的产物，亦为国力全盛时期的象征。它由宏伟的宫殿、宽广的庭园，以及 200 座精致的艺术雕像所组成。从 1682 年 5 月路易十四世搬迁至凡尔赛宫，至 1789 年路易十六世被捕为止的 107 年间，凡尔赛宫是法国王权与政治的中心。

凡尔赛宫自 1682 年完工启用后，其建筑与庭园即声名远播，成为欧洲各国王室仿效的对象，尤其开阔宽广的庭园景观更令各国王室所钦慕。一时之间，维也纳、那不勒斯（Napoli）、普鲁士（德国）、俄国圣彼得堡等，都竞相模仿凡尔赛宫建造宫殿。瑞典女皇克莉斯蒂娜（Christina）、英王查理二世与威廉三世也邀请凡尔赛宫的景观设计师勒诺特（Andre Le Notre，1613—1700 年）协助王宫庭园景观的改造工作。

西方庭园的发展史可追溯至古埃及、波斯帝国、古希腊等早期文明。古罗马庭园有较清楚的史料记载，说明古罗马庭园以建筑为中心，在建筑物周围空地以方形分割成花圃、药用植物、观赏植物、果园等分区，配合水景和雕像，形成一个轴线对称的园区。中世纪

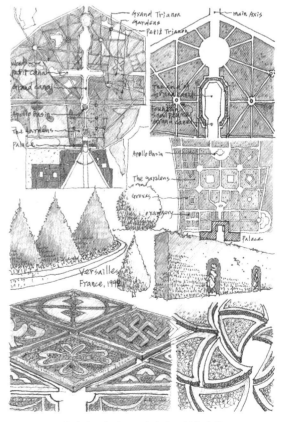

**图 3.42** 凡尔赛宫：为法国巴洛克庭园的代表作

Palace Versailles
France, 1992

**图 3.43** 凡尔赛宫建筑：宏伟壮丽、金碧辉煌的宫殿，曾经是法国国力全盛时期的象征

1000 年因宗教和迷信，基本上很少设置庭园。教会的理由是禁止享受美感体验，迷信的理由是认为植物和鸟类、昆虫会带来传染病。文艺复兴时期，人文主义抬头，恢复古罗马的荣光和秩序成为一个时代的诉求。文艺复兴的庭院再度以不同的几何形体，形塑、组合庭园的空间纹理。为了强调人的主体性,文艺复兴的艺术家以理性为基础,以轴线为空间构成，将 90° 角几何方形花圃配置于轴线两侧，方形花圃亦置入圆形、半圆形、1/4 圆形的图案，以强化几何形体的效果。花圃里的花草、灌木，甚至乔木被修剪成几何形体，以满足人类征服自然的喜悦。

巴洛克时期的庭园延续文艺复兴的概念，加上自由、多元主义的思想，将各种花草、灌木、乔木，形塑成错综复杂的几何形体。花圃利用不同花草的颜色质感，借助几何形体的组合，编织成有如多彩华丽般的地毯。这时期的庭园不仅是各类植物的组合，同时置入许多艺术品和水景。艺术品大多为大理石雕像或铸铜雕像，主题多为希腊神话人物，以及各时期传说中的角色。这些雕像与景观庭院融合，或与水景喷泉并置，使巴洛克庭园呈现多彩多姿、丰富多元的景观风貌，增添了欢愉、快乐、喜悦的氛围。

巴洛克庭园的配置基本上与城镇规划的原则相似，以绿色块体、路径、核心点、放射状的几何形体，形成一个相互联结，以及无限延伸的放射状系统。在欧洲，许多国家、城市至今仍保留许多巴洛克时期的庭园，虽然最早的巴洛克庭园源自意大利，但至今世上多数人所熟知且最负盛名的巴洛克庭园之一，是法国的凡尔赛宫（Versailles）。凡尔赛宫的庭园和建筑均为巴洛克时期的代表作，它的规模、艺术价值和历史意义，使之成为联合国教科文组织指定的世界文化遗产。

太阳王（The Sun King）路易十四世决心兴建凡尔赛宫，与其成长经验有直接的关系。路易十四世 1638 年出生，1643 年登基时，年仅 5 岁，1661 年亲政，时年 23 岁。在他主政前的 20 余年，法国一直处于内忧外患、社会动荡、政治纷扰的局面。路易十四世从小就体会到政治动乱的苦楚，因而加强了他对主权的掌控和绝对专制的信念。他对当时巴黎民众时常发生的暴动感到无比的厌恶和恐惧，因而坚定了他搬离巴黎的决心。

路易十四世的大臣最初建议兴建了一座高耸城墙的防御城堡，再在城堡上面设置宫殿，以保护王室安全。路易十四世的看法完全相反，他心目中所盼望的不仅是王宫，同时是统治法国的政治中心，以及各国使节的朝圣之地。欧洲各王室和贵族所兴建的密闭式城堡他并不感兴趣。相反地，他希望建造一座宽阔开展，充满花卉、绿地、喷泉、雕像的艺术庭园，令人心情愉悦和欢乐的地方。宫殿、教堂、办公空间等建筑体只是宽广庭院的一小部分。

路易十四世选定离巴黎市区不远的凡尔赛地区，作为兴建王宫之地。凡尔赛地区原本是一大片沼泽、树林，野生动物栖息的原始森林，当时曾是王室的狩猎场。1661 年，基地范围划定后，开始移树、填土、整地。1668 年建筑开始兴建。宫殿设置于基地的中轴线

**图 3.44**　凡尔赛宫庭园：中轴线笔直宽阔的大道，两侧修剪整齐的树墙，结合水景，呈现一种宽广无限的空间感

上，建筑物多为三四层楼高，立面使用许多雕刻装饰，室内空间充满巴洛克式的彩绘、雕刻、饰纹，以及各种镶金带银的线脚，使整个空间金碧辉煌。为了安排众多王宫贵族的居所，建筑师芒萨尔（Mansart，1643—1708 年）在宫殿两边兴建侧翼，使整个宫殿建筑长达600 米。建筑规模壮观宏伟，气势磅礴，连王室礼拜堂都灿烂豪华。

从凡尔赛宫的整体配置图来看，尽管建筑规模雄伟壮丽，但它只是整个园区极小的一部分。宫殿中轴线上笔直宽阔的大道，整齐划一的花圃，结合放射状几何形步道系统的串接，形成一种延伸、流动，宽阔无垠的空间感。修剪整齐的各种几何曲线花圃，结合雕像喷泉与步道系统，形成一种欢愉、喜乐、自由的空间情境。在主要步道的交接处大多会设置圆形或方形的开放空间作为节点，节点上通常有喷泉，或雕像作为步道的端景，当顺着步道走到端点时，却是另外几条步道的起点，因此在空间上有一种无限延伸的感觉。史学家诺伯格 - 舒尔茨说："文艺复兴的庭院属于封闭且静态（Close and Static），巴洛克庭院属于开放且机动（open and dynamic）。巴洛克庭院有一个非常矛盾，但又很了不起的现象。矛盾的现象是它非常系统化（Systematism），同时又充满机动化（dynamism），了不起的现象是它使系统化和机动化形成一种有意义的整体感。"诺伯格—舒尔茨的评论用在凡尔赛宫的整个园区，再恰当不过。

巴洛克庭园处理边界的方式是另一个高明之处，所有系统化的人造景观均会在边界留设缓冲带，以密集大型乔木形成的森林作边界，因此视野开阔的景观，借助系统化的延伸，融入自然山林间。凡尔赛宫的庭园即充分表现了这种特质。

1661—1689 年的 27 年期间是路易十四世意气风发、事事必成、国力强盛、声势浩大的年代。1689 年以后，他渐失威信，欧洲各国联军攻打法国，造成国力衰退，国库空虚。他于 1715 年辞世，享年 77 岁。继任的路易十五世，未能体察欧洲局势改变，国内民心尽失，依然在宫廷中挥霍度日，宴客取乐。随后登基的路易十六世生活更加荒唐，奢侈浪费，玛丽皇后同样纵情于夜夜笙歌，嬉戏宴舞。此时期法国政府已债台高筑，不仅无法偿还旧债，每年仍得继续借贷，弥补政府财政上的透支。1789 年法国大革命爆发之后，路易十六世和玛丽皇后在民众的叫骂欢呼中，先后被送上断头台，结束了歌舞升平、纵情欢乐的岁月。

凡尔赛宫从宾客盈门、灿烂奢华，到荒烟蔓草、颓残衰败，竟只花了不到几年的时间。1830—1848 年，法国政府曾经进行过部分修复工程，但因普法战争，以及法国国内不断的暴动革命，凡尔赛宫始终无法恢复昔日之光彩。1870 年以后，法国政府正式将凡尔赛宫修建为美术馆和博物馆。1929 年及第二次世界大战后再经过二次大规模整修，凡尔赛宫逐渐恢复昔日之风貌。1979 年正式被指定为世界文化遗产。

当年太阳王路易十四世选择一片原始蛮荒之地，集结众多才华杰出的法国艺术家，建造自己属意的宫殿、政治中心、景观庭园和艺术作品，使它成为 17 世纪法国建筑的经典之作，同时成为 17 世纪法国庭园的典范。凡尔赛宫不仅保存了建筑、艺术、景观等重要的文化资产，它同时承载了法国 17 世纪以来重大的历史事件，以及朝代更替、物换星移的历史。

　　昔日，权倾天下，呼风唤雨的岁月已经不再，留下的是保存完好的历史场景。在这里，每日的晨曦夕阳仍照映着美好的景观庭园与壮丽建筑，一往如昔。喷泉每日定时喷出亮丽剔透的水花，轻拂雕像的颜容，告知日出日落，春去秋来的讯息。走在细腻的碎石步道上，俯瞰修剪整洁的花圃，仰望苍郁参天古木，感到特别的宽和宁静。

图3.45　凡尔赛宫庭园：轴线、端景、雕像、喷泉、花圃、共同形成巴洛克庭院的特色

第 21 章

# 枫丹白露宫
## Chateau de Fontainebleau

枫丹白露宫（Chateau de Fontainebleau）兴建的历史远比凡尔赛宫长远许多。自 12 世纪开始，法国王室即开始兴建枫丹白露宫，历经 500 多年的不断改建、增建，形成一座占地宽广的宫殿。它是法国王室长久生活、休闲的地方，直至凡尔赛宫兴建完成，才光彩尽失。

枫丹白露宫位于巴黎市中心南方约 57 公里的地方，其所在位置原为一片占地 25000 公顷的森林，这座自然森林生长各种树木，其中以橡树、榉木、挪威松树为大宗，森林内亦有湿地、沼泽，成为许多动物的栖息地。12 世纪初，此森林被当成法国王室狩猎、度假的地方。小型城堡和度假屋在此期形成，一般普遍认为是由路易六世所兴建，尔后路易七世在父亲兴建的城堡中增建礼拜堂。1259 年，路易九世在此兴建修道院，后续法国国王时常在枫丹白露的自然森林中狩猎和进行户外活动，为了便于狩猎，森林中建造了一群小屋，作为休憩之用，随后陆续增建不同功能的空间，逐渐形成度假行宫。

15 世纪开始，王室较少使用枫丹白露宫，直至弗朗索瓦一世（François Ⅰ）在位期间（1515—1547 年）才予以大规模改建、增建。弗朗索瓦一世在远征意

**图 3.46** 枫丹白露宫：文艺复兴建筑的外观，加上法国中世纪斜屋顶

**图 3.47**　枫丹白露宫与鲤鱼潭：呈现文艺复兴建筑繁华富丽的景象，以及各种景观庭园

大利时，看到意大利文艺复兴运动的蓬勃发展，以及各种艺术成就，他便燃起建造文艺复兴式宫殿的念头，因此他的改建、增建工作是先将中世纪存留的构造物大部分清除，予以重建。弗朗索瓦一世聘请当时法国建筑师布雷顿（Gilles Le Breton）负责整座宫殿的改建工作，但因布雷顿所受的建筑训练来自法国中世纪后期的知识与经验，虽然他努力设计意大利文艺复兴风格的建筑，但因法国既非文艺复兴的发源地，亦无法立即培养出文艺复兴的艺术家与人才，因此枫丹白露宫与意大利文艺复兴的建筑形式属实有些落差。

　　布雷顿设计的枫丹白露宫以意大利文艺复兴建筑为蓝本，尝试以几何形标准化的方式开窗，并加入拱廊、拱窗等元素，正入口塔楼亦以对称形式呈现，但却在顶层加上了一个中世纪法国式高耸的斜屋顶，成为建筑立面最醒目的一部分。枫丹白露宫因而包含了不同时期、不同风格的建筑语汇。

　　弗朗索瓦一世为了使枫丹白露宫完全成为文艺复兴建筑，1530 年从意大利聘请数位文艺复兴艺术家和建筑师进行内部的艺术装修，包括：壁画、彩绘、雕刻等，使内部空间呈现繁华富丽的景象。随后的回廊亦以展现艺术品的艺廊方式呈现，回廊华丽精美的艺术装饰满足了帝王权势的心理，也展现了王室对艺术的喜爱。回廊的艺术品装饰方式日后成为凡尔赛宫"镜厅"的参考模板。1540 年，在弗朗索瓦一世热情的邀约下，又有一批意大利的艺术家、建筑师抵达法国，继续为枫丹白露宫建造工作。

　　1547 年，弗朗索瓦一世辞世，继任的亨利二世、亨利四世，继续扩建、整修王宫。亨利四世投入扩建、装修枫丹白露宫的经费最多，规模亦最庞大。除了意大利艺术家之外，他还邀请荷兰、比利时、法国等当时知名艺术家为其工作。亨利四世与历任国王最大的差别是只要法国有战争，他都亲临战场。他是一位勇猛的武将，但又酷爱艺术。他曾自嘲说："我一生最爱的 3 件事，一是战争，二是性爱，三是建筑。"事实上，从历史来看，许多国王、贵族、主教在其有生之年，都以兴建宏伟壮丽的建筑物，作为展现财富与权势的工具。亨利四世一方面好大喜功，另一方面被誉为 16 世纪法国最伟大的政治家。他后来为了平息国内新旧教派血腥的宗教战争，颁布人民有选择信仰自由的法令，才使战争平息，宗教信仰自由从此成为法国主要核心价值之一。很不幸的是亨利四世这样果决明朗的政治家，却因颁布宗教信仰自由法令，遭到激进旧教徒的暗杀而死。

　　继任的路易十三世几乎一生都在枫丹白露宫度过，他在宫中出生，在宫中成长，继任后亦长住于此。此时枫丹白露宫的规模已完成，豪华富丽的艺术品和装饰亦已全部就位，在其任内宫殿并未有多少变更。随后继任的路易十四世并未居住在枫丹白露宫，他曾居住过巴黎，在 1668 年，他一手主导的凡尔赛宫完成，他即搬迁至凡尔赛宫，后继的路易十五世、十六世亦都以凡尔赛宫为居所，枫丹白露宫的地位一落千丈，乏人问津，只有狩猎季节，王室成员才来此短暂停留。1789 年的法国大革命，枫丹白露宫的艺术品、文物、家具被洗

**图 3.48**　枫丹白露宫英国庭园：模仿自然山水、自然生态的英国式庭园

劫掠夺，昔日的宫殿一部分被当成监狱，一部分作为学校，其余部分，包括庭园景观，均无人维护。

1804 年，称帝的拿破仑看到宫殿的荒凉破败，决定将其改建修复，并作为自己的居所。拿破仑除了对宫殿有少部分改变之外，大部分的空间、装饰物、用具等，均尽量保留先王遗留的原样。枫丹白露宫因拿破仑的武功和野心，再度登上历史舞台。1814 年 4 月 26 日拿破仑在广场上对禁卫军进行告别阅兵及演说，随后被流放到埃尔巴（Elba），结束了他短暂、传奇，且风光的一生。拿破仑被流放后，枫丹白露宫再度被遗忘，重新被大自然的力量所吞蚀。

枫丹白露宫除了历任国王对宫殿建筑的改建、增建之外，各时期所兴建的庭园景观是另一个特色。枫丹白露宫拥有不同时期、不同风格的景观庭园，从 16 世纪初弗朗索瓦一世兴建的文艺复兴式庭园，到亨利四世兴建的鲤鱼潭水景和精致的意大利庭园，至 19 世纪拿破仑夫人约瑟芬兴建的英国式庭园，可以看到 300 多年间庭园造景的构想、理念的变迁。整体而言，文艺复兴庭园是以理性思考为基础，将庭园花圃、路径以 90° 角几何形呈现庭园配置。巴洛克庭园是以放射状延伸的方式进行设计，将庭园花圃、路径、水井以多种角度几何形呈现庭园配置。英国庭园以模仿自然山林水景，以不规则、有机的方式，呈现自然生态的景象。3 种不同风貌的庭园均出现在枫丹白露宫的园区里。这些庭园不仅成为法国景观发展史的一部分，同时是具体可贵的历史场景。

枫丹白露宫自 12 世纪初开始兴建，至 19 世纪初结束，700 余年间见证了法国从中世纪末期一直到近现代的一段历史。在这 700 余年间，枫丹白露宫从王室狩猎场开始，经历不断的兴建、拆除、改建、增建、荒废、整修、再荒废、再改建的过程，最后它以自己多年累积的特质和风貌存留下来，成为法国又一个重要的文化资产。第二次世界大战后，枫丹白露宫经过大幅整修，恢复原貌。1947 年它成为北大西洋公约组织（NATO）的总部办公室，直至 1967 年。枫丹白露宫因其建筑特色、艺术雕饰，以及景观庭园之历史意义与风貌，1981 年被联合国教科组织指定为世界文化遗产。

第 22 章

# 里昂
## Lyon

　　里昂（Lyon）是法国第三大城市，都会区人口数超过 232 万，是法国人口数最集中的主要城市之一。里昂在金融、化学、医药、生物科技等方面的发展，在法国占有重要地位。许多法国大企业的总部办公室设置在里昂，使里昂商业办公大楼的总面积为法国第二，仅次于巴黎拉德芳斯区，国民年生产总值亦为法国第二高（仅次于巴黎）。因此，在经济发展与科技研究等方面，里昂一直在法国占有重要地位，但在旅游上，它显然不是一座重点城市。这次的法国行程，除了巴黎之外，另外一个旅游重点是位于法国南方的阿维尼翁（Avignon）。阿维尼翁位于巴黎东南方约 720 公里，如果从巴黎直接到阿维尼翁恐怕一天就没了。因此我决定在沿途距离巴黎东南方约 470 公里的里昂下车，待一天看看城市，隔日再去阿维尼翁。

　　公元前 1 世纪，古罗马人到达里昂地区，聚落开始形成。由于位于罗纳河（Rhone）与索恩河（Saone）的交会，这里河运航行方便，成为水陆交通的运输中心，因此快速形成城镇，它也成为通往罗马主要道路的起点。由于交通便捷，人口增加，城镇快速发展，里昂很快成为罗马行省的省会，古罗马人开始在里昂兴建竞技场、剧场、浴场、图书馆、神殿、集会堂、广场，以及城墙等公共设施，里昂因而成为当时罗马在现今法国的主要城镇。

　　古罗马人选择里昂主因在于凯萨（Julius Caesar）征服高卢（Gaui，今之意大利北部、比利时、法国等）后，选择里昂作为军团的军事基地。继任的奥古斯都将里昂提升为高卢区域的首都，并由总工程师阿格里帕（Agripa）负责兴建、连接罗马其他地区的道路系统。里昂在 1 世纪初，已成为规模完整、交通便捷的罗马城镇。2 世纪中叶，基督徒到达里昂传教，像其他地区一样，里昂的基督徒大量遭到迫害和残杀，直到 4 世纪君士坦丁大帝信奉基督教为止。

　　进入中世后，教会可以合法自由地传教，教堂与修道院便沿着罗马城外围周边土地兴建起来。原有罗马城位于索恩河西岸的山丘上，索恩河西岸至罗马城东西向距离约 250 米，沿河岸与罗马城呈南北向带状的土地长约 900 米，从中世纪到文艺复兴时期的数百年期间，

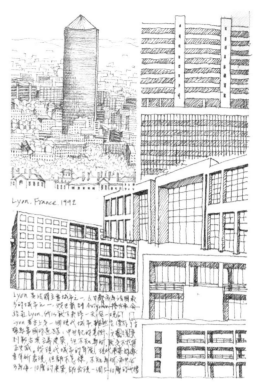

**图 3.49** 里昂历史建筑：旧城区保留一些历史建筑和遗址，但较零散

**图 3.50** 里昂现代建筑：现代建筑大多不太突出

里昂就在这 20 多公顷的土地上发展建设。因此在现代城市的里昂，此区被称为旧城区。旧城区最瞩目的地标是圣约翰主教堂（St.John's Cathedral），它于 1192 年开始兴建，完成后又继续扩建，直至 1310 年，主教堂仍在增建中，因此它包含了仿罗马式建筑（Romanesque）与哥特式（Gothic）建筑的形式与语汇。里昂在公元前至 5 世纪是罗马帝国的一部分，中世纪中后期归神圣罗马帝国所管辖，直至 14 世纪才成为法国行政辖区的一部分。

在历史上里昂曾经历过两次血腥屠杀，第一次是因 1572 年新旧基督教派引发的宗教战争，第二次是因 1793 年里昂未支持法国大革命的执政团，人民因而遭到屠杀。城市遭到严重破坏，直至拿破仑登基后，才下令重建、修复毁坏的城市。19 世纪里昂成为法国工业发展的重镇。事实上早在文艺复兴时期，丝绸纺织、书本印刷和装订已相当发达，19 世纪延续这些成果，继续发展。时至今日，里昂仍是法国科学与技术研发的中心。

1998 年，联合国教科文组织将里昂旧城区指定为世界文化遗产的文化遗址（Heritage Site），登录理由为："此文化遗址见证了城市聚落，包含：古罗马、中世纪、文艺复兴时期超过 2000 年连续性的发展……，以及 19 世纪丝绸产业的发展……"里昂建城的年代久远，虽然它保存了一些罗马帝国遗迹、中世纪的街巷，以及 19 世纪的新古典主义建筑，但不知为何，就是不太容易体会到它的历史感，总觉得存留的遗构、古迹有些零碎，无法形成城市特色。

　　基本上，里昂是一座现代城市，从现代建筑的角度，许多建筑都尝试在设计上有所表现，但水平大多不太突出。城市中心的商业区大多为 4-10 层楼高的商业建筑，这些建筑物的立面多为浅色或白色的材质，但不知为何在市中心突然出现一幢五六十层楼高，褐色、圆形的大楼，非常突兀。对于现代化办公大楼的城市设计与天际线的管制，巴黎的策略明显比里昂高明许多。里昂在经济与科技的发展，在法国有其重要性。各行各业的发展吸引众多优秀人才来此一展专长，大量专业人才的移入，使里昂在房地产、金融、交通、餐饮、服务业等方面异常活络繁荣，此亦为里昂成为工商发达的现代城市的主因之一。

第 23 章

# 普罗旺斯
## Provence

阿维尼翁（Avignon）为历史古城，是今之行政区普罗旺斯—阿尔卑斯—蔚蓝海岸大区（Provence-Alpes-Côted'Azur Region）的省会。该省的历史地名为普罗旺斯（Provence）。普罗旺斯位于法国东南部，其地理位置与范围，在西方以罗纳河流域为边，东方以意大利为界，南侧临地中海。从考古遗址上显示，旧石器时代已有人类在此区活动的纪录。公元前 6 世纪，古希腊人到马萨利亚（Massalia），亦即今之马赛港（Marseille）附近，建立村落和贸易港口。同时期，不同族群的部落沿着罗纳河水岸兴建起来。公元前 2 世纪，马萨利亚居民请求罗马协助，以防止外族入侵。罗马军队曾于公元前 181 年至公元前 125 年，3 次进入普罗旺斯协助抵抗外族侵略。为了便于防卫，罗马决定在普罗旺斯地区建立永久之军事基地，以维护殖民地的安全。公元前 122 年，第一个完成的据点在今之普罗旺斯地区艾克斯（Aix-en-Proxence），随后数个据点相继建立，道路系统亦建置完成。

公元前 8 年，罗马皇帝奥古斯都决定将普罗旺斯各处的据点兴建成罗马城镇，以利于政治、生活、文化的整合。罗马的建筑师和工程师随即在此区各个聚落兴建神殿、剧场、竞技场等设施，这些设施都与罗马城镇应有的公共设施相同。古罗马人 2000 年前在普罗旺斯兴建的公共设施，有许多至今仍存留在原地，使普罗旺斯成为法国保存古罗马古迹和遗址最多的地方。普罗旺斯自古罗马统治时代存留下来的城镇包括：奥朗日（Orange）、尼姆（Nimes）、莱博昂普罗旺斯（Les Baux-en-Provence）、阿尔勒（Arles）等，这些城镇距离今之省会阿维尼翁大概车程在 1 小时以内，只有普罗旺斯艾克斯与马赛（Marseille）的距离稍远，因此我到阿维尼翁落脚，即可顺道去参观这些城镇。

公元 476 年，罗马帝国衰亡，像许多其他罗马帝国统治殖民的区域一样，普罗旺斯开始遭到异族不断的侵略攻击，加上内部贵族的争权夺利，使整个区域动荡不安。普罗旺斯从 5 世纪末期至 9 世纪的 300 多年间，不断遭受德国部落的攻击、北非阿拉伯海盗的入侵、诺曼人（Normans）的掠夺，以及地方贵族相互夺权的争战。10 至 13 世纪，普罗旺斯由 3 个不同王朝所统治，第一个是西班牙巴塞罗那的伯根蒂王朝（King of Burgandy），第二个是德国掌控的神圣罗马帝国，第三个是法国王朝，这3个王朝在统治期间时有纷争，但主要控制在神圣罗马帝国手中。

在中世纪数百年的纷扰动乱期间，教会成为稳定社会秩序的基础，势力亦逐渐壮大。虽然从5世纪开始，普罗旺斯各地已有教堂陆续兴建，但规模较大、较宏伟的教堂大多从12世纪才开始兴建，此时期教会在原有的罗马城镇里开始兴建仿罗马（Romanesque）、哥特式（Gothic）的大教堂，同时修道院亦大幅增加。14世纪初，1307年教皇克雷芒五世（Clement V）从法国西南边的波尔多（Bordeaux）迁移至阿维尼翁，使阿维尼翁成为欧洲政教的中心。此决定带动了地方的经济发展，同时开启教皇在阿维尼翁神权统治的时代。普罗旺斯于1486年正式成为法国国土的一部分，但行政上仍由教皇所控制，直至1791年法国大革命爆发，普罗旺斯才完全回归法国所有。

# 1. 阿维尼翁

阿维尼翁（Avignon）是法国东南部城市，也是该省省会和人口最多的城市。阿维尼翁是法国艺术与历史的重要城市之一，自1947年开始举办的戏剧季，每年7月都会吸引许多热爱戏剧、音乐的观光客涌入这座历史名城。阿维尼翁城镇范围不大，却拥有数十个法国记录在案的历史建筑和古迹。其旧城区范围内有教皇皇宫、修道院、主教堂、广场、市街纹理等，于1995年被联合国教科文组织指定为世界文化遗产。

阿维尼翁在阳光下，整座城镇呈现一种金黄色的调性，其主因在于城镇多数建筑物都使用米黄色的石灰石（limestone）兴建完成，从教皇皇宫、主教堂、修道院，以及早期兴建的公共建筑，全部使用石灰石构筑。法国历史城镇在现代化过程中，许多早期兴建的城墙大多遭拆除，以容许城镇的扩张与现代化，阿维尼翁却仍保存着14世纪的城墙、碉堡、城门，一直至今。城墙兴建于1356—1370年，目前保存城墙长度大约为4330米，城墙与碉堡同样

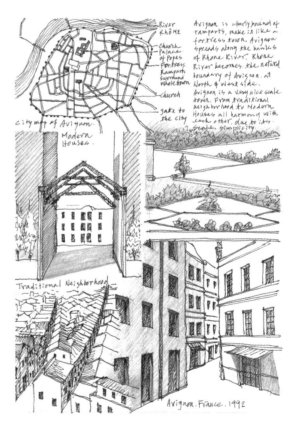

图3.51 阿维尼翁市街：尺度适中的中世纪城镇，街巷纹理保存良好

图 3.52 阿维尼翁城墙：高塔和城墙界定城镇范围，形成一个防御的城镇

图 3.53 阿维尼翁城镇风貌：所有的主建筑均用石灰石构筑，形成一个米黄色城镇风貌

以石灰石完成，整座城镇因此保存了完整的纹理与特质。这种城镇独特的风貌与性格，使之成为观光客来阿维尼翁造访的主因之一。

当古罗马人到达普罗旺斯，开始在各处兴建罗马城镇时，并未将阿维尼翁纳入开发建设范围。阿维尼翁就在沉寂中度过 700 余年，这段漫长的时间，阿维尼翁既无重大历史事件可载，在普罗旺斯地区亦无关紧要，它好像天生注定就是一个默默无闻，平凡无奇的小聚落。但在 1309 年，一个宗教上的政治决策，彻底改变了阿维尼翁的命运与历史。阿维尼翁从一个无名小镇，变成天主教世界的中心。

13 世纪末、14 世纪初，每当教皇辞世，选举新教皇时，教廷就会出现争夺教皇职位的派系斗争，此时期罗马梵蒂冈教廷一直呈现着一种分裂不安的状态。1304 年位于法国西南方波尔多城（Bordeaux）的枢机主教当选为教皇，他取名为克雷芒五世（Clement V）。克雷芒五世认为即使身为教皇，也无法掌管、控制派系分裂、人事复杂的罗马教廷，因此他拒绝赴梵蒂冈教廷就任，他选择了里昂作为临时办公之所，同时宣布将于 1309 年搬迁至阿维尼翁长久居住、工作。1309—1377 年的 68 年，连续有 7 位教皇在阿维尼翁工作、生活，直到后来续任教皇的格里高利十一世（Gregory XI）决定返回罗马梵蒂冈为止。

为了符合教皇掌管天主教世界的功能，许多建筑必须在阿维尼翁兴建完成，诸如：教皇居住的宫殿；大量的主教、神父与神职人员工作和居住的地方；教皇护卫、军士的营舍；

维护管理工作人员的办公和居所，以及教廷所需之会议室、祷告室、大会堂、教堂、图书馆、各级餐厅、厨房，甚至前来拜访、会议的各地使节和主教使用的生活空间与公共设施。虽然这些建设比不上梵蒂冈教廷的规模，仍使名不见经传的阿维尼翁成为当时欧洲重要的宗教和政治中心。

　　教皇宫殿施工期程约30年，历经3位教皇任期才完成。皇宫建筑面积约15000平方米，此巨大的皇宫主要由两座合院建筑组合而成，建筑物全部以黄色石灰石构筑。皇宫建筑巨大高耸的外墙很少开窗，细长狭窄的窗洞主要作为防御射口，而非通风采光使用，因此整幢建筑像是一个宏伟、封闭、坚固的防御性城堡，而非皇宫。面向中庭的立面设置较多的窗洞，封闭程度较低，清楚显示外墙的防御性与中庭内墙通风采光上的差异。现况使用的内部空间与最初完成的空间差异甚大，主因是法国大革命期间遭到严重破坏，原有空间的雕像，墙上的浮雕、彩绘全部遭到破坏，或拆毁，部分内墙亦被拆除。1969年，阿维尼翁市政府在市议会要求下，又将室内空间大幅修改，致使始建时期空间原貌消失。所幸皇宫的外形和整体配置，基本上维持原貌。

　　在教皇皇宫兴建完成后，保护阿维尼翁的城墙开始施作。护城墙北侧与西侧临罗纳河，东侧与南侧与昔日农地相接，目前这些农地已开发成新兴社区。城墙每隔一段距离就会有高达35米的瞭望台和碉堡，这些高塔和城墙环绕历史城区，成为界定旧城区的地标。

图3.54　阿维尼翁教皇皇宫：整幢建筑像是一个宏伟、封闭、坚固的防御性城堡

在许多古迹、历史建筑中，有一座跨越罗纳河的残断拱桥，成为游客喜爱参访的景点。圣贝内泽（ST.Benézet）拱桥位于城区北侧，传说中是由一位年轻牧羊人贝内泽因受上帝感召，说服当时主教，亲带工人兴建完成。拱桥于 1185 年完成时总长度近 900 米，有数十座石构弧拱，1226 年因战争遭受破坏，后经多次整修，一再因水患而遭损坏，1680 年后即弃置不用，一直至今。如今，这座断桥只残留 4 座弧拱，弧拱形状优美，静静伫立于罗纳河上已 800 多年，游客可步行于断桥上，观赏罗纳河开阔的水岸景观，以及旧城区的天际线。此种仅维护断桥部分，而不将其修复的做法，亦为文化资产保存的一种策略，毕竟忠于历史还是很重要的。

阿维尼翁城区范围不大，漫步而行，一天就可逛完全城。旧城区内中世纪存留的蜿蜒巷道，尺度适中，步调悠闲，在转角树荫下喝杯咖啡，轻松自在，宜人舒适。偶然穿越城门进入新兴社区，住宅大多在三四层楼之间，这些干净简洁的现代建筑，围塑着碧草如茵的社区空间，比例尺度均佳，与旧城区的建筑和谐相存，非常协调。这种新兴社区的开发理念和态度，值得肯定和赞许。

## 2. 奥朗日

奥朗日（Orange）是普罗旺斯区域的几个古罗马城镇之一。奥朗日至今保存了古罗马时期所兴建的剧场、凯旋门，以及大片残留的古罗马遗址，使奥朗日成为一座历史城镇。奥朗日南方约 40 公里处有一座古罗马时期的重要城镇阿尔勒（Arles），阿尔勒临罗纳河，罗纳河通往地中海，因此地中海的船只货物、人员，可经由罗纳河运至阿尔勒，再由阿尔勒经由罗马公路，将货物、人员运至北方的里昂。奥朗日因在罗马公路沿线之上，因而成为公路上的中继站。

公元前 100 多年，奥朗日已有聚落形成，公元 1 世纪初才逐渐成为古罗马城镇。其成因是公元前 49 年罗马军团在此打胜仗，一些退伍军人在奥朗日地区定居，然后将奥朗日逐步建构成完整的古罗马城镇。为了防止蛮族入侵，后

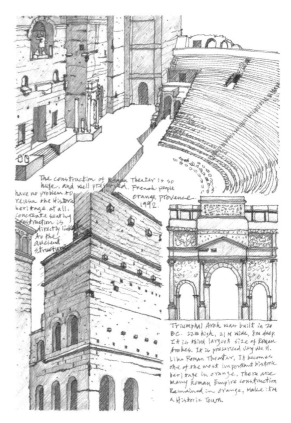

图 3.55　奥朗日罗马剧场：厚重高耸墙体呈现古罗马工程技术的卓越

来又兴建防卫城墙。

如今存留的凯旋门兴建于公元前 49 年，坐落在罗马公路的轴线上，兴建的理由是纪念凯撒第二军团在此区打败高卢。凯旋门高 18 米、长 19 米、厚度 8 米，由 3 座拱券组成，中间拱券较高大，两侧拱券较小，呈对称形式。凯旋门上雕刻许多细致的装饰浮雕，主要在描述、彰显凯撒与军团的战争功绩。如今，这些石刻浮雕历经 2000 余年的风吹雨打，多已模糊淡化，就像过往历史陈迹一样为人所遗忘。尽管如此，凯旋门仍可视为奥朗日建城的奠基纪念碑。

除了凯旋门之外，另一座完整保存的建筑是罗马剧场，这座在平地上建构的罗马剧场，在规模与尺度上非常壮观震撼。它是世界上唯一保留完整的平地罗马剧场，在古罗马各地殖民的区域，以及意大利本土，都找不到如此壮丽的建筑场景。一般而言，剧场是由古希腊人首先建造，希腊剧场主要建造在山坡上，借助地形坡度，适度调整地形，建成环形座位区，山坡低处作为舞台。罗马剧场兴建的工程技术比希腊剧场艰难许多。古罗马时期许多剧场兴建在平地上，依工程技术逐层架高，建成环形阶梯座位区。舞台置于平地上，舞台背面以高墙为舞台背景，一方面界定剧场范围，一方面阻隔声音涣散，高墙后面的空间被作为后台使用，以及主入口大厅。因此罗马剧场比希腊剧场更先进好用。

奥朗日的罗马剧场由奥古斯都皇帝所兴建，剧场由半圆形阶梯状的看台，以及长方形舞台和高墙所组成，厚重的高墙长度 103 米、高度 36 米、宽约 9 米，主要由花岗石构筑而成。高耸墙体的立面分成面对街道广场与面对观众席两个面向。面向街道广场的正立面，由厚石花岗石叠砌而成，地面层设置拱廊，为观众进出座位区之穿堂，地面层以上是厚实粗凿之石墙，正立面原有的大理石装饰都已遗失。路易十四世征服奥朗日时曾说："这是整个王国最壮观美丽的墙体。"面对观众席的墙面装饰更丰富，有大理石柱列，各式大理石雕像和浮雕，以及马赛克饰面等，剧场舞台呈现一种富丽堂皇的景象。4 世纪开始，戏剧不再是基督教信仰的一部分，因而被闲置。历经千余年的荒废，这些舞台墙面的雕

图 3.56　奥朗日罗马剧场：2000 多年来，奥古斯都大帝伫立于高处，向群众致意，从未间断

像和装饰物多已遗失，只留下几根残柱，以及奥古斯都的雕像。

剧场最初完成时可容纳 11000 名观众，整修过后现况可容纳 7000 名观众。目前，剧场仍持续使用，每年剧场都会举办多场音乐会、戏剧表演，甚至服装设计发布会，吸引各地观众前来观赏。面对观众席，2000 多年来，奥古斯都大帝的雕像默默伫立高处，不论阴晴冷暖，他始终举着右手向群众致意，从未间断。

奥朗日生活的步调缓慢悠闲，这个 2000 年来的古镇，市镇中心处处是罗马帝国残留的遗迹，这些大片遗址以绳索围塑，行人得绕道而行。残墙断柱的遗址述说着过往的历史，供当地居民对悠久文化加以想象，但却只能凝结、滞留在遥远的过去，任由岁月侵蚀风化。我忍不住问自己：遗址残迹除了就地保存之外，就没有其他更好的选项？

## 3. 尼姆

尼姆（Nimes）在法国以酿酒、冶金、化学工业与纺织（尤其丝绸）业闻名，由于盛产煤矿，工业发展较早，因此有过一段繁荣富裕的岁月。近年来因普遍重视环境保育，煤矿产量减少，部分产业减缓，但观光产业持续提升，因此整座城市仍能保持一定的活力。从尼姆城镇中心存留的竞技场、神殿、遗址等，不断提醒人们尼姆曾经是古罗马文明的发扬地，一个古罗马在法国南部的重镇。

在古罗马人到达尼姆之前，尼姆已有聚落形成。屋大维征服埃及之后，罗马军团随后进驻尼姆，开启了城镇的发展和建设。尼姆在古罗马人统治期间，度过了数百年的黄金岁月，此期间城镇规范扩大，防卫体系健全，罗马城镇应有的公共设施完备，城镇繁荣富裕。5 世纪，罗马帝国衰亡后，尼姆进入长久异族争战与宗教迫害的黑暗时期。历经 2000 多年的时代变迁与城市发展，如今尼姆存留的古罗马建筑主要为一座椭圆形的竞技场和一座长方形神殿，两者都保存良好，其余的建设大多为断壁残垣的遗构。

罗马神殿兴建于公元前 1 世纪，约于公元 5 年完成。神殿坐落于 2 米高的基座，呈长方形，由 30 组柯林斯

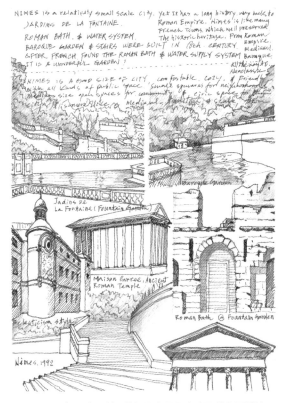

**图 3.57** 尼姆历史风貌：曾经是古罗马在法国的主要城镇

（Corinthian）柱列组构成外形。入口处有 3 排柱列形成的回廊，致使内部空间较小。神殿长 26 米、宽 15 米、高 17 米（含基座），比起其他古罗马公共建筑，此神殿算是规模和尺度较小的建筑物。神殿保存非常完整，几乎没有遭受任何破坏，它可能是世界上至今保存最完整的古罗马神殿之一。在罗马帝国衰亡后，神殿曾经闲置很长一段时间。在不同时期，神殿曾经作为市政厅和教堂使用，目前作为小型博物馆，陈列几个古罗马时期的大理石雕像和浮雕。

神殿四周保留了一些开放空间，使神殿周邻建物保持一定距离，一方面突显神殿的历史价值和意义，一方面供民众进行户外的活动。神殿和广场空间的尺度和比例颇为适中，广场周边存留的古罗马遗构陪衬着神殿，使规模不大的神殿，呈现一种源远流长、默然伫立的特质与性格。从某些角度，更像是一个罗马帝国永恒长存的象征。

面对神殿正立面右手边，亦即广场边界有一幢全新完成的建筑物，此建筑物高度近 30 米，由纤细的圆形钢柱，搭配细致的玻璃幕墙，以及平屋顶的方盒子所组成。建筑物的所有构件，包括结构体、金属面板等全部由白色烤漆完成。它是市立图书馆兼展览馆，由英国知名建筑师福斯特（Norman Foster）设计。福斯特刻意以他一贯高科技的设计手法，对比这座罗马古城，彰显新建筑的自明性（identity），试图将 2000 年的古城作为新建筑的背景，建筑师的企图心明显是成功的。新建的图书馆建筑位于古城镇中心，建筑量体与形式

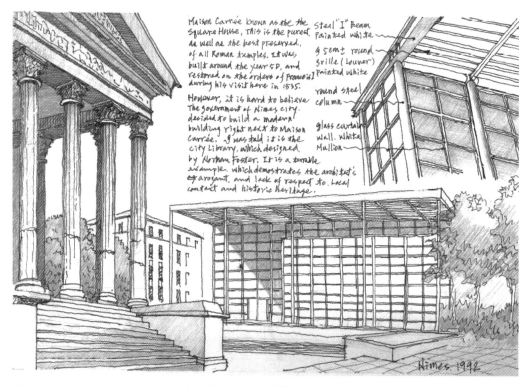

**图 3.58** 尼姆神殿：古罗马帝国神殿，保存良好，旁边玻璃幕墙的新建筑突兀亮丽，颇不协调

过分高大、亮丽与突兀，与整座城镇古朴质实的环境完全不协调。此设计只突显了建筑师的自大、狭窄，以及文化素养的有限性。事实上大胆前卫的设计并无问题，譬如巴黎都会区容纳每个时代的经典建筑，因此蓬皮杜中心、阿拉伯文化中心、卢浮宫增建案等新建筑的置入，并不会改变巴黎多元丰富的整体风貌。反之，这一类前卫建筑置入尼姆这种历史小城镇，就会显得特别的突兀不当。福斯特无视于历史文化，以及地域性的差异，仅以自己一贯的设计方法和技巧进行设计，呈现了自我的"国际样式"（The International Style），实在令人遗憾。

　　尼姆另一个保存良好的古迹是竞技场，其再利用方式是一个有趣的案例。罗马竞技场兴建于公元 1 世纪后期，以椭圆形呈现竞技场和看台，椭圆竞技场

**图 3.59**　尼姆罗马竞技场：以钢构玻璃嵌入千年古墙，使古建筑注入新生命

长约 133 米、短约 101 米，由 34 级阶梯座位组成看台区，可容纳 24000 名观众。竞技场建筑外观与座位区相同，亦呈椭圆形，建筑立面以两层相同形状的圆拱所环绕，圆拱立面内圈为拱廊，作为观众的主动线。竞技场进入中世纪时期即遭弃置，随后搭建成简陋小屋供贫民居住，直至 19 世纪才将贫民窟拆除，恢复原貌。

　　修复完成的竞技场至今仍持续使用，在这里每年会举办斗牛表演、古典音乐会、现代流行音乐会，以及城市的嘉年华会等。为了避免经常使用造成古迹建筑的损坏，原有的石材座椅和走道全部在表层架设木板作保护，原有高度不足的石材护栏以金属护栏加高，以维护公共安全。在阶梯座位区下面的空间原本是安置奴隶、格斗士、兽栏以及兵器的空间，如今被改成工作人员办公室、表演人员休息室等。原本厚实的墙体不论是否损坏或遗失，全部改成钢构玻璃，以利通风采光，此一做法颇令人震撼。玻璃的轻盈、透明与厚实斑驳的古墙形成强烈对比，但在尺度上，仍以古建筑为主，此做法刻意强调古建筑以现代工法活化再生的意象。我觉得此一做法非常好，大胆且有创意，为古建筑注入新生命。另一个有趣的景点是 18 世纪完成的巴洛克庭园，此庭园有大片的景观水池，景观水池的水源来自 2 世纪兴建的古罗马浴场。浴场用水引自远处的泉水，浴场荒废倒塌后，泉水亦被掩埋，但泉源并未中断。18 世纪因军事用途，恢复水源，又被建造成水景庭园。从某些角度，水

景庭园亦为古遗址再利用的一种方式。

# 4. 加德水道桥、于泽斯

屋大维的女婿阿格里帕（Marcus V. Agrippa）是罗马帝国最伟大的工程师和城市规划师之一。阿格里帕所设计兴建的许多构造物，至今仍为意大利与欧洲一些地区可贵的文化资产，位于法国东南边的加德水道桥（Pont du Gard）即为其中一例。加德水道桥主要作为引水渠道，同时供人车跨越加尔达河（River Garda）。阿格里帕于公元前 19 年开始计划兴建此一引水渠道，将泉水引入城镇供居民使用。引水渠道与加德水道桥约于公元 40—50 年完成。2000 年来，加德水道桥历经无数次修复工程，至今仍矗立于加尔达河上，它是罗马帝国最伟大的工程成就之一。一般史学家认为加德水道桥不仅是人类文明史上工程卓越的表现，同时是建筑美学上的典范。它以创新的构造技术克服地形上的各种困难，并解决生活必须的问题，进而以在工程上有美感的方式展现了人类的智慧。由于这些特殊的意义和价值，1985 年加德水道桥被联合国教科文组织指定为世界文化遗产。

于泽斯（Uzès）附近有一天然涌泉，每天有大量泉水涌出，于泽斯到尼姆（Nîmes）直线距离 20 公里，阿格里帕因此计划将于泽斯的涌泉以引水渠道导入尼姆作为该区居民用水。渠道为了避开途中的山丘，必须绕道而行，因此原本 20 公里的距离，却兴建了 50 公里长的渠道。于泽斯涌泉出水口海拔标高 76 米，尼姆海拔标高 59 米，两者高差仅 17 米，渠道必须有一定的斜率，才能将涌泉的水顺利送到尼姆水库。整条 50 公里长的渠道平均斜率为 1/3000，此斜率只有一般罗马渠道斜率的 1/10，因地形关系有部分渠道斜率居然只有 1/20000，由此可知其工程的困难度。

加德水道桥总长 456 米，引水渠道的高差只有 2.5 厘米，整体流水斜率只有 1/18241，工程技术的精确度实在令人难以想象。依据史料所述，此渠道之流水斜率虽然很缓，在当时仍能每天运送 4 万立方米的泉水，提供尼姆 5 万居民使用。

加尔达河两侧是一个天然峡谷的地形，河流两侧为陡斜的山丘，引水渠道要跨过河流，必须先从河床架高支撑渠道的结构体，使峡谷两侧的供水渠道可以连接一起。从河

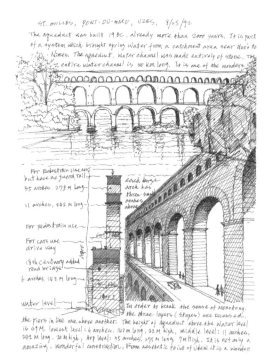

**图 3.60** 加德水道桥：古罗马帝国伟大的工程成就之一

床到渠道顶部高达 49 米，施作此支撑结构必然是一个浩大的工程。以今日用钢筋混凝土结构系统，将柱梁直接架高近 12 层楼高亦属不易。加德水道桥的结构系统由 3 层石构圆拱施作完成。临河床第一层由 6 组相同尺寸的大拱券所组成，第一层长 142 米、高 22 米、厚度 6.36 米。第二层 11 组尺寸相同的大拱券垂直坐落于第一层拱券位置，长 242 米、高 7 米、厚度 4.5 米。第三层 35 组小拱券直接支撑引水渠道，长 278 米、高 7 米、厚度 3 米。这些由石灰石构筑的拱券最大的石块达 6 吨重。每一个石块依其构造所需，不论水平、垂直、斜角等，皆精准切割，使石块与石块间依圆拱力学原理，自然固锁与平衡，石缝间未使用铁件、水泥砂浆，或任何黏着剂作固定。此点再次验证当时工程师和石匠技术的卓越和精准。

1 世纪中叶兴建完成的加德水道桥和渠道，维持 400 余年的正常供水，罗马帝国衰亡后，渠道逐渐疏于管理，沉淀物、碎石、杂物逐渐沉积，导致水流不畅。约在 6 世纪（另一说法为 9 世纪），因渠道完全堵塞无法运作而遭废弃。渠道废除后，加德水道桥因仍有跨桥交通功能，地方领主和主教在桥上设立关卡，收取过桥费，并对拱桥进行了简易保养维修，使加德水道桥的寿命得以延长。到了 16、17 世纪，由于无人管理，拱桥许多石块被偷，桥体遭受严重破坏。18 世纪开始，加德水道桥宏伟的构造体开始受到人们关注，维修工作自 18 世纪开始进行。第一层桥面亦在此时加宽约 7 米，使人车通行，所有圆拱尺寸和构造方式，全部与古罗马时期施作的桥体相同。加德水道桥的修复改建工作，一直持续至 21 世纪初才停止。

**图 3.61** 加德水道桥：不仅是人类文明史上工程卓越的表现，同时是建筑美学上的典范

**图 3.62** 于泽斯城镇：厚实的石构拱廊呈现中世纪的城镇风貌

在修复过程中，发现最初的水源涌泉仍然存在，水质经测试后，发现清澈的泉水含有高比率的碳酸钙，碳酸钙从周边的石灰石矿中渗出，流入泉水。碳酸钙不会在水中溶解，只会沉淀累积，因此渠道完成后必须定期清理维护。罗马帝国结束后，长久无人疏通清洁，自然逐渐累积、堵塞，终至废弃。

从于泽斯到尼姆原50公里长引水渠道的高架构造体，大多已废除消失，零星尚存的几处石构圆拱散落于荒野树林中，早已被人们所遗忘。加德水道桥几经修复，大致维持原有壮丽宏伟的规模。虽然第三层渠道拱券从原有的47组，减少为35组，但无损罗马帝国工程技术的伟大成就。

加德水道桥至今成为法国南部最受欢迎的旅游景点之一，加尔达河清澈的流水，水岸沿途秀丽的自然景观，以及加德水道桥的文化资产价值，都吸引许多本国和外国的游客来访。外国游客主要是为目睹加德水道桥构造体的风采，法国游客来此的主要目的是登山、骑行，欣赏自然景观，还有许多年轻家庭在加德水道桥下戏水、泛舟，来回穿越巨大的桥拱。我走在山丘上、水岸边，从不同角度看着加德水道桥，感觉加德水道桥不仅宏伟壮观，体现了工程技术的伟大，在整个尺度和比率上也具有高度的美感。回程中，我忍不住想着，那个时代在没有任何工业技术和现代机械设备的协助下，可以完成这样伟大的工程，突然间觉得自己何其渺小。

参访加德水道桥是原定旅游行程的一部分，但在前一天晚上还在思考是否要取消此行程，因为来回会超过半天时间，剩余的时间不知去哪里。所幸最后还是决定亲自去看看这座世界知名的古罗马渠道拱桥。在意大利的罗马帝国遗址（罗马大广场）看到的都是断垣颓壁、遗构残迹，只能想象、凭吊罗马帝国的伟大，但来加德水道桥一游，却真正看到罗马帝国工程的卓越成就。

于泽斯位于普罗旺斯省的西边，从旅游地图来看，于泽斯的地理位置有点偏远，从旅游书上看到有关于泽斯的介绍亦较简略，明显并非旅游景点，因此并未将其纳入我原定的旅游行程。从阿维尼翁往西走会先到达加德水道桥地区，从加德水道桥再往西行，才会到达

图 3.63　于泽斯城镇古道：古道厚重斑驳的石墙呈现浓厚的历史感

于泽斯，行程上不算顺路。但因看完加德水道桥还有一些时间，且因泽斯是整条引水渠道的源头，加上公共交通方便，于是我便搭上巴士，前往未计划参观的小镇。

于泽斯是中世纪时期遗留下来的一座小镇，城镇风貌维持着中世纪时期的意象，好像一个历史场景凝结在 14 世纪以前的模样，历经 600 多年至今，没有受到外界的干扰，亦无任何变迁，在封闭隔绝的状态下，自我生息至今。于泽斯很早就形成聚落，它因规模不大，人口不多，又非处于交通要道上，因此并非兵家必争之地。普罗旺斯多次的争战、历史事件等，都与于泽斯无关，即使古罗马人在于泽斯找到涌泉，建设了一条 50 公里的引水渠道，将泉水运送至尼姆，也未曾开发于泽斯这座小镇。历经几个世纪，于泽斯就在一种与世隔绝、和平安详、自给自足中度过。16 世纪，欧洲宗教改革，造成新旧教派的分裂，使法国产生宗教战争，于泽斯亦呈现骚动不安的局面。宗教战争结束后，于泽斯慢慢恢复往日的安详与宁静。

于泽斯尺度不大，漫步而行，从头到尾不到 20 分钟即可走完。我独自散步在中世纪存留的狭窄弯曲石板步道，看着建筑两侧斑驳的古墙，偶尔因小径曲折，阳光洒入，使古道在亮暗对比中呈现一种源远流长的历史感。城镇中心是一座小广场，围塑此开放空间，除了一间小教堂之外，多为小商家和餐厅，这些店家一楼主要为厚实基座的石构拱廊。拱廊自沿街立面退缩五六米，作为半户外餐饮区。石构拱廊与石构肋拱天花板构造，说明这些民居建筑应于中世纪哥特时期完成。于泽斯保存了中世纪的城镇风貌与市街纹理，整体历史感浓厚，但因规模较小，访客不多，它在安静平和中，看起来有些落寞，在远离尘嚣嘈杂中，又好像被遗忘了许久。

## 5. 莱博昂普罗旺斯

阿尔勒（Arles）是另一个古罗马城镇，为预先计划参访的一个景点。阿尔勒位于法国东南边，靠近地中海，途中会经过莱博昂普罗旺斯（Les Baux-de-Provence），此地虽非计划中之行程，但因旅游巴士经此停留一段时间，再往阿尔勒行进，因此就顺道下来看看。

莱博昂普罗旺斯是中世纪时期遗留下来的一个山城，它坐落在一座海拔标高约 280 米的岩石山丘上。此山丘长约 900 米，山丘四边多为崎岖突出、高低不平的岩石，各种不同形状的岩石交错于不同斜度的坡地上，有些部分甚至是陡峭的山壁。因此，顺应地形，建构城墙、碉堡等防御工事，可以使防卫系统坚固不摧，易守难攻。莱博昂普罗旺斯就在这种优势地形条件下，成为一个繁荣的城镇。

考古证据显示，史前时期即有人类在此定居，形成聚落。经过多年的变迁消长，10 世纪末期，莱博昂普罗旺斯产生一个强势的封建领主，促使莱博昂普罗旺斯成为一座强大的城镇，并控制了周邻地区。11 世纪末期，此一强盛的家族掌控了法国南部七十几座城镇和村落。在繁荣鼎盛的光环下，莱博昂普罗旺斯领主变得骄傲自大，他甚至对他上位的普罗旺斯伯爵炫耀他的权势，以及固若磐石的城堡。后继的王子们生活开始颓废，沉淀于吟诗作乐，纵情于舞蹈宴饮，后来被普罗旺斯伯爵征服。在伯爵统治下，莱博昂普罗旺斯维持了一段和平的岁月。1632年路易十三世攻占莱博昂普罗旺斯，将其纳入法国国土的一部分。为了避免画地为主的情形发生，路易十三世将莱博昂普罗旺斯的防御城墙、碉堡等全部拆除。莱博昂普罗旺斯不再是一个由领主拥有的独立城堡，而是一个无城墙边界的民居与聚落，莱博昂普罗旺斯因而逐渐没落。

走进莱博昂普罗旺斯看到残破的城堡，宫殿的遗构，破损的房屋，好像这里已经荒废了很久。莱博昂普罗旺斯除了一般民居之外，较特别的是存留了一些穴居。早期居民利用地形岩壁，挖掘洞穴为生活空间，再在洞穴前方做一个

图3.64　莱博昂普罗旺斯意象：陡峭山壁、崎岖地形、穴居，共同成为此区特色

有门窗的立面。另有成排一层楼住屋沿街而立，每户均有门扇和窗扇，像是街屋形式，但实际上每户主要生活空间在洞穴里。这些顺应地形地貌建构的洞穴民居形成莱博昂普罗旺斯的一个特色。莱博昂普罗旺斯的洞穴民居显示人类早期共通的一种居住方式，在土耳其、中国，以及许多其他地区都有类似穴居的遗构。整体而言，莱博昂普罗旺斯是一个荒废残破的历史城镇，即使它曾经有一段辉煌的过往，却无法掩盖落寞颓败的事实。

# 6. 阿尔勒

阿尔勒（Arles）是古罗马人在法国规划最完整的古罗马城镇，整座城镇以90°格状系统规划住宅区与道路，再将公共设置入城区，使阿尔勒成为一个非常具代表性的古罗马城。中世纪1000年许多教堂、修道院在城内设置，有些一直保存至今，阿尔勒因此具有古罗马与中世纪城镇的双重身份。

公元前6世纪，马赛（Marseille）的古希腊人曾经来到阿尔勒地区，征服了当地原住民，沿着罗纳河水边形成聚落。罗纳河连通地中海，因此自古阿尔勒即为一个河港聚落。由于从意大利到西班牙的古罗马公路会经过阿尔勒，因此阿尔勒成为水路与陆路的交通要

道。在阿尔勒东南方的马赛，因临地中海，它成为商港的历史更久远，港口与城镇规模更大，阿尔勒在政治和经济上长久仰赖马赛，成为马赛的附庸，但公元前一场罗马帝国的内战，彻底改变了阿尔勒的命运。

公元前 49 年，凯撒与其最大的政治宿敌庞贝（Pompeii）展开一场夺权的生死战争，最后庞贝战败，凯撒称帝。当时繁荣忙碌的马赛很不幸，选择支持庞贝，因而付出惨痛代价。凯撒军团从陆地和海上同时攻击马赛，使马赛重创。反之，阿尔勒从古罗马公路和罗纳河协助凯撒军团运送军事物资，提供军需，成为战胜的一方。原本只是普罗旺斯的一个河港聚落，在凯撒的全力支持和祝福下，一跃成为法国南方的"罗马"，一座设施完善的富有城市。城墙、碉堡等防御系统开始兴建，同时住宅区

Arles Provence
France, 1992 Hwang

**图 3.65** 阿尔勒遗构：处处存留着古罗马遗迹

开始施工，随后供水系统、剧院、竞技场、公共浴场、神殿、集会堂、广场等陆续兴建。短短数十年期间，阿尔勒从一个河港聚落，转变成一座宏伟壮丽的古罗马城。古罗马人规划设置的供水系统有其清楚的功能分类，供水系统由 3 条主要渠道组成，一条供住宅区使用，一条供公共浴场使用，一条供喷泉水景使用。供水系统的完整，使城镇居民日常生活得以正常运作。除了广场设置铺面外，城内所有道路均以大理石板铺设，使生活交通更加便捷。

古罗马城镇建设完成，阿尔勒的河港也随之扩建，河港变得非常忙碌，每日进出的船只比以往增加许多，尤其在马赛衰败之后。普罗旺斯各地运送过来的橄榄油和葡萄酒由阿尔勒港出口。阿尔勒生产的金饰、刀剑、纺织品亦定期由此出口到各地，从非洲、亚洲各地来的船只在阿尔勒港停泊、运货。这些船只的进出不仅使港口热闹繁忙，亦带动城镇经济发展。

阿尔勒繁荣的盛况维持了 400 多年。5 世纪开始，罗马帝国的势力逐渐式微，阿尔勒富庶的荣景引起周边新兴异族的觊觎。426—461 年，阿尔勒遭受 5 次入侵掠夺，开始慢慢衰败。476 年，罗马帝国衰亡后，阿尔勒失去防卫能力，只能任由蛮族掠夺。中世纪时期，教堂修道院陆续兴建，教会成为稳定社会的力量，但阿尔勒仍遭数次入侵，城镇的命运和历史因而随着普罗旺斯的兴衰起伏。

阿尔勒至今仍保存着许多古罗马时期的遗构，验证着古罗马建设城镇的昔日光辉。当

时兴建剧场舞台背面的主建筑已倒塌，存留的舞台和座位区仍定时举办各种表演和民俗活动。竞技场的石墙多处破损，但形体尚称完整，各种大型活动仍定时在此举行。为了避免竞技场石板座位和走道因使用频率较高遭受磨损，阿尔勒市政府将阶梯座位区全部用现代的钢构支撑架高，使现行的使用方式完全不触及古迹本体。此亦为一种恰当的古迹再利用方式。对我来说，古迹不论历史多久远，都应该能继续使用才有意义，才是真正代代相传文化遗产的真义与价值。整体而言，法国对古迹再利用的态度较正面且积极，值得肯定和学习。

竞技场外观有许多石块破损，外墙上雕像多已遗失，但整体形貌尚完整，高 2 层，每层各有 60 座圆拱构造形成的外立面和拱廊，仍清楚可识。这座长

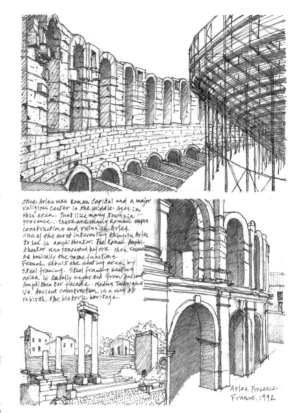

图 3.66　阿尔勒竞技场：竞技场修复后，继续使用

136 米、宽 107 米、提供 24000 座位的椭圆竞技场，历经 2000 余年的太平盛世、战争纷扰，最终以自己的命运存留下来。借助人们举办的传统节庆、新颖活动，延续生命，使城市历史和当代生活得以并存共融。

# 7. 圣玛丽海边

圣玛丽海边（Saintes-Maries-de-la-Mer）在阿尔勒南边约 38km，临地中海和罗纳河出海口的三角洲上。圣玛丽海边的（de-la-Mer）法文原意为"属于海洋""来自海洋"，因此此区地名完整意义是"来自海洋的圣玛丽"。此地名源自中世纪初期的传说，传说的内容是公元 1 世纪初，耶稣被钉挂在十字架死后，3 天复活升天。有 3 位名字同为玛丽的女性见证了墓穴无尸体，耶稣复活的事情。他们将神迹处处传诵，引起当局恐慌。这 3 位玛丽和几位信徒被罗马当局置入一条小船，在无清水、食物的情况下，将小船推入海中，任其自生自灭。小船漂洋过海，最后在法国南方海边上岸，在上帝的护佑下，所有人都存活下来。3 位玛丽是首先将基督信仰带到法国的人，她们在法国传播福音，并在那里度过余生。"来自海洋的玛丽"的传奇故事流传了千余年，后来也成为此区的地名。

圣玛丽海边是源自中世纪的小镇，小镇仍保存着自 9 世纪兴建的教堂。长久以来，这

**图 3.67**　圣玛丽海边民居：白墙、黑麦草的民居

**图 3.68**　圣玛丽海边古道：古道呈现浓厚的历史意象

里的居民多以捕鱼和务农为生，水岸边多为渔港和渔村，内陆多为农田和农村。由于这里的气候温和，终年阳光，空气清新，景观优美，20 世纪初逐渐转型成度假胜地。20 世纪中后期，沿海的渔港大多转型成游艇码头，渔村民居大多转型成观光旅馆，内陆的农村大多转型成退休度假村，农田转型成花园或休闲农场，游客因而日益增多。

　　圣玛丽海边是一个尺度适中，舒适宜人，步调悠闲的小镇。这里的建筑物很少超过 3 层楼，且以 1 层楼建筑居多。整个小镇的建筑物外墙以光滑的白色石灰粉为主，在地中海耀眼的阳光下，整座小镇显得特别明亮。参访度假胜地并非我本次旅游的目的，只因从阿维尼翁到阿尔勒参观完，尚有一些时间，就搭上观光巴士来到圣玛丽海边。在这里闲逛一两个小时，意外发现这里有许多造型特殊的民居，其中一种民居为 1 层楼陡峭不对称的斜屋顶，屋顶以麦草覆盖，麦草呈黑色，外墙为白色光滑石灰粉，对比非常强烈。大片白墙上开了几个不规则小窗洞，有点随机任意，又充满生活的节奏和有机。小镇的房屋大多为平缓斜屋顶，屋顶材料为陶土罗马瓦，大概是因为地理气候关系，呈现地中海沿岸的建筑形式。但民居陡峭斜屋顶加麦草覆盖表层，一般属北欧寒冷天气的住宅，不知何以会在南欧的地中海出现，令人不解。看看时间已近黄昏，该回阿维尼翁了。希望有那么一天可以真正来此度假休闲，而非紧凑赶路，到处看看城镇风貌和建筑。

# 8. 艾格莫尔特

艾格莫尔特（Aigues-Montes）是欧洲最具代表性的中世纪城镇之一。它位于尼姆南方约33公里，从艾格莫尔特再往南约10公里即可到达地中海。艾格莫尔特整座城镇保存相当完整，城镇呈长方形，城镇范围以城墙和碉堡为界，环绕城镇边界的城墙总长度约为1650米。整座城镇坐落于沼泽湿地上，因水质为咸水，植物不易生长，站在城墙瞭望台上，看到的是一望无际的湿地，直到地平线，地景看起来颇为荒芜苍凉。

艾格莫尔特原意为"死水""滞留水"，这种不适合人居的地方，在兴建城镇之前，却早已有族群在此定居，形成聚落。当时居民以芦苇茅草建成小屋，依靠打猎、捕鱼、制盐维生，生活相对

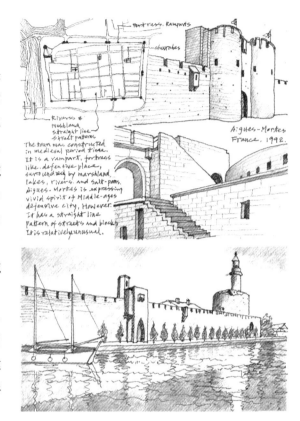

**图 3.69** 艾格莫尔特：保留完整的中世纪城镇

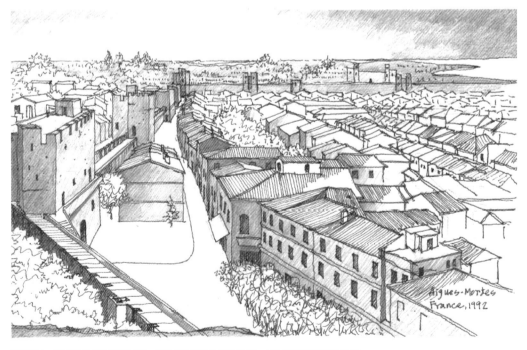

**图 3.70** 艾格莫尔特城镇风貌：中世纪城镇的市街纹理、民居街廊均完整保存

简易原始，直至 1240 年开始出现转机。13 世纪是欧洲各国以弘扬上帝福音为由，以基督精兵（十字军）为名，侵略攻打非基督教国家的年代。1240 年，国王路易九世 26 岁，他野心勃勃地想发动第 7 次十字军东征。因法国正南方与西班牙相邻，东南方普罗旺斯为神圣罗马帝国所管辖，他的军队无法到达东南方的地中海，于是他决定在艾格莫尔特设置一个军事基地，在沼泽湿地中兴建一条 10 公里长的人工运河，供船只航行，以便将军队运往地中海，经由地中海航行到侵略的目的地。1248 年，运河开凿完成，路易九世亲自带着十字军东征，同时城镇亦着手兴建。1270 年，路易九世再度率领十字军由艾格莫尔特展开第 8 次出征，军队到达突尼斯（Tunis）时，他就因病客死异乡。当时艾格莫尔特的城镇建设尚未完工，后由继承王位的菲利浦三世接续完成。

艾格莫尔特所有城墙、碉堡、瞭望台、市街纹理、民居街廓等，均保存着 13 世纪末兴建完成的形态和样貌。从艾格莫尔特可以看到法国存留的中世纪城镇与意大利中世纪城镇，在形态上很不一样。虽然两者都是防御性的城镇，但意大利的中世纪城镇大多会以高耸的主教堂和广场设置于城镇的中心位置，法国中世纪城镇的宗教性较不明显，亦无大型广场置于城镇中心。艾格莫尔特城镇规模不大，最长直线距离不超过 450 米，因此很适合休闲漫步。走上城墙的瞭望台，不仅可以远眺四方，同时可看到城墙外围后期兴建的社区，这些现代住宅都在二层楼以下，建筑形式干净简洁，缓坡斜屋顶与城内的历史建筑和谐共存，这种平稳低调的态度，或许也可以算是一种文化素养。

# 9. 马赛

马赛（Marseille）属于普罗旺斯行政辖区的一部分，自古即与普罗旺斯有深厚的渊源。马赛位于法国东南部，靠近罗纳河出海口，临地中海，因其优良的地势和海岸，在很早期就成为地中海重要的港口，它亦成为法国历史最悠久的城市。长久以来，南欧、中东、北非、亚洲等地的货物商品由马赛港输入内陆，法国的货品亦由此输出，这个拥有 2600 多年历史的海港城市至今仍为法国规模最大的商港，亦为地中海沿岸的第二大港口。马赛在历史上，虽经过数次的战争掠夺，有过短暂的没落时期，因其商港的地位和重要性，多数时期是一个经济繁荣、文化多元的海港城市。

公元前 600 多年，因其天然海港地形，古希腊人在此定居，形成聚落，并建立通商港口。公元前 200 余年，希腊帝国式微，马赛逐渐发展成独立王国，经济和贸易持续发展。公元前 49 年，罗马帝国两大巨头，凯撒与庞贝的内战，马赛不幸选择支持庞贝，庞贝战败后，凯撒军队大肆破坏城市，使马赛经历过一段破败萧条的岁月。但因其在地中海港口的优越性，马赛在不久之后即恢复生机，重现昔日繁忙的荣景。4 世纪进入中世纪后，它像欧洲其他城市一样，成为一座信仰基督教的城市，许多教堂、宗教设施陆续兴建起来。5 世纪、7 世纪曾被异族侵略攻占，城市没落一段时期后，再度恢复港口通商繁忙的景象。10 世纪，

old port of Marseilles
France. 1992

**图 3.71**　马赛旧港：仍位于旧城镇的中心，昔日商港成为今日游艇聚集的地方

它成为普罗旺斯的一座城市，由当地领主统治，商港持续运作。

马赛历经欧洲黑死病、法国大革命与宗教战争等历史黑暗期，在社会动荡与经济衰退中，仍顺利存活，并再度复苏。19 世纪工业革命来临，马赛成为法国全面工业化的主要城市之一。铁道与火车的建造完成，使进出口货物的运输更快速便捷，马赛港在法国和地中海的航运地位愈发重要。

19 世纪拜工业化之赐，欧洲在船坚炮利的优势条件下，开启了帝国主义侵略、殖民非洲、亚洲的时代，法国亦不例外。法国先后在亚洲殖民越南、柬埔寨等国家，在北非征服阿尔及利亚、摩洛哥、突尼斯等地。法国的军队搭乘火车到马赛港，再转乘船只，带着现代化的枪炮，进入北非。马赛在此时期因而兼具商港与军港之用途，港口更加忙碌与繁荣。第二次世界大战期间，马赛遭德国占领，城市遭受一些破坏，盟军反攻法国时，马赛再度遭受战火波及，就像所有历史事件的破坏一样，马赛仍再度从破败中重建，复原运作。

马赛港历经 2000 多年的使用、扩建、设备更新，仍无法跟上时代脚步，当航运开始使用大型船舰、货柜轮船时，港口需要宽广腹地提供吊挂设备与运输空间。马赛旧港无法满足现代化需求，只能另辟新港。这座充满历史意义的旧港仍位于旧城镇的中心位置，目前主要作为餐厅、酒吧、旅馆，以及私人游艇码头，昔日忙碌的商港，今日成为观光客聚集的地方。

　　马赛虽然保存了一些中世纪的教
堂、城堡，16 至 17 世纪的豪宅庄园、
喷泉公园，以及部分旧港区的历史建筑、
街巷纹理，但整体意象仍是一座现代化
的城市。马赛是一座国际化城市，除了
许多跨国企业在此工作、居住的各国工
作人员之外，还有许多外来移民在此定
居。犹太人是最大宗的移民者，其次是
曾为法国殖民地的阿尔及利亚人、突尼
斯人，每一个族群都形成自己的社区，
富人社区与穷人社区有时彼此相邻。马
赛人因海港城市的传统，形成一种可贵
的性格，亦即一种尊重多元文化的包容
性，这种性格使信奉天主教为主的法国
人，与信奉伊斯兰教的北非人可以和平
相处。

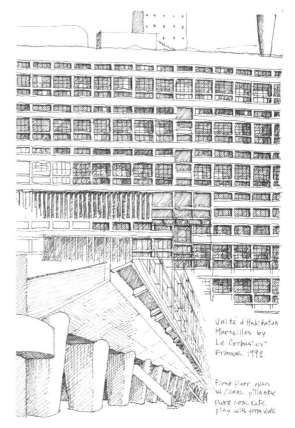

**图 3.72**　马赛公寓：勒·柯布西耶实现社会理想的原型

　　我走出马赛火车站，首先经过的是
环绕在火车站四周的北非移民社区。街
道上看到退休老人三三两两坐在居家门
口聊天，人行道上杂物、烟蒂、垃圾处处。转角上偶尔出现两三家拥挤，又带点香料味的
杂货店、水果行，沿街看到房屋破败、随处涂鸦，好像走入贫民窟的感觉，令我有些紧张
和不安。走过四五个街廓，跨过一条较宽的道路，突然看到枝叶修剪整齐、铺面干净的人
行道，沿途房屋整洁明朗，很明显我已走进另外一个社区。这种对比差异的社区形态，是
马赛城市性格的一部分。

　　我来马赛的主因不是为了充满历史的旧港口，亦非体验市街风貌，而是来看勒·柯布
西耶的马赛公寓（Unite d'Habitation，Marseilles）。马赛公寓是勒·柯布西耶为实现他的
城市主义理论（Urbanism）以及社会理想所作的设计。他希望马赛公寓可以成为低收入住
宅的原型，使之能在法国及欧洲各国推广。勒·柯布西耶相信只有使低收入家庭可以有一
个舒适健康的居住环境，才能实现他心目中的社会公平与正义。

　　在第二次世界大战后，法国像世界上许多国家一样，城市因遭到战火破坏，而住宅严
重短缺，如何快速有效兴建大量国民住宅，成为各国政府共同的问题。1945 年 11 月法国
政府委托勒·柯布西耶设计一幢低收入住宅公寓，在快速完工后，可以推广至全国。马赛
公寓于 1947 年 12 月开始施工，1949 年结构体完成，1952 年 10 月住户开始迁入。从设计
到完工启用，历时 7 年，比法国政府预计的时程高出许多。

马赛公寓高 18 层，主要结构体为钢筋混凝土，所有立面面材都为清水混凝土。像所有勒·柯布西耶的清水混凝土建筑一样，马赛公寓大厦对混凝土模板的线条组合（pattern）非常重视，所有模板的线条和组合都经过审慎的设计。公寓大厦长 137 米、宽 24.5 米、高 56 米，总计有 337 个公寓住宅单元，由 23 种不同形态的居住单元组成，约有 1500 居民可住在里面。不同形态的居住单元主要是为不同家庭人数所需而设，从无子夫妇到拥有四五个小孩的家庭都有相匹配的空间。公寓大厦设有商店街、餐厅、旅馆、游泳池、幼儿园，以及地面广场和屋顶庭院。勒·柯布西耶设计之初，即设定低收入住宅不应只是提供一个家庭最小的居住空间，而还要包括生活、休闲、娱乐、社交、养育子女等功能，使每一个家庭都有一个正常、愉悦、健康的生活环境。马赛公寓因此成为一个微型的立体化社区。马赛公寓完成后，并未依原定目标，成为低收入住宅的原型。它从未被复制，法国亦未再有类似公寓大楼出现，因它的工程造价太高，无法进行大量生产，大量公共设施的管理费用亦非低收入家庭所能负担，因而遭致许多批判。

我在马赛火车站没有看到游客中心，无法询问马赛公寓的正确位置，亦未拿到城市导览地图，阴错阳差，在旧港口多逛了一些时间，到马赛公寓时已近黄昏，天色渐暗，只能在那静观一会儿，默默朝圣一下。结束马赛行程，整个普罗旺斯 7 天的旅程就结束了。明天一早将去尼斯（Nice），体验一下知名观光景点的风貌。

# 第 24 章

# 尼斯
# Nice

尼斯（Nice）是里维埃拉省（Riviera）的省会，同时是一个出名的度假胜地，它不仅吸引法国人来此休假，许多北欧人亦会在冬季来此观光休闲。尼斯终年有绚丽灿烂的阳光，蔚蓝清澈的海景，一年四季都吸引不同地方的人来此度假。

尼斯位于法国东南方的地中海边，距离西侧意大利边界仅约 30 公里，其周边有几处度假胜地，车行时间约 20 分钟，因此这几处景点与尼斯共同成为游客的度假圈。尼斯西南方不到 20 公里的戛纳（Cannes）是一个知名游艇度假港口，其每年定时举办的各种展览活动都会吸引许多同好前来欣赏，同时享受度假的乐趣。这些活动之一的戛纳国际影展具有国际知名度与指标意义，因此每年都会吸引电影爱好者和专业者前来共襄盛举。尼斯西边约 10 公里，更接近意大利边界的摩纳哥（Monaco）是一个以观光产业出名的小王国，摩纳哥的蒙特卡洛（Monte-Carlo）是国际知名的赌场。它是世界上第一座合法赌场，于

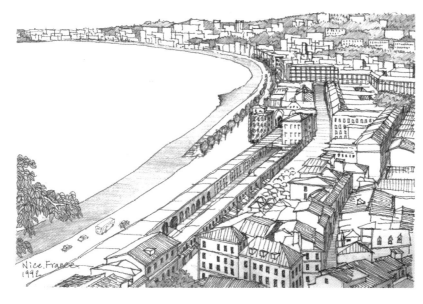

**图 3.73** 尼斯城镇与海岸：气候温和，海景优美，一年四季都吸引许多人来此度假

1856 年就已成立，它成为世界各地后期兴建赌场的原型。因此来尼斯的游客可以将戛纳和摩洛哥纳入旅游行程。

尼斯并非我最初旅行计划的一部分，因为我来法国的目的并非欣赏碧海蓝天，更不可能有时间去海边晒太阳，做日光浴。想来这里逛一下的原因是以前看过一本书介绍野兽派大师马蒂斯（Henri Martisse）在尼斯生活与作画的经历。书名是《亨利·马蒂斯：在尼斯的早期岁月》（Henri Martisse: The Early Years in Nice），书中提到马蒂斯出生于法国北方，靠近比利时边界，气候较寒冷，尤其冬天时大地灰茫茫，景观很单调，因此他长大后，一直渴望到气候温暖，视觉上较多彩丰富的地方。马蒂斯不是一个终年在画室工作的艺术家，他一直在旅行，不停地观察体验异国风光和情调。尼斯开阔的海景、无际的天空、苍翠的山峦、亮丽的太阳、鲜艳多彩的花卉，以及多变的瓷砖饰纹，都吸引马蒂斯在尼斯

图 3.74　尼斯旧港：存留部分历史遗迹，昔日渔船被游艇取代，非常热闹

长住久留。尼斯的风光和特质有许多融入马蒂斯的绘画作品中，不论主题是静物、人体、花卉，或室内空间，往往都会使用鲜艳的色彩，将地毯、壁纸、桌巾等，多彩的装饰花纹置入绘画，使原本立体透视的空间，变成扁平化的装饰花纹构图，此亦为马蒂斯绘画作品最有特色的一点。因为马蒂斯，许多现代艺术的爱好者都会想到尼斯旅行，看看马蒂斯的创作源泉和生产作品的地方。

尼斯整座城镇分成东西两部分，东半部为老城区和港湾，西半部为新城区，虽然二者看起来都像现代城市。老城区保留了一部分 17 世纪城堡残迹，几座 16、17 世纪的教堂、海岸边昔日的瞭望台，以及几条中世纪后期存留下来蜿蜒狭窄的老街，其他多为较新的街道和建筑，称其为老城区实在有点勉强。那些零散的老房子和残迹，在数量和规模上实无法形成旧城意象，充其量只是在强调尼斯也有一段过往的历史，对游客意义不大，因为若想体验历史名城，就不会来到尼斯。

来尼斯的人，不为旅行，而为度假，旅行和度假根本上是完全不同的行为模式和概念。度假不需探索文化、历史，以及发现任何未知的环境和事物，只需放松、休闲、享受假期。因此这里一切游憩设施、文艺活动、表演节目、嘉年华会等，都是为度假的人准备。这里

一切都很商业化，旅游基础设施完善，服务水平很高，使度假的人可以自在舒适地享受假期。尼斯观光策略一直包含两个面向，尼斯一方面以优质设施吸引高端消费者，看看港湾停满豪华游艇和帆船，就知道度假胜地是为他们所准备；另一方面以平价旅馆吸引年轻族群来此轻松度假，看看满街欢乐嬉戏的年轻族群即可知晓。比起他们，我两者都不是，我好像是一个文化行旅的苦行僧，一个追赶落日的探索者。

图 3.75　尼斯老街：步调悠闲，宁静安详

　　由于大众交通很方便，我又要在尼斯住一天，因此我有机会顺道去摩纳哥和戛纳闲逛一会儿。戛纳、摩纳哥与尼斯基本上都是地中海沿岸的度假胜地，个别建筑物和城镇纹理或许有些不同，但呈现的氛围大同小异。从戛纳、尼斯到摩纳哥的行进过程，看到沿途风景优美，海岸漂亮，处处是度假人潮，碧蓝的海上漂浮着多彩的风帆，非常惬意悠闲。由于这里四季温和，成为许多退休人士的最爱，从尼斯到戛纳，处处都是房子，建筑密度很高，连四周山坡的土地都用掉了，这恐怕是度假胜地较美中不足的部分。

　　我最初以为在度假胜地的消费必然很高，事实上不然。旅游业者很清楚，为了满足多数游客需求，必须提供各种消费的价位，旅馆、餐厅从平价实惠到高尚豪华都有，其主要目的是降低生活花费，让多数游客可以到赌场花钱。因此，尼斯整体生活费并不高，比起里昂、阿维尼翁都低，更不用提巴黎了。这里到处是旅馆、餐厅、赌场，一家接一家，许多小型赌场主要提供投币式赌博机（吃角子老虎机），因此人人都可试试运气。我没有闲情去赌一把运气，宁可静观人们如何休闲享受这些度假设施和市街风貌。偶然间，看到一间中华料理餐厅，里面摆设各种丰富的食物，有些食物混合了中国菜与法国菜的味道，价格便宜，味道又好，吸引许多人来此消费。这是我在欧洲所品尝过最好的中华料理，对我而言，在此饱餐一顿算是这次旅行的一种享受。从度假休憩的角度，尼斯、摩洛哥、戛纳完善的旅游设施与便捷的交通，都使之成为值得一游的地方。

　　今日尼斯已非当年马蒂斯寻求艺术创作的地方，当年马蒂斯来到尼斯时，人口可能不及现在的 1/4，观光客更少，因此步调悠闲，绿地花草处处。当时的渔村、渔港如今都已被旅馆、赌场、别墅所取代，渔船也都变成豪华游艇，若试图捕捉当年马蒂斯在尼斯时期的场景和氛围，必然会感到有些失望，毕竟时空背景已全然不同。因此，必须以现代度假休闲的角度看待，较能放松心情，悠然享受。

既然来尼斯只是体验知名的度假城镇，而无特定目标，因此可以较轻松自在地闲逛。整体而言，不论老社区或新城区，现代建筑的水平不高，沿街看到的现代房舍大多很平凡，从建筑立面上可以看到设计者虽然试图创造一些变化，但质量仍很普通，既无令人惊艳的杰作，亦无精巧细致的小品。在这处处商业化的街道上，各种礼品商店和餐厅吸引许多游客，热闹非常，我也感染了一些欢乐愉快的氛围。偶尔岔入老城狭窄老街的住宅区，看不到任何游客，只

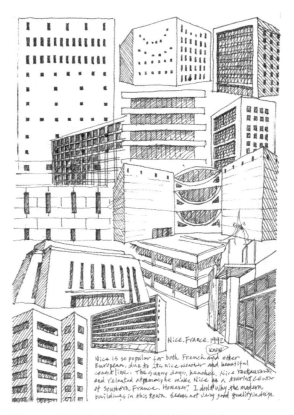

**图 3.76** 尼斯现代建筑：现代建筑较平凡无特色

有我一个人在古老的石板路上隅隅独行。看着斜阳洒入弯曲的步道，宁静安详，不知为何，突然间觉得轻松自在许多。看完向往已久的尼斯，同时去了知名的戛纳、摩纳哥，也算是了结了一个心愿。

第 25 章

# 卡尔卡松
# Carcassonne

　　卡尔卡松（Carcassonne）往西北约 53 公里会到达图卢兹（Toulouse），由图卢兹往西北约 120 公里会到达波尔多（Bordeaux），三者成一条直线，主要公路和铁路亦连成一线，因此将此 3 座城镇当成一个旅游行程。这 3 座城镇的性格和特质差异很大。卡尔卡松是一座保留完整的要塞古城；图卢兹是一座以红砖为主要构材的内陆城市，以航空工业闻名；波尔多是一座临大西洋的海港城市，以生产葡萄酒为世人所知。我计划用两天走完这 3 座城市，然后由波尔多返回巴黎。

## 1. 卡尔卡松

　　卡尔卡松是位于法国南部的一座城镇，法国南部之西侧为大西洋，东侧临地中海，横跨两个海洋之间最短距离，会经过图卢兹和卡尔卡松，因此卡尔卡松自古即为法国南部横跨东西方的必经之地。因从旅游指南上看到介绍卡尔卡松的照片，非常迷人，因此决定来此一游。我从车站出来，经由居民指引，漫步穿越小镇市街，突然看到大片斜坡草坪上耸立着一座壮丽的城堡。城堡保存得非常完整，乍看之下，好像是个电影场景，又好像是童话故事中，仙女魔棒一挥，就在原地凝结千年的城堡。

图 3.77　卡尔卡松：人类运用技术、经验、智慧和才能所研发的防御体系

卡尔卡松是一座中世纪存留下来的"防御城堡",它保存了中世纪时期城镇完整的防卫体系,因而具有很高的知名度。卡尔卡松以两层坚固厚实、高度不同的城墙构成一个接近椭圆形的城镇。内外城墙之间设有宽窄不一的道路,为军队和马车调度之用。内外城墙上计有 53 座圆形或半圆形的防御高塔,为反击侵略者之用途。这些高塔的设置有清楚的防御功能与目的,但也成为城镇天际线与造型的主要部分。

除了防御城墙与高塔之外,城堡尚设有其他防御设施,譬如:环绕城墙深广的壕沟,可增加敌人攻城的困难度。跨越壕沟进入城门的桥梁有两种,分别为吊升桥与固定桥。在平时,此二种桥主要用作城镇连外交通的要道;在战时,桥梁必须封闭,以作防御之用。吊升桥在城门边设有可旋转的支轴,另一端直接跨在壕沟边坡,并以锁链连接,桥板吊升后即可封闭城门。固定桥必须设置垂直升降的闸门封锁城墙出入口。除此之外,城墙上射口之间均设置卫兵通道,突出于城墙上方的长形平台设有抛石口、倒油口,以及其他各种防御设备,共同构成一套防卫体系。卡尔卡松保存完整的防卫体系,使今天的我们可以了解中世纪时期军队攻打城镇的场景,以及城镇被攻击时,会如何进行防御。更重要的是卡尔卡松见证了为了族群生存,人类运用技术、经验、智慧和才能,所作的精心设计与巧妙发明。基于这些理由,联合国教科文组织于 1997 年将卡尔卡松指定为世界文化遗产。

卡尔卡松并非在中世纪某一时期城堡建构完成后,即依始建时期的模样,一直保存至今。它像许多早期欧洲的大型构造物一样,由不同统治者历经数百年的构筑、改建、增建,才逐渐形成一定的规模,然后再经过兴盛、没落、颓败、修复等过程,才形成今日的样态。

公元前 100 年,古罗马人在卡尔卡松设置军事要塞,有部分城墙成为城堡的一部分,存留至今。462—1247 年的近 800 年,卡尔卡松历经不同领主统治,城堡亦经过数次的改建、增建。1247 年卡尔卡松正式成为法国领土的一部分,它因此成为法国南方边界主要的军事城堡。1258 年之后,法国国王路易九世及后来继任的菲利浦三世继续兴建第二道外围的城墙,使卡尔卡松防御功能更加坚固。1659 年《比里牛斯条约》(*Treaty of the Pyrenees*)签订后,卡尔卡松作为防御边界要塞的战略意义消失。军队撤出城堡,人口外移,卡尔卡松逐渐被人们所遗忘。这座曾经坚固难攻的城堡在荒废百余年后,开始残破,继而坍塌。

19 世纪,法国兴起考古学热潮,当时法国政府、学界和社会对古建筑、古文物的保存已开始重视,此时期已出现保存修复古建筑的理论与做法,维奥莱—勒—迪克(Eugene Viollet-le-Due)是其中一位颇受尊敬的古迹修复理论家和建筑师。19 世纪中叶,法国政府宣布计划拆除残破的卡尔卡松城堡,引起当时卡尔卡松市长的极力反对。在一些考古学者、作家的呼吁下,卡尔卡松后来被认定为法国的历史纪念物,侥幸得以保存。1853 年,维奥莱—勒—迪克开始进行西侧与西南侧城墙的修复工程。1879 年维奥莱—勒—迪克过世,历经 26 年,修复工程尚未完成过半,后由其徒弟继续修复,直至 1910 年才完工。

卡尔卡松是欧洲保存最完整、规模最大的中世纪军事要塞,同时是市街纹理具体保存的中世纪城镇。看着这座宏伟壮丽的城堡，令人不禁想象中世纪时期，身穿盔甲，骑着骏马的骑士，穿越森林，驰骋草原，进入城堡的场景。步入高耸城门，穿过厚实城墙幽暗的拱廊，恍如进入时光隧道的奇幻之旅。走进城镇，踏在蜿蜒的石板小路，看着两侧成排朴实的老屋，静静伫立在阳光下，仿佛一切都凝结在 13 世纪的历史场景里。

离开卡尔卡松，在回程上，有两个深刻的感触一直在我的心头缭绕。第一，从意大利、西班牙到法国一路走来，何以有些古建筑、古城镇，历经战乱荒废仍能存留下来？人可以经由意志、奋斗、努力求生，但残破的古建筑、古城镇，只能静默地等待处决，我发现其最终命运还是取决于当时人与社会的决定，卡尔卡松即为一明显的例子。第二，何以 19 世纪 50 年代法国（英国、意大利亦然）

Constructed from 5C. to 13C.
A well preserved Medieval
fortified town.
Carcassonne, France, 1992

**图 3.78** 卡尔卡松：是一座欧洲保存最完整、规模最大的中世纪军事要塞

对文化资产保存已有清楚的认知和理解，且已在进行修复古迹，但同时代的中国尚在太平天国与列强入侵中动荡，中国台湾省甚至在 1982 年才初拟订"文化资产保存法"，此点显示早期欧洲与华人社会对文化资产理解上的差异。

## 2. 图卢兹

图卢兹（Toulouse）是位于法国西南部的内陆城市，早期对外交通主要依靠加龙河（Garonne）。公元前 3 世纪，沿着加龙河水岸已有聚落形成，这些族群可以算是图卢兹人的祖先。随着古罗马人入侵，图卢兹成为古罗马的一座城镇。古罗马人曾在图卢兹兴建的市街和公共设施，如今都已消失，成为历史遗址。5 世纪，从海盗入侵在此建立王国开始，至 13 世纪初的 700 余年，图卢兹曾被不同领主和入侵者统治，直至 1229 年正式成为法国领土的一部分。1229 年亦为图卢兹大学成立的一年，它是世界上最早成立的大学之一。中世纪结束时已超过 1 万名学生曾在此大学受教育。

图卢兹在史前时期即有人类在此活动，中世纪早期它是法国重要的文化和艺术中心，因此图卢兹拥有法国国家级的文化遗址、考古遗址、古迹等超过 200 处。但图卢兹在法国

的重要性不在过去，而在现在。图卢兹是法国，亦为世界上重要的航空、航天研究发展中心，亦为飞机工业的生产中心。法国研发的大型客机空中巴士（Airbus），以及有关航天工业的企业总部都设置在图卢兹，法国国家气象科学研究中心亦设置于此。因应航天研发与航空产业的需求，有超过 12 所技术学院与大学设置在图卢兹周边地区，使图卢兹成为法国重要的科技研究与高等教育中心。

我来图卢兹的理由当然不是参观航空产业，而是体验一座以红砖构筑而成的城市。自古以来，图卢兹周边地区没有石材矿藏，但有丰富的黏土层，适合制作砖块，因此大量房屋均以红砖构筑而成，除了少数较重要的主教堂等地标性建筑才以石材构筑。从中世纪开始，

图 3.79  图卢兹建筑观察：一座以红砖构筑的城市

红砖即成为图卢兹的主要建材。历经千年发展，图卢兹成为一座以红砖风貌为主体的城市。

由于石材较易雕刻成各种形状，在立面装饰上亦较丰富多变，但红砖无法雕刻，装饰性较低，因此匠师在红砖砌法上力求改变，历经多年尝试，红砖面材与构筑方式出现了许多变化与趣味性，此亦为图卢兹红砖市街风貌的特色之一。有些后期兴建的房屋，虽用现代建筑的构造，仍在表面贴红砖，尝试与周遭环境协调。目前图卢兹保存的传统红砖建筑大概占总建筑数量的 50% 至 60%，有些街区红砖建筑保存较完整，呈现连续性红砖质感的市街景观。有些街区则较片段，红砖风貌流失较多，市街景观较无特色。从城市设计的角度，图卢兹以红砖建筑为主题，形塑特有的市街风貌，算是一座有特色的城市。

## 3. 波尔多

波尔多（Bordeaux）是法国西南部城市，因邻大西洋，自古即发展成海港城镇。波尔多以生产葡萄酒闻名，它被称为"世界酒都"（Wine Capital of the World）。虽然人类酿酒的记载已有数千年的历史，但真正使酿酒成为有系统、有组织，形成一种固定产业的，是法国的波尔多。波尔多地区饮用葡萄酒的习惯主要来自古罗马人，大约在 1 世纪中期，古罗马人将葡萄酒引进波尔多地区，波尔多地区的居民因而开始生产葡萄酒。生产葡萄酒的

过程颇为繁复，从采葡萄、发酵、熟成，到装瓶，要经过将近30个步骤才能完成。这些制造葡萄酒的流程是经过千百年，代代相传而累积的经验与成果。波尔多加龙河右岸制酒产业因而被联合国教科文组织纳入世界非物质（non-material）文化遗产名录。依据统计，波尔多地区有将近1万座酒庄（Chateau），共有57种葡萄酒厂牌，从事种植葡萄的果农有13000余人，每年生产约9亿6000万瓶葡萄酒供法国，以及世界各国的人饮用。由这些数据可以了解"世界酒都"一词的由来。

波尔多的历史像法国许多其他城市一样，受罗马帝国建城统治数百年。公元前60年，波尔多已成为罗马帝国的商业中心，罗马帝国瓦解进入中世纪后，成为基督教信仰的城市。因临海的关系，自5世纪开始，不断遭受异族海盗侵犯，8世纪遭到阿拉伯人攻击，9世纪到10世纪北欧维京人数度入侵，并烧毁城市，直至13世纪中叶才成为法国领土的一部分。约1500年，16世纪开始，波尔多生产的葡萄酒逐渐有了知名度，并形成一种有生产系统的产业，外销葡萄酒成为波尔多的主要收入，码头亦在此时扩建成西欧最大的港口。

18世纪被称为波尔多的黄金时代，除了葡萄酒持续盛产外销之外，波尔多成为运送非洲黑奴的转运站。每年有许多非洲黑奴经由波尔多转往美洲，波尔多因而赚了不少黑心钱，直至美国独立战争爆发，法国失去美洲殖民地，转运黑奴的生意才停止。这段期间估计有超过15万名非洲人搭乘约500艘船次由波尔多运往美洲。此时期转运非洲黑奴的财富使波尔多有能力兴建了许多道路、社区、学校、市场、工厂等设施，奠定了现代化城市的基础。

波尔多保存了一些早期哥特式、巴洛克式、18至19世纪的建筑，以及一些老街区，城市亦有一两处巴洛克圆环与放射状的道路系统，波尔多政府亦不断强调波尔多市区与邻近地区是共保存了超过350处之历史遗址和纪念物的一座富有历史文化的城市。但因这些老建筑分布较零散，缺乏连贯性，道路系统亦有好几种，城市风貌较无明显特征，在整体意象上不能归类为历史城镇。对当地人而言，位于加龙河上的月亮港（The Port of the Moon）是较具历史意义的地方。

加龙河上的月亮港于2007年被指定为世界文化遗产，因它见证了波尔多港口城市的历史。月亮港的名称来自加龙河流经城市的河段，其形状柔顺弯曲，因如同新月而得名。月亮港被指定为世界文化遗产的理由，是因为波尔多名闻国际的葡萄酒经由月亮港输出到其他国家和地区，已超过2000年的历史，月亮港因而成为早期开启国际贸易的最佳案例。月亮港位于加龙河左（北）岸，它曾经是贸易船只密集的港口，直到20世纪现代化货柜轮船时代的来临，月亮港因腹地和吊挂设备无法跟上时代脚步才遭淘汰。现代化的港口已移至加龙河下游，原有的月亮港被改为水岸步道休闲区。4公里长的水岸步道，兼自行车道、游艇码头，以及商店街，成为波尔多市民运动休闲的场所。水岸步道的规划设计虽属现代设施，但以行人休闲为主体的步道，兼顾历史建筑的意象和空间，使此水岸景观风貌在拥有现代化的舒适便捷下，尊重历史纹理和脉络，成为工业遗产再生的一个优质案例。

**图 3.80**　波尔多月亮港：航运功能超过 2000 年历史，如今功成身退，转型成为水岸步道休闲区

　　最初计划参访波尔多的理由是慕"世界酒都"之名而来，毕竟城市与建筑的体验离不开生活文化，饮用葡萄酒是西方社会文化的一部分，法国的葡萄酒闻名世界，波尔多又是法国葡萄酒的主要产地，因此一定要到波尔多体验一下。这里的酒庄、葡萄园和酒窖共同形成一种浪漫、诗意且具特色的文化景观。有些酒庄已经代代相传数百年，在当地颇有名气，值得体验，但因没做好功课，来了才知道多家酒庄和葡萄园散布在波尔多城外 135000 公顷的土地上。有的酒庄未对外开放，有些酒庄容许游客参观，但开放时间不一。就这样阴错阳差，错过了机会，下次再来就不知道是什么时候了。

# 第 26 章

# 圣米歇尔山
# Mont. St. Michel

圣米歇尔山（Mont. St. Michel）位于法国西北部，是一座在潮泽湿地上建构的圣城。它是一个世界知名的历史文化景点，亦为我到法国西北部主要参访的地方。从圣米歇尔再往西约 30 公里是圣马洛（Saint Malo），一个 16 世纪发展出来的港口城镇，以石构住宅闻名。因两地距离不远，且两者均位于法国西北部诺曼底（Normandy）的海岸边，就顺道去看看。

## 1. 圣马洛

圣马洛（Saint Malo）位于法国西北部，临大西洋，昔日是一个贸易港口，如今是一个观光胜地。圣马洛是一座由坚硬花岗石城墙围塑而成的小镇，城镇长约 600 米，宽约 360 米，城墙总长约 2000 米，漫步在墙上步道，半个多小时即可走完一圈。圣马洛三面环海，走在城墙宽广的步道上，海风徐徐，一面看着无垠碧蓝的海洋，一面看着石构城镇风貌，令人心旷神怡，自在轻松。走进城镇，两侧高耸的建筑物使原本不宽的道路，显得愈发狭窄。由于城镇内没有汽车，只有闲逛的游客，整体步调舒缓悠闲。

圣马洛虽然很早即有人在此居住，但因位处偏远，长久无法发展成聚落，直到中世纪中期，它还只是一个平凡的小渔村。此渔村在自给自足的形态下又度过了数百年，16 世纪末，法国政府决定在西北部海边开启一条新航线，选定圣马洛为贸易港口，圣马洛就此繁荣起来。通过圣马洛将法国的产品运销至国外，再从外地进口毛皮、鳕鱼等，这里成为名副其实的商港。17 世纪中叶，圣马洛的商船甚至到达太平洋区域，将许多异国产品带回法国，拥有商船的船主变得非常富有。1708 年，法国政府在圣马洛成立法国东方航运公司，航运产业更加发达，圣马洛因而成为一座经济发达、繁荣富庶的港口城镇，工作机会增加，人口亦快速成长。17 世纪因英法战争，法国为增强海岸防线，1689 年圣马洛开始兴建厚实的防御城墙，但港口贸易持续进行。法国大革命之后，圣马洛受创较低，贸易活动并未减缓，经济持续活跃发展。

**图 3.81** 圣马洛城镇：走在城墙上，一面看着碧蓝海洋，一面看着石构城镇，步调悠闲自在

在圣马洛成为法国新航线港口后，商船船主变得越来越富有，他们开始在城外兴建别墅，并在城内兴建木构住宅。17世纪中叶，商船不断从太平洋带回东方商品，这些带有东方异国情调的瓷器、丝绸、家具等，很受当时法国上流社会的欢迎，致使船主因国际贸易更加富裕，这些船主决定用花岗石兴建豪宅，以取代原有木屋。一时之间，许多五六层楼高，法式斜屋顶的石构住宅就在此兴建起来。这些花岗石构筑的住宅呈现一种庄严厚实的意象，以及一种新兴富人的自傲和气势。在当时，比起周围城镇低矮木构造的房屋，圣马洛花岗石高层住宅，呈现一种豪华的意象，是富裕的象征。

第二次世界大战期间，德国纳粹在圣马洛建造了庞大的军事基地，1944年盟军反攻法国时，圣马洛遭到盟国空军密集猛烈的轰炸，城镇80%的房屋、城墙、城堡被炸毁。基于历史情怀，当地政府和居民积极要求修复城镇原貌，战后随即开始重建、修复城镇，所有的花岗石高层住宅均以复古、仿作方式呈现，直至20世纪60年代才修复完成。今日，游客来到圣马洛，看到的城墙和花岗石住宅，以为到了17世纪的历史城镇，实际上多数并非17世纪时期的建筑，而是第二次世界大战后才重建、修复完成。

## 2. 圣米歇尔山

圣米歇尔山位于法国西北边的诺曼底（Normandy）地区。最初在此兴建礼拜堂和修道院的目的是崇拜天使米歇尔。米歇尔的神迹使欧洲各地的信徒不断来此朝圣，希望能获得米歇尔的祝福和庇护。圣米歇尔山论其规模，其实不能算是一座山，另有人称其为小岛，实际上是凸出于地面的一大块岩盘。相传8世纪以前，圣米歇尔岛和唐贝连岛一样，都与法国本土相连，在当时它是属于大片森林中的一处山岩，后因潮流和地层变动，使森林地形断裂，圣米歇尔因而成为海上的孤岛。它因位于圣马洛海湾，当涨潮时，海浪汹涌而入，使圣米歇尔山成为汪洋中一座孤立的小岛。退潮时，一望无际潮湿的沙地和大片的潟湖，使圣米歇尔山形成一种苍凉荒漠的孤寂感。潮汐的涨退，晴阴的变化，四季的消长，均使圣米歇尔山呈现多变的景观和意象。

长久以来，圣米歇尔山被称为是"西方世界奇观"（The Wonder of the Western World）。它周边一望无际的潮湿地形，崎岖嶙峋的岩盘基地，高耸辉煌又孤傲自立的建筑，以及其所承载传奇沧桑的历史，共同形成一座法国最宏伟壮丽、独一无二的修道院和教堂。

在周边一片荒凉、空无一物，潮汐变化的巨大岩盘上，兴建一座修道院和教堂必然是一个奇特的决定。传说中，708 年奥伯特（Aubert）主教数次梦见米歇尔天使对他传达"希望在圣米歇尔山建造一所教堂"的讯息，奥伯特就依指令在山岩西面土坡上建造了一座修道院和小教堂。崇拜米歇尔天使的教堂一时成为信徒朝圣、祈福之地。9 世纪，北欧维京人入侵欧洲，进入法国西北方，许多农民逃至圣米歇尔山避难，后来就在修道院下方形成一个小聚落。维京人威胁消失后，此聚落并未因此而式微，随着后期修道院和教堂不断的改建、增建，聚落亦随之更动、扩大，逐渐形成今日之形态。992 年修道院重建成较大的规模，教堂亦经过改建和扩建。1017—1189 年，修道院与教堂经过数次的改建和扩建，形成规模完整的仿罗马式修道院。13 世纪修道院失火，原有建筑烧毁，重建成哥特式的修道院一直至今。

11 世纪初，诺曼底地区成为英国属地，圣米歇尔修道院因而受到历任英国驻诺曼底大公的关切和照顾。1203 年，法国国王菲利普二世派遣军队攻打圣米歇尔山，造成修道院北侧严重损坏。1204 年,诺曼底地区恢复成法国领土,圣米歇尔山反过来成为英国攻打的目标。

Le Mont ST. Michel
France, 1992

图 3.82 圣米歇尔山：周边无际的苍凉荒漠，只有宏伟壮丽、孤傲高耸的修道院矗立其间

由于天然的陡峭岩壁，以及厚实的二道城墙，加上修道院神职人员参与战斗，圣米歇尔山从未被英国攻下。1337—1453 年的英法百年战争期间经过无数次的战役，以及后来法国本土的宗教战争，双方多次试图争夺圣米歇尔山，均未成功。因圣米歇尔山强固的防卫体系，以及神职人员强韧不妥协的精神，其最终声名远播。

毁誉参半的法国大革命，原是以推翻王室、贵族的贪婪腐败，以及争取贫穷百姓的自由和面包为出发点，最后却演变成恐怖屠杀和血腥暴动。当时，革命政府认为教会与王室、贵族挂钩，沆瀣一气，同样贪腐有罪，因此革命军到处大肆破坏教堂和修道院，圣米歇尔山亦无法避免。法国大革命时期，圣米歇尔山的教堂和修道院遭受破坏，教会财产被拍卖，原有神圣殿堂华丽的装饰被摧毁剥除，然后装上铁窗，做成监狱。许多神父、修士被迫流亡，更有 300 多名的神父、修士被关入曾经用作进行礼拜仪式的"监狱"中。革命政府瓦解后，所有的狱卒都变成囚犯，原有的囚犯（神职人员）反过来成为狱卒，直至 1863 年法国政府才明令禁止修道院作为监狱使用。圣米歇尔修道院和教堂历经长久的破坏，以及用途的变更，昔日的盛况和风采已不在。

圣米歇尔山从地面层到修道院最高平面层楼板的高度约为 78.6 米，从修道院的楼板面到教堂塔尖的高度为 71.4 米，从地表到塔尖总高度达 150 米。最初修道院兴建时，建筑形体取决于基地的地势，建筑基础和外墙顺应地形变化，与高低不平的石块结合。当修道院

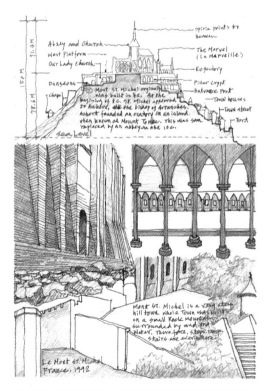

图 3.83 圣米歇尔山：修道院顺应巨石岩盘地形兴建，形成一个坚固的防御体系

图 3.84 圣米歇尔山：昔日聚落的老街挤满世界各地的朝圣者

需要增建空间时，必须在原先完成的建筑物顶部往上叠砌。在历任诺曼底大公的赞助下，每隔一段时间便大兴土木，整修扩建一次，使这座岩石山岗不断往上长高，修道院与教堂亦往上迁移，直至 15 世纪才停止改建和增建。1874 年，圣米歇尔山被指定为法国国宝级古迹，这座在法国大革命时期，饱经风霜的基督教圣地，开始了大规模修复工程。1979 年，圣米歇尔山被联合国教科文组织指定为世界文化遗产。

虽然路途与交通较为偏远，到圣米歇尔山一游是一个非常正确的决定，它使我大开眼界。在这里可以看到浩瀚无际的湿地荒凉景观、宗教信仰的伟大、人类智慧的结晶、工程技术的卓越，以及建筑持续性构筑的组合，这些事物都令人激赏。人造物与自然地形巧妙结合，同样令人惊叹。走进城内，踏着石板阶梯而上，漫步于昔日聚落的老街和古道，街上挤满世界各地的游客和朝圣者，几乎寸步难行。沿街面多为餐厅、咖啡屋，以及摆满琳琅满目商品的纪念品店，非常热闹，与外墙厚重、高耸、冷漠的表情差异甚大。

我顺着无数石板阶梯爬升到修道院最高平面层，进入以哥特式回廊围塑的合院，从透空回廊往外看，是一片视野开阔、一望无际的平坦湿地，令人心旷神怡，徐徐海风轻拂身上汗水，感到一丝清凉。遥想当年修士、神父在高空的中庭闲踱方步、冥想沉思、苦修哲理，终其一生。如今慕名而来的游客，带着欢笑和赞叹，短暂停留，匆匆离去。只留下圣米歇尔山在荒漠中巨大的身影，凝视着日出日落，千百年来，一往如昔。

第 27 章

# 朗香教堂
## Notre-Dame du Haut Ronchamp

　　上一次到法国主要从巴黎往南、西南、东南和西部各个景点参观，因受时间和行程限制，一直无法安排东部行程。这次旅行的行程是从瑞士、捷克、匈牙利走访完后，前往纽约，中途在法国停留几天，主要行程是去东部体验闻名世界的朗香教堂（Notre-Dame du Haut Ronchamp，简称 Ronchamp Chapel）。朗香教堂是勒·柯布西耶（Le Corbusier）一生的作品中，最具艺术性、最经典，亦最受争议的，因此我觉得应该亲自去体验一下。朗香教堂位于法国东部，地理位置较偏远，交通不甚方便。从巴黎到朗香教堂要先搭乘火车往东至接近德国边界的斯特拉斯堡（Strasbourg），再从该处转车前往目的地。从巴黎到斯特拉斯堡中途会经过南锡（Nancy），南锡并非我原计划的行程，但因在火车沿线上，就顺道下来看看。

## 1. 南锡

　　南锡（Nancy）位于法国东部，是洛林大区（Lorraine）的首府。它位于巴黎东方约160 公里处，从南锡继续往东约 70 公里，可到达斯特拉斯堡。南锡有人居住的证据可追溯到 7 世纪，但真正有历史记载是在 11 世纪，第一座封建城堡在此建立开始。城堡完成后，周边慢慢有人定居，逐渐发展成聚落，至 14 世纪已成为一座具规模的城镇。南锡像许多远离巴黎的法国城镇一样，在城镇发展的历程中，都经过多次战争纷乱，领主更替，然后才逐渐成为法国领土的一部分，至 19 世纪南锡已成为法国东部的主要城市。

　　南锡分为新城区与旧城区两部分，火车站与铁道沿线的西边属旧城区，东边为新城区。新城区主要为第二次世界大战后兴建的建筑和社区，包括:办公大楼、高层公寓、连幢住宅、学校、医院、政府部门等现代建筑，基本上是一座现代化的城市。新城区高层建筑分布有些零散，无法形成现代都会应有的天际线，现代建筑的设计质量亦很普通，或许在因当时并没有审慎地进行好城市规划，以及制定城市设计规范所致。旧城区属历史街区，建筑的整修、新建，控管较严格，即使有现代建筑的置入，在高度和量体上亦有限制，因此市街风貌保存较佳。

旧城区的发展源自 11 世纪，但街巷纹理并非如一般中世纪时期的城镇那样处处是蜿蜒曲折的小径，而较像是文艺复兴方正的格状系统。旧城区存留的历史建筑自 13 世纪哥特式建筑、15 世纪文艺复兴建筑至 17 世纪巴洛克建筑，一直到 19 世纪新古典主义的建筑都有。有些历史街区的道路被指定为徒步区，禁止车辆通行，以强化历史意义。由于这些历史建筑并非以年代和样式为区分，缺乏形式上的连贯性，城市性格较不突出，自明性（identity）较不明显，加上已经体验过许多风貌与形式均完整的历史名城，南锡的历史街区就没有那么令人印象深刻，值得回味了。

在历史街区中，最高大、醒目的是哥特式主教堂，主教堂雕琢细致、繁华富丽，

**图 3.85** 南锡主教堂：宏伟主教堂强调神的伟大，人的渺小

哥特式建筑该有的建筑语汇和装饰全部都用上了。历史街区的建筑，除了市政厅、王宫的体量较大之外，多数房屋的高度大多在 1 至 3 层楼之间，但主教堂的屋顶大致有 6 层高，钟楼塔尖将近 12 层高，真是鹤立鸡群。中世纪的教堂总在强调神的崇高伟大，人的渺小脆弱，借助教堂宏伟的尺度，可以突显此一意象。我观察到另一种现象是：同样经历过中世纪 1000 年，意大利哥特式教堂非常少，最出名的是米兰大教堂，其余城镇的哥特式教堂不多，但法国从中世纪发展下来的城镇有许多都有哥特式教堂，且一个比一个宏伟。

匆匆走完南锡历史街区，直奔火车站，搭上火车前往斯特拉斯堡，车程约 40 分钟，相信斯特拉斯堡应该会精彩一些。

## 2. 斯特拉斯堡

斯特拉斯堡（Strasbourg）位于法国东北部，以莱茵河（Rhine）为界，它与德国国界相邻。斯特拉斯堡主要城市范围在莱茵河西岸，其对面莱茵河东岸即为德国基尔（Kiel）。从法国国土范围而言，斯特拉斯堡位于法国东北边；从西欧地图来看，斯特拉斯堡正处于西欧地理位置的中间，其东边和北边与德国为邻，东南连通瑞士、意大利，西北通往卢森堡、比利时。因地理中心位置的关系，斯特拉斯堡长久以来，一直是法国和西欧公路、铁路、河

道航运的中心。基于相同的理由，它成为欧洲许多国际组织总部设置的地点，诸如：德法合作组织、欧洲人权法庭、欧洲议会（Council of Europe），以及与比利时布鲁塞尔（Brussels）共同设立的欧盟议会中心（The Parliament of Europe Union）等。

斯特拉斯堡现今是法国的一部分，但从历史发展的历程来看，它曾经数次交替分属德国和法国，因此斯特拉斯堡保有法国和德国的两种语言和文化的性格。公元前10年，古罗马人在斯特拉斯堡建立军事基地，当时它已是德国领土的一部分。842年，拉丁、德国、法国三国的当地领主在斯特拉斯堡签署共管誓约，共同享有河港贸易的利益。923年，德国国王亨利一世占领了斯特拉斯堡，以德国为主的神圣罗马帝国控制了这个莱茵河上重要的交通和商业中心。

由于市民与神圣罗马帝国派来的主教时有冲突，经历长久的斗争后，最后由市民和贸易商会代表赢得胜利。1262年斯特拉斯堡成为不受神圣罗马帝国管辖的自由城市。1332年，斯特拉斯堡成立共和政体，由市民代表和贸易组织介入城市管理的运作。独立自由的城市延续了400余年的安定与繁荣，直至1861年法国国王路易十四世占领斯特拉斯堡为止。

19世纪拜工业革命之赐，铁路、工厂、道路、公共设施等快速发展，商业更加活络蓬勃，此时期斯特拉斯堡的人口增加了近3倍。1871年普法战争之后，斯特拉斯堡又落入德国手中，直至1918年第一次世界大战结束，德国战败，斯特拉斯堡再度回到法国的怀抱。在这47年德国统治期间，

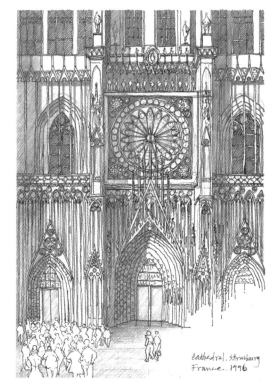

**图 3.86** 斯特拉斯堡主教堂：宏伟壮丽、雕凿细致的哥特式教堂

**图 3.87** 斯特拉斯堡民居景观：伊尔河两旁的传统民居

当地人的法文都有德国腔，甚至有些饮食习惯亦已改变。1940 年，第二次世界大战爆发，德国快速占领斯特拉斯堡。1944 年 6 月 6 日盟军自法国西北方之诺曼底登陆、反攻，并向法国东部前进，逐步光复法国，1945 年，法国军队怀着高昂士气进入斯特拉斯堡，斯特拉斯堡再度成为法国国土的一部分，一直至今。

由上述的简史可以知道斯特拉斯堡因地理位置、交通与贸易中心的地位，长久以来，不断分别受到法国与德国的占领、统治，因而保有两国的语言与文化，此为其特殊性格的一部分。建筑与城市风貌亦然，斯特拉斯堡的建筑保存了西方各个时期的风格，且包含了法国与德国不同建筑师的设计理念。

虽然斯特拉斯堡经过多次战乱，以及法国大革命的破坏，但其特殊历史背景，以及城市发展历程，使它保存了各个时期不同风格的建筑，整座城市像是古迹、历史建筑在历史长河中层层累积的成果。整座城市保存多座哥特式教堂、德国文艺复兴建筑（如旧市政厅）、法国巴洛克建筑、法国新古典主义建筑（如歌剧院），德国折中主义模仿新埃及式、新希腊式的建筑，甚至现代建筑的新艺术运动（Art Noureau）建筑等。整座城市呈现丰富深厚的历史面貌。在这些历史建筑群中，最醒目、最知名的是哥特式主教堂，它比南锡主教堂更雕凿细致、更宏伟壮丽，是整座城市最高耸、历史最久的地标。斯特拉斯堡主教堂自1176 年开始兴建，至 1439 年大部分完成，整个兴建期程将近 300 年。

斯特拉斯堡的历史风貌以及哥特式主教堂均有其一定的知名度，但真正吸引各地游客

**图 3.88**　斯特拉斯堡民居：传统民居相同的构造方式，却有不同的面貌和表情

来访的景点是旧城区沿着伊尔河（Ill），存留下来的传统民居聚落和街道。斯特拉斯堡旧城区俗称小法国（Petite France），它曾经是渔夫、磨坊工人、制革工人居住的地方。街区有些道路自中世纪时期即已存在，多数老房屋则在 1681 年开始被拆除，并在原地兴建。这些类似公寓住宅的房屋主要由伊尔河河岸往内陆兴建。伊尔河连通莱茵河，因此从莱茵河航行的船只可以到达每幢房屋的后门。这些木材框架、白石灰墙面、陡峭斜屋顶的房屋，成排、成群地呈现传统民居的风貌，是斯特拉斯堡历史街区最具特色、最吸引人的地方。1988 年联合国教科文组织将斯特拉斯堡历史街区指定为世界文化遗产，显示其特有的历史意义与文化价值。

斯特拉斯堡的民居多为 5 至 7 层高的木构造建筑，陡峭的斜屋顶通常占了 2 层，斜屋顶飘窗显示屋顶内部以阁楼方式使用。为了使木构造房屋增高，除了木构梁柱系统外，必须在外墙和内墙设置许多木制斜撑框架，形成一种桁架系统，以增强横向应力。木制桁架除能符合增强结构应力的原则之外，并无其他限制，外露于墙体的水平、垂直、斜撑的框架因而出现各种组合方式。这些外露木框架的组合方式看似随机，实际上多元丰富、生动有趣，使每一幢房屋拥有自己的面貌，又能共同组合成一个完整的市街风貌。

我后来在丹麦、德国旅行，看到类似外木框架、白灰墙的民居，但建筑尺度较小，房屋数量有限，不像斯特拉斯堡有如此大的规模，足以形成城镇特质与性格。有趣的是，走

**图 3.89** 斯特拉斯堡民居与老街：历史街区多元丰富，生动有趣，呈现一种浪漫、怀旧的场景

遍法国各地城镇，未曾见到类似形式的民居建筑，或许是斯特拉斯堡地缘的关系，这些民居建筑都曾受到德国影响（另一说法是因当时这种建筑风格在法国本土禁止使用所致）。

　　走进传统聚落蜿蜒的石板小道，看到两侧有机多变的老屋，辉映在阳光下，安详地诉说陈迹往事，几近黑色的木框架与白灰墙相呼应，默默地呈现岁月痕迹。顺着曲折小道往内步行，越使人有一种时光倒错、进入历史场景的感觉。到达河边步道，多种木框架组合成的房屋，各不相同但又彼此和谐，倒映在水光摇曳的河面上，形成一种浪漫、怀旧，又有点令人迷醉的场景，此亦为多数游客流连忘返的主因。原先到斯特拉斯堡一游，就像到南锡一样，只是路过停留，而非主要目的地，因此并未抱有太多期待，没想到它的城市性格和特质竟然如此精彩迷人，令人印象深刻。

## 3. 朗香教堂

　　勒·柯布西耶所设计的位于朗香村（Ronchamp）的"朗香高处圣母堂"（Notre-Dame du Haut Ronchamp，简称朗香教堂）是他一生中最具艺术性、最诗情画意的作品，亦为他脱离自己长久宣扬的功能主义（Functionalism）和理性主义信念，继而饱受批判与争议的作品。许多追随勒·柯布西耶思想观念的人，甚至认为朗香教堂荒谬的造型显示他背叛自己，也欺骗了别人。事实上，直至今日，朗香教堂仍被认定为 20 世纪最伟大的现代建筑之一。我为了缓解原先到法国竟未造访世界名作的缺憾，本次行程特别从巴黎，经过南锡、斯特拉斯堡，再转到朗香"朝圣"。

　　朗香山丘原有的圣母堂于第二次世界大战时被炮火摧毁。为了重建圣母堂，教会几经波折，最后选定勒·柯布西耶作为新教堂的建筑师。教堂基地位于山丘顶端较平坦的基地

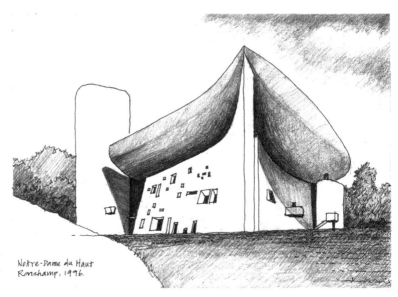

图 3.90　朗香教堂全景：勒·柯布西耶创作的里程碑，亦为 20 世纪最伟大的现代建筑作品之一

Notre-Dame du Haut
Ronchamp, 1996.

Notre-Dame du Haut
Ronchamp, 1996

图 3.91　朗香教堂南向外立面：大小不同、长宽不一的方形窗洞，散布在白墙上，以不规则组合方式，形成跳跃的音符

上。基地西边是索恩河（Saone）平原，东侧是阿尔萨斯（Alsace）山丘，北部为盆地和村落。山丘上的基地视野开阔，远近地景尽入眼底。反之，从远处的盆地、平原、山丘，亦可清楚看到此教堂。勒·柯布西耶在山顶的基地上仔细观察基地条件和周邻环境，他将这种观察称为是一种"将自己身体融入自然景观中"的体验。

　　勒·柯布西耶于 1950 年 5 月接受委托，开始进行设计工作，1953 年 9 月工程正式开工，1955 年 6 月完工启用。勒·柯布西耶设计朗香教堂时已 63 岁，在这之前他已完成许多建筑作品，但他对朗香教堂似乎比同时期其他的设计作品有更多期待。他经常到基地现场参与监造工作，投入很多时间与精力在朗香教堂的建造过程。他与意大利营造商博纳（Bona）建立良好的沟通，并与工地的意大利和法国匠师保持一种互动友善的关系。因为他知道朗香教堂复杂多变的有机形体，必须依靠精准的工程计算和施工技术，以及仰赖匠师细致熟练的技艺才能完成。朗香教堂在形体、空间、光影效果上，如勒·柯布西耶所期待般完成，使他的建筑创作生涯达到一个新的里程碑，但同时也遭到了严厉的批判和责难。

　　勒·柯布西耶在解释朗香教堂的设计构想时说："我要创造一个静谧、祈祷、和平，且使内在喜悦的地方。"为了达到神圣、庄严与静谧的效果，他认为最关键的因子是"光"。"光是关键，光照在各式各样的形体（Form）上，使得形体充满感人的力量。"后来他又补充："所谓建筑，乃是阳光下对各种形体精准、正确、卓越地处理。我们的眼睛天生就是为了观看光中的形体而形成。"基于强化自然光效果的目的，勒·柯布西耶必须审慎选择、评估阳光的方位和角度，以补光、塑光的方式，引导光线从外墙进入室内，以达到他所期待的静谧、沉思，同时庄严、神圣的氛围。一年四季阳光的轨迹和变化是大自然的现象，对所有人均相同，但如何引导、捕捉、形塑光线，以诠释空间意涵，明显人人不同。只有卓越顶尖的设计者才能巧妙、成功地达到预期的概念和目标，勒·柯布西耶是历史上极少数的成功者之一。

朗香教堂不规则的建筑平面形成不规则的建筑造型，外立面以白色石灰粉光呈现大片白墙，自由曲线出挑的巨大屋顶，以黑色粉光坐落在白灰墙上，形成强烈的对比。向上弯曲的墙体与弧面向上的屋顶相接，形成三组三角形结合的造型。此一特殊的结合方式在后来衍生出许多揣测和联想。有人认为这种怪异的屋顶与墙体的结合方式，是来自早期修道院修士的帽子，有人则认为是天主教徒祷告双手合十的象征，勒·柯布西耶从未对这些联想作出解释和说明。我认为这是设计者认为最适当的建筑造型表现方式，不必然需要有任何象征意义。

勒·柯布西耶从早期到晚期的作品，是由简渐繁的过程，大致有一个清楚的脉络可循，唯独朗香教堂的造型完全脱离了他一贯的做法。为了捕捉光影的效果，以及强化补光的戏剧性，勒·柯布西耶很用心地研究阳光角度与轨迹的关系，同时使每个立面补光窗洞的开法均不相同。

整体而言，朗香教堂开窗的面积甚小，整个形体呈现较封闭的状态，因而使每个窗洞的光线具有特殊的效果。南向立面阳光较多，为了捕捉南向光线的特殊效果，南向墙体最厚的部分超过 2 米，窗洞外侧大，内侧小，或是外侧小，内侧大，形成漏斗形。南向外立面可以看到大小不同、长宽不一的方形，以不规则组合方式散布在大片实墙上，形成跳跃

**图 3.92** 朗香教堂室内空间：幽暗的空间经由大小窗洞光线的引入，使光线漫散射晕染开来，形成一种静谧冥想的空间

的音符和节奏。走进室内，光线经由内部幽暗的空间不同大小窗洞的引入，再由窗洞侧板折射，在室内漫散射开来，效果令人赞叹。

东侧墙壁与南侧外墙开窗洞的方式很不一样，东侧外墙只开了几个正方形的小窗洞散布在整面封闭的墙上，从室内看起来像是一个黑暗的背景，闪耀着几颗星星。最戏剧性的是东侧墙面在角落上侧开设了一个较大的方形窗洞，里面设置了一座圣母玛利亚的雕像，明亮的逆光使雕像边缘变得模糊不清，此景一方面增强了雕像的神圣感，另一方面似乎暗示着在此虔诚祷告，神迹可能就会发生。北向立面因内部被隔成 2 层楼，属服务性空间，开窗较为简易，西向立面因阳光较强，光线变化较多，因此没有开设窗洞。由此可知勒·柯布西耶对每个立面如何引进光线都经过审慎的考量。

南向立面与西向立面转角处，有一座弧形封闭实墙高塔，它成为朗香教堂从坡道上来后首先看到的地标。由于北向的日光全天较稳定，高塔北侧高处设置了大片玻璃窗，使较多的光线可以进入室内。弧形高塔内部为祷告室，从弧形的室内空间看到天光由高六七米的窗洞引入，然后再慢慢变淡，至地面高度约 1.5 米处全部变暗。勒·柯布西耶借助光线亮暗渐层的晕染，形成一种静谧、祥和、冥想的空间。

勒·柯布西耶许多早期作品虽具高度原创性，但今日看来都显平凡，主因在于功能主义和理性主义产生的建筑造型很容易被模仿，且已被模仿、复制太多次，致使原创作品失去光彩。朗香教堂因其突出的性格与特质，难以被模仿、复制，因此至今仍有崇高的地位。勒·柯布西耶对朗香教堂光影的表现与诠释，成为后代新锐建筑师学习、模仿的对象，但却始终无法超越。

我在朗香教堂从早上待到下午，静观光线的变化，以及空间情境的转换，非常享受与愉悦。规模不大的教堂，却有许多来自各国的年轻建筑学子到访，他们与我一样在那里体验光影的变化。其间，遇见一个来自瑞士的家庭，夫妻带着两位上大学的女儿，全家都是天主教徒。他们说每年都会来朗香教堂一次，在此做弥撒、祷告，享受光影和圣灵的存在，他们认为朗香教堂是一个充满灵性的地方。我不好意思告诉他们勒·柯

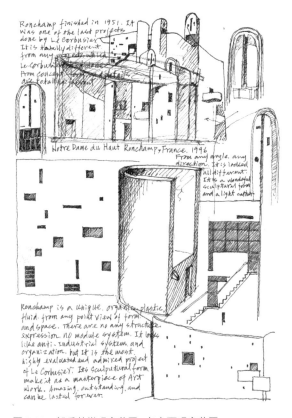

图 3.93 朗香教堂观察草图：各立面观察草图

布西耶并非天主教徒。不管如何，每一个人在朗香教堂，都可以静观光影的变化，用他的感知和理解，想象不同的情境和氛围，此亦为朗香教堂卓越和成功的主因之一。2016 年，勒·柯布西耶的朗香教堂和马赛公寓两件作品正式被指定为世界文化遗产。极少数现代建筑可以获此殊荣，勒·柯布西耶的成就亦因此更受肯定。

# 尾声
# Epilogue

　　法国之旅结束了，或许我对法国情有独钟，前后去了 3 次。除了巴黎每次都停留之外，其余几次都会去不同的城市和景点参访。法国对城市发展、历史城镇再生，以及古迹保存活化、创新等之观念和构想都有其独特的看法，因而造就了不同城市的性格与风貌。许多城市各自的特质共同形塑了法国的文化涵养与深度。法国城市、景观、建筑的特质与差异性多元而丰富，因此在法国可以欣赏从过去（历史）到未来（前卫性），各阶段、各层级的文化结晶。

　　从古迹再生、活化（regeneration）的角度，虽然法国许多城市是古罗马殖民时期所建造，这些城市也保留了古罗马时期遗留的构造物和遗址，但这些城市并未停留在过去，而是以积极的态度迎向未来，因此法国对古迹再生、活化的观念和构想较开放，也较积极。譬如尼姆（Nimes）的古罗马竞技场，用现代的钢构玻璃嵌入千年石墙中，做成可用的室内空间。另一个例子是卢浮宫广场合院以增建的一座高科技晶莹剔透的玻璃方锥体作为主入口，与环绕广场的古迹形成强烈对比。这些做法除了少数国家之外，在许多其他国家大概不容易发生。

　　从城市发展的角度，巴黎市严格控管城市街区的天际线和建筑量体，以维护城市整体的历史风貌，但为了现代化、商业化的需求，以及提升国际竞争力，政府在巴黎西侧市区边缘的拉德芳斯区（La Defense）划定新兴开发区为商业、办公、住宅使用。拉德芳斯的开发，使巴黎市区可以维持原有的居住密度与风貌，同时使法国在经济上持续保有高度的竞争力。除了巴黎外，法国许多其他城市亦有类似的做法。亦即将历史街区完整的保存，以维护历史容颜，再在新兴开发区创新发展，以迎向未来。这或许是许多发展中国家的老城市在现代化过程中，可以参考的做法。

　　从创新思维的角度，一座城市不仅要保存完善的历史街区与古迹，以呈现都市发展的历史脉络，同时必须因应现代需求展望未来，并为当地人提供一个永续发展的生活环境，因此新社区、新建筑的注入有其必要性。法国对新建筑的发展一直保持积极开放的态度，长久以来，法国欢迎世界卓越建筑师为法国提供建筑构想。许多重大建筑工程，经由直接邀请，或举办国际竞赛，使当代最优秀的建筑师能以他们的才华和经验，为法国留下经典作品，使法国不断有前卫、卓越的建筑作品产生，为未来累积新的文化资产，这种现象在欧洲其他国家较少发生，此亦为法国最了不起的一点。

国际杰出建筑师在法国留下的作品很多，在巴黎的经典建筑最为人所知的包括罗杰斯（Richard Rogers，英国）与皮亚诺（Renzo Piano，意大利）的蓬皮杜中心，屈米（Bernard Tschumi，瑞士）的拉维莱特公园，奥伦蒂（Gae Aulenti，意大利）的奥赛博物馆室内与展场设计，贝聿铭（I.M.Pei，美籍华人）的卢浮宫增建、改建工程，史博列克森（Otto Von Spreckelsen，丹麦）的拉德芳斯大方拱等。其他城市的作品包括：福斯特（Norman Foster，英国）在尼姆的图书馆，罗杰斯（Richard Rogers，英国）在斯特拉斯堡的欧洲人权法院等。这些国际知名建筑师留下的经典作品，有一天都有可能成为法国的文化资产。

从生活文化的角度，法国一方面热烈迎向国际化，另一方面积极维护保存文化的自明性（identity）。以日常生活的饮食为例，法国的家乐福商场（Carrefour）以连锁方式散布于各个城市，拥有一定的消费族群，但传统市场、市集摊贩，同样在各城市占有一席之地，加上本地居民和各地移民开设的小铺、商店，使日常饮食呈现多元丰富的生活文化。

另一个生活文化的现象是电视节目，法国电视节目的广告很少，尤其在戏剧节目进行时，几乎没有广告的置入。电视广告的数量比中国、美国、英国都少。在电视上，女性裸露胸部乳房，男性裸露背部及屁股，似乎很正常，即使电视广告亦不例外，或许法国人认为身体是自然的一部分，没有神秘性可言。反观美国，自认为是自由开放的社会，但裸露身体却是被严格禁止，在电视上，身体裸露的部分会用马赛克或其他方式模糊处理掉。在法国，黑人与白人成为情侣、夫妇很平常，在街上随时可见，连电视剧也不例外。法国电视剧常常出现黑白男女相恋的情节。美国宪法明确规定各种族平等，但在生活层面上其实很保守且疏离。美国人常常认为法国是一个保守的社会，实际上法国是一个开放、平等、自由的社会，真正保守的是美国。

法国是一个值得深度旅行的地方，值得详细规划旅程，然后慢慢品尝、享受这个历史悠久、文化多元的国家。每一座城市都有其独特的性格，因此每当收拾行囊，对一个城市特有的风貌告别时，我总有些依依不舍，但当到达下一座城市时，看到全然不同特质的城市景象，便又使我开启了一个新的体验，崭新的一天。法国的旅行令人难以忘怀。

# 图目录 | LIST OF FIGURES

# 参考文献 | BIBLIOGRAPHY

1. Le Corbusier Architect of the Century [M]. London: Art Council of Great Britain, 1987.

2. All IBiza and Formentera [M]. Firenze: Casa Editrice Bonechi, 1990.

3. Seville [M]. Firenze: Casa Editrice Bonechi, 1988.

4. All of Provence (English Edition) [M]. Firenze: Casa Editrice Bonechi, 1992.

5. Carter P. Mies van der Rohe at Work [M]. Lodon: Phaidon Press Limited, 1999.

6. Frampton K, Fatagawa Y. Modern Architecture 1851-1919 [M.] New York: Rizzoli International Publications, Inc., 1983.

7. Frampton K. Modern Architecture,A Critical History [M]. London: Thames and Hudson Ltd., 1992.

8. Fatagawa Y. Bernard Tschumi [M]. Tokyo: GA Document.

9. Fracois L. Paris Nineteenth Century:architecture and urbanism [M]. New York: Abbeville Press,1989.

10. A.D.A EDITA Tokyo Co., Ltd. Bernard Tschumi [J]. GA Document EXTRA, 1997,10.

11. Michelin Tourist Guide: France [M]. Staffordshire: Michelin Tyre Public Limited Company, 1991.

12. Michelin Tourist Guide: Paris [M]. Staffordshire: Michelin Tyre Public Limited Company, 1990.

13. Michelin Tourist Guide: Provence [M]. Staffordshire: Michelin Tyre Public Limited Company, 1991.

14. Michelin Tourist Guide: French Riviera [M]. Staffordshire: Michelin Tyre Public Limited Company, 1988.

15. Michelin Tourist Guide: Spain [M]. Staffordshire: Michelin Tyre Public Limited Company, 1987.

16. Michelin Tourist Guide: Italy [M]. Staffordshire: Michelin Tyre Public Limited Company, 1983.

17. Michelin Tourist Guide: Rome [M]. Staffordshire: Michelin Tyre Public Limited Company, 1985.

18. Noberg-Schulz C. Genius Loci: Toward a Phenomenology of Architecture,1980 [M]. New York: Rizzoli, 1979.

19. Payo J C. This is Toledo: History, Monuments, Legends [M]. Toledo: Artes Graficas Toledo S.A, 1983.

20. Sanchez M. The Alhambra and The General Life [M]. 1989.

21. Schulze F. Mies vander Rohe:Arcitical Biography [M]. Chicago: The University of Chicago Press, 1985.

22. Storti- Salera E. Venice [M]. , Venezia: Edizioni Storti-Veneza, 1988.

23. Storti- Salera E. Ravenna and its history [M]. Venezia: Edizioni Storti-Veneza, 1985.

24. Los S. Carlo Scarpa [M]. Hohenzollernring: Taschen, 1994.

25. Zerbst R. Antoni Goudi [M]. Hohenzollernring: Taschen, 1990.

# 跋 | AFTERWORD

本书从最初的构想、手稿，到打印成册，经过多次的修订、增删与校稿，再加上简体字的转译等，待这些程序都完成后，方转交中国城市出版社编辑处理。在此两年多时间，承蒙许多人士的协助、支持与鼓励，才使得本书得以顺利完成，在此向这些热心人士致以万分的感激和谢意。

台湾中原大学建筑学系蒋雅君教授与何黛雯教授详读本书，对本书内容给予真诚的建议。其中，蒋雅君教授专注于建筑理论和西方建筑史的研究，对本书在这方面的书写提出了宝贵的意见；何黛雯教授长期致力于建筑设计的实践和研究，她从专业者的视角对本书提出了很好的建议。

郭建昌教授和余永莲女士对本书在大陆的出版一直热心参与，着力甚深。他们以高度的热忱，将繁体字转译为简体字，并认真校对书稿内容，同时在名词用语上给予很多修正。郭教授与余女士虽身处广州，但在工作繁忙之余仍积极与中国城市出版社保持联系，并成为出版社与作者沟通的重要桥梁。本书今天得以顺利付梓，离不开他们两位的贡献。

居住于广州的苏凯茵女士，是位建筑设计工作者，她精熟于中文繁体字与简体字的转换，并积极用心地将本书的繁体字转译为简体字。因是她的专注与付出，才使得本书的简体字版得以顺利完成。

钟兆康教授在上海主持设计公司，他对本书文字悉心校改，并对书稿内容给予高度的评价，而且对本书的推广也提出许多建言，这使我对本书的出版更具信心。

中国城市出版社首席编审吴宇江先生、编辑吴尘，在本书出版过程中一直以专业的态度耐心帮助和支持，并在出版问题上给予恳切的答复和建议，使本书得以顺利出版。倘若没有这些专业人士的热心帮助和付出，本书的出版将不会如此顺利地完成，在此再次致以诚挚的感谢。